MSX

Top Secret 3

THE FINAL COMPILATION OF MSX INFORMATION

Apêndice – Parte 1

NOTA DO AUTOR

Depois do lançamento do MSX Top Secret 2, em abril de 2004, imaginei que não haveria mais necessidade de atualizá-lo, visto que o MSX não é mais fabricado comercialmente por grandes empresas. Além disso, a internet evoluiu e uma grande gama de informações passou a estar disponível para todos.

Entretanto, as informações estão esparsas, levando à necessidade de múltiplas e cansativas buscas nem sempre logrando êxito completo. Por isso, julguei conveniente escrever esta terceira – e última – edição do MSX Top Secret, coligindo todas as informações que pude encontrar em um único lugar.

Como a quantidade de informações é muito grande, dividi em dois tomos e, curiosamente, o Apêndice acabou ficando pronto antes do volume principal, que ainda está em andamento. Devido ao tempo envolvido, achei por bem publicar o Apêndice, que é o tomo apresentado aqui.

Boas pesquisas!

Edison Antonio Pires de Moraes (autor)

Leme-SP, 02 de Abril de 2022

P.S. Informações sobre erros são bem-vindas! Podem ser enviadas através do e-mail: "eapmoraes2012@gmail.com".

NOTA DO AUTOR

Índice

1 - CARACTERES E TECLADO

1.1 – TABELAS DE CARACTERES

1.1.1 – Tabela Japonesa

	0	1	2	3	4	5	6	7	8	9	A	B	C	D	E	F
0	NULL	GRPH	CTRL B	CTRL C	CTRL D	CTRL E	CTRL F	BEEP	BS	TAB	LF	HOME	CLS	RET	CTRL N	CTRL O
1	CTRL P	CTRL Q	INS	CTRL S	CTRL T	CTRL U	CTRL V	CTRL W	SEL	CTRL Y	CTRL Z	ESC	→	←	↑	↓
2		!	"	#	$	%	&	'	(	)	*	+	,	-	.	/
3	0	1	2	3	4	5	6	7	8	9	:	;	<	=	>	?
4	@	A	B	C	D	E	F	G	H	I	J	K	L	M	N	O
5	P	Q	R	S	T	U	V	W	X	Y	Z	[	¥	]	^	_
6	`	a	b	c	d	e	f	g	h	i	j	k	l	m	n	o
7	p	q	r	s	t	u	v	w	x	y	z	{	|	}	~	DEL
8	♠	♥	♣	♦	○	●	を	ぁ	ぃ	ぅ	ぇ	ぉ	ゃ	ゅ	ょ	っ
9		あ	い	う	え	お	か	き	く	け	こ	さ	し	す	せ	そ
A		。	「	」	、	・	ヲ	ァ	ィ	ゥ	ェ	ォ	ャ	ュ	ョ	ッ
B	ー	ア	イ	ウ	エ	オ	カ	キ	ク	ケ	コ	サ	シ	ス	セ	ソ
C	タ	チ	ツ	テ	ト	ナ	ニ	ヌ	ネ	ノ	ハ	ヒ	フ	ヘ	ホ	マ
D	ミ	ム	メ	モ	ヤ	ユ	ヨ	ラ	リ	ル	レ	ロ	ワ	ン	゛	゜
E	た	ち	つ	て	と	な	に	ぬ	ね	の	は	ひ	ふ	へ	ほ	ま
F	み	む	め	も	や	ゆ	よ	ら	り	る	れ	ろ	わ	ん		█

	0	1	2	3	4	5	6	7	8	9	A	B	C	D	E	F
4		月	火	水	木	金	土	日	年	円	時	分	秒	百	千	万
5	π	┴	┬	┤	├	┼	│	─	┌	┐	└	┘	╳	大	中	小

1.1.2 – Tabela Internacional

	0	1	2	3	4	5	6	7	8	9	A	B	C	D	E	F
0	NULL	GRPH	CTRL B	CTRL C	CTRL D	CTRL E	CTRL F	BEEP	BS	TAB	LF	HOME	CLS	RET	CTRL N	CTRL O
1	CTRL P	CTRL Q	INS	CTRL S	CTRL T	CTRL U	CTRL V	CTRL W	SEL	CTRL Y	CTRL Z	ESC	→	←	↑	↓
2		!	"	#	$	%	&	'	(	)	*	+	,	-	.	/
3	0	1	2	3	4	5	6	7	8	9	:	;	<	=	>	?
4	@	A	B	C	D	E	F	G	H	I	J	K	L	M	N	O
5	P	Q	R	S	T	U	V	W	X	Y	Z	[	\	]	^	_
6	`	a	b	c	d	e	f	g	h	i	j	k	l	m	n	o
7	p	q	r	s	t	u	v	w	x	y	z	{	¦	}	~	DEL
8	Ç	ü	é	â	ä	à	å	ç	ê	ë	è	ï	î	ì	Ä	Å
9	É	æ	Æ	ô	ö	ò	û	ù	ÿ	Ö	Ü	¢	£	¥	₧	ƒ
A	á	í	ó	ú	ñ	Ñ	ª	º	¿	⌐	¬	½	¼	¡	«	»
B	Ã	ã	Ĩ	ĩ	Õ	õ	Ũ	ũ	Ĳ	ĳ	¾	∽	◇	‰	¶	§
C	▂	▚	▆	▔	▬	▀	▎	▞	▊	▕	▐	▧	▨	▼	▲	▶
D	◀	⧗	⧓	▘	▗	▝	▖	▒	Δ	‡	ω	█	▄	▌	▐	▀
E	α	β	Γ	π	Σ	σ	µ	τ	Φ	Θ	Ω	δ	∞	φ	∈	∩
F	≡	±	≥	≤	⌠	⌡	÷	≈	°	•	·	√	ⁿ	²	▮	█

	0	1	2	3	4	5	6	7	8	9	A	B	C	D	E	F
4		☺	☻	♥	♦	♣	♠	·	◘	○	◙	♂	♀	♪	♫	☼
5	┼	┴	┬	┤	├	┼	│	─	┌	┐	└	┘	╳	╱	╲	┼

1.1.3 – Tabela Brasileira 1.0 (Expert 1.0)

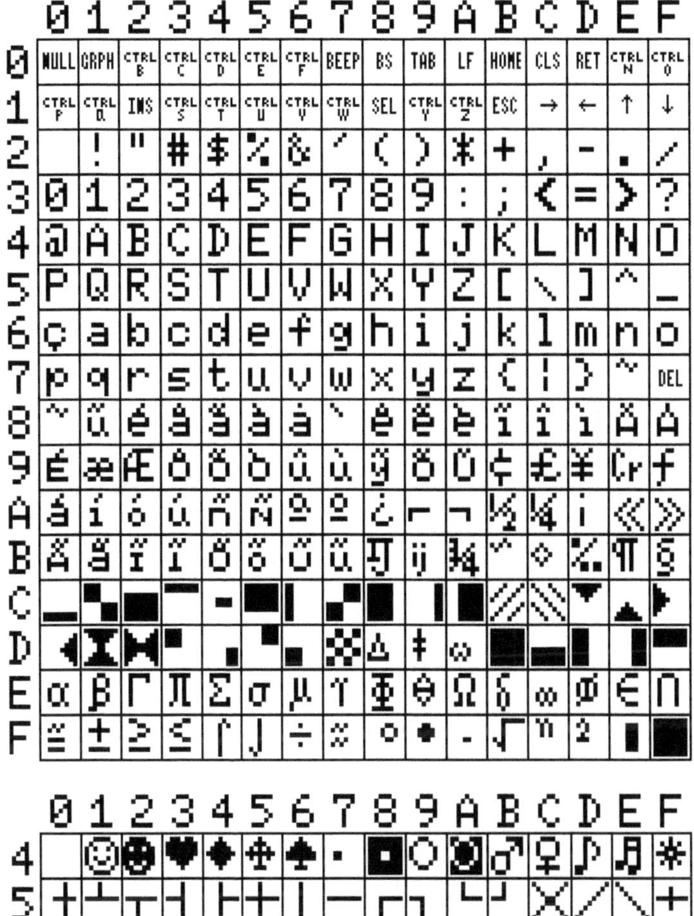

1.1.4 – Tabela Brasileira 1.1 (Expert 1.1 e Hotbit 1.2)

	0	1	2	3	4	5	6	7	8	9	A	B	C	D	E	F
0	NULL	GRPH	CTRL B	CTRL C	CTRL D	CTRL E	CTRL F	BEEP	BS	TAB	LF	HOME	CLS	RET	CTRL N	CTRL O
1	CTRL P	CTRL Q	INS	CTRL S	CTRL T	CTRL U	CTRL V	CTRL W	SEL	CTRL Y	CTRL Z	ESC	→	←	↑	↓
2		!	"	#	$	%	&	'	(	)	*	+	,	-	.	/
3	0	1	2	3	4	5	6	7	8	9	:	;	<	=	>	?
4	@	A	B	C	D	E	F	G	H	I	J	K	L	M	N	O
5	P	Q	R	S	T	U	V	W	X	Y	Z	[	\	]	^	_
6	`	a	b	c	d	e	f	g	h	i	j	k	l	m	n	o
7	p	q	r	s	t	u	v	w	x	y	z	{	|	}	~	DEL
8	Ç	ü	é	â	Á	à	¨	ç	ê	í	ó	ú	Â	Ê	Ô	À
9	É	æ	Æ	ô	ö	ò	û	ù	ÿ	Ö	Ü	¢	£	¥	Cz	ƒ
A	á	í	ó	ú	ñ	Ñ	ª	º	¿	⌐	¬	½	¼	¡	«	»
B	Ã	ã	Ĩ	ĩ	Õ	õ	Ũ	ũ	Ĳ	ĳ	¾	^	◇	‰	¶	§
C	▁	▚	▆	▔	▬	▀	▎	▞	▮	▕	▊	▨	▧	▼	▲	▶
D	◀	⧗	⧓	▘	▗	▝	▖	▒	Δ	‡	ω	█	▄	▌	▐	▀
E	α	β	Γ	π	Σ	σ	µ	τ	Φ	θ	Ω	δ	∞	φ	∈	∩
F	≡	±	≥	≤	⌠	⌡	÷	≈	°	∙	·	√	^{n}	^{2}	▪	█

	0	1	2	3	4	5	6	7	8	9	A	B	C	D	E	F
4		☺	☻	♥	♦	♣	♠	·	◘	○	◙	♂	♀	♪	♫	☼
5	┼	┴	┬	┤	├	┼	│	─	┌	┐	└	┘	╳	╱	╲	┼

Obs.: o caractere na posição 9E (Cz) era "Pt" na primeira versão do Hotbit.

1.1.5 – Tabela Cirílica (Russa)

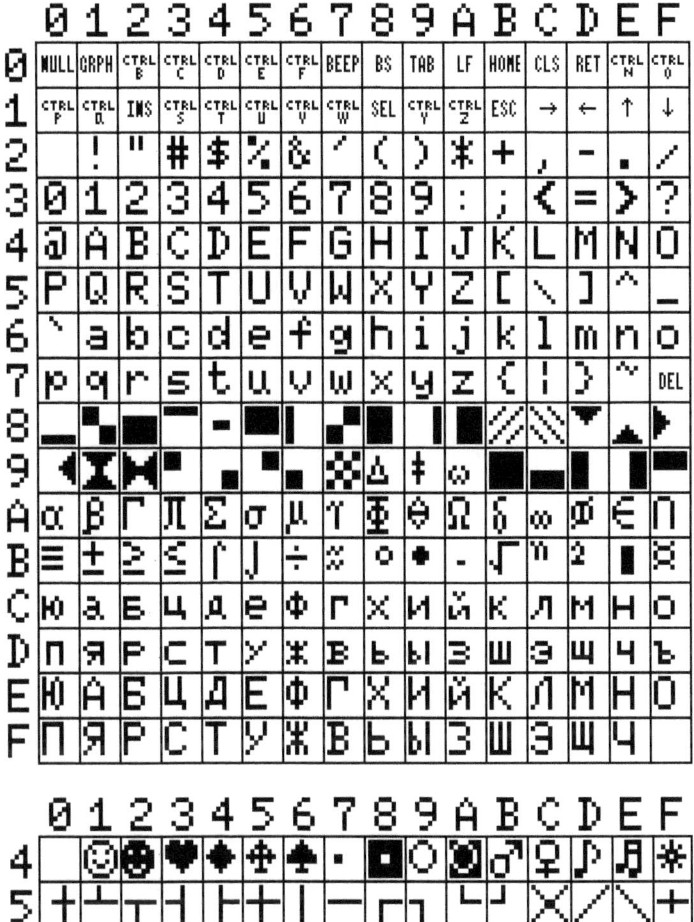

	0	1	2	3	4	5	6	7	8	9	A	B	C	D	E	F
0	NULL	GRPH	CTRL B	CTRL C	CTRL D	CTRL E	CTRL F	BEEP	BS	TAB	LF	HOME	CLS	RET	CTRL N	CTRL O
1	CTRL P	CTRL Q	INS	CTRL S	CTRL T	CTRL U	CTRL V	CTRL W	SEL	CTRL Y	CTRL Z	ESC	→	←	↑	↓
2		!	"	#	$	%	&	'	(	)	*	+	,	-	.	/
3	0	1	2	3	4	5	6	7	8	9	:	;	<	=	>	?
4	@	A	B	C	D	E	F	G	H	I	J	K	L	M	N	O
5	P	Q	R	S	T	U	V	W	X	Y	Z	[	\	]	^	_
6	`	a	b	c	d	e	f	g	h	i	j	k	l	m	n	o
7	p	q	r	s	t	u	v	w	x	y	z	{	¦	}	~	DEL
8	▁	▚	▄	▔	▪	▀	▌	▞	█	▕	▐	╱	╲	▼	▲	▶
9	◀	⧗	⧓	▘	▗	▝	▖	▒	∆	‡	ω	█	▄	▌	▐	▀
A	α	β	Γ	π	Σ	σ	µ	γ	Φ	θ	Ω	δ	∞	ø	∈	∩
B	≡	±	≥	≤	⌠	⌡	÷	≈	°	∙	·	√	ⁿ	²	▮	¤
C	ю	а	б	ц	д	е	ф	г	х	и	й	к	л	м	н	о
D	п	я	р	с	т	у	ж	в	ь	ы	з	ш	э	щ	ч	ъ
E	Ю	А	Б	Ц	Д	Е	Ф	Г	Х	И	Й	К	Л	М	Н	О
F	П	Я	Р	С	Т	У	Ж	В	Ь	Ы	З	Ш	Э	Щ	Ч	

	0	1	2	3	4	5	6	7	8	9	A	B	C	D	E	F
4		☺	☻	♥	♦	♣	♠	·	◘	○	◙	♂	♀	♪	♫	☼
5	┼	┴	┬	┤	├	┼	│	─	┌	┐	└	┘	╳	╱	╲	┼

1.1.6 – Tabela Coreana

	0	1	2	3	4	5	6	7	8	9	A	B	C	D	E	F
0	NULL	GRPH	CTRL B	CTRL C	CTRL D	CTRL E	CTRL F	BEEP	BS	TAB	LF	HOME	CLS	RET	CTRL N	CTRL O
1	CTRL P	CTRL Q	INS	CTRL S	CTRL T	CTRL U	CTRL V	CTRL W	SEL	CTRL Y	CTRL Z	ESC	→	←	↑	↓
2		!	"	#	$	%	&	'	(	)	*	+	,	-	.	/
3	0	1	2	3	4	5	6	7	8	9	:	;	<	=	>	?
4	@	A	B	C	D	E	F	G	H	I	J	K	L	M	N	O
5	P	Q	R	S	T	U	V	W	X	Y	Z	[	\	]	^	_
6	`	a	b	c	d	e	f	g	h	i	j	k	l	m	n	o
7	p	q	r	s	t	u	v	w	x	y	z	{	|	}	~	DEL
8	♠	♥	♣	◆	○	●	ㄱ	ㄲ	ㄴ	ㄷ	ㄸ	ㄹ	ㅁ	ㅂ	ㅃ	ㅅ
9	ㅆ	ㅇ	ㅈ	ㅉ	ㅊ	ㅋ	ㅌ	ㅍ	ㅎ	ㅏ	ㅐ	ㅑ	ㅒ	ㅓ	ㅔ	ㅕ
A	ㅖ	ㅗ	ㅛ	ㅜ	ㅠ	ㅡ	ㅣ	고	교	구	규	그	꼬	꾜	꾸	뀨
B	끄	노	뇨	누	뉴	느	도	됴	두	듀	드	또	뚀	뚜	뜌	뜨
C	로	료	루	류	르	모	묘	무	뮤	므	보	뵤	부	뷰	브	뽀
D	뾰	뿌	쀼	쁘	소	쇼	수	슈	스	쏘	쑈	쑤	쓔	쓰	오	요
E	우	유	으	조	죠	주	쥬	즈	쪼	쬬	쭈	쮸	쯔	초	쵸	추
F	츄	츠	코	쿄	쿠	큐	크	토	툐	투	튜	트				█

	0	1	2	3	4	5	6	7	8	9	A	B	C	D	E	F
4			포	표	푸	퓨	프	호	효	후	휴	흐	'	'	"	"
5	π	┴	┬	┤	├	┼	│	─	┌	┐	└	┘	╳			

1.1.7 – Tabela Arábica (AX-170)

	0	1	2	3	4	5	6	7	8	9	A	B	C	D	E	F
0	NULL	GRPH	CTRL B	CTRL C	CTRL D	CTRL E	CTRL F	BEEP	BS	TAB	LF	HOME	CLS	RET	CTRL N	CTRL O
1	CTRL P	CTRL Q	INS	CTRL S	CTRL T	CTRL U	CTRL V	CTRL W	SEL	CTRL Y	CTRL Z	ESC	→	←	↑	↓
2		!	"	#	$	%	&	'	(	)	*	+	,	-	.	/
3	0	1	2	3	4	5	6	7	8	9	:	;	<	=	>	?
4	@	A	B	C	D	E	F	G	H	I	J	K	L	M	N	O
5	P	Q	R	S	T	U	V	W	X	Y	Z	[	\	]	^	_
6	`	a	b	c	d	e	f	g	h	i	j	k	l	m	n	o
7	p	q	r	s	t	u	v	w	x	y	z	{	¦	}	~	DEL
8		!	"	#	$	%	&	'	(	)	*	+	,	-	.	/
9	•	١	٢	٣	٤	٥	٦	٧	٨	٩	:	؛	>	=	<	؟
A	@	ـئـ	ـئ	ـبـ	ب	ـتـ	ت	ـثـ	ث	ـجـ	ج	ـحـ	ح	ـخـ	خ	ـسـ
B	س	ـشـ	ش	ـصـ	ص	ـضـ	ض	ـطـ	ـظـ	ـعـ	ع	]	\	[	^	_
C	ـعـ	ـع	ـغـ	غ	ـغـ	ـغ	ـفـ	ف	ـقـ	ق	ـكـ	ك	ـلـ	ل	ـمـ	م
D	ـنـ	ن	ـهـ	ه	ـيـ	ي	ـي	آ	ـآ	أ	ـأ	}	¦	{	~	ؤ
E	إ	ـإ	ا	ـا	ة	د	ذ	ر	ز	و	ى	ـى	لا	لأ	لآ	لإ
F	ء	ـ	ً	ٌ	ٍ	َ	ـَ	ُ	ـُ	ِ	ـِ	ّ	ـّ	ْ	ـْ	

	0	1	2	3	4	5	6	7	8	9	A	B	C	D	E	F
4																
5	é	â	à	ç	ê	ë	è	ï	î	ô	û	ù	§	°		

1.1.8 – Tabela Arábica (AX-500)

	0	1	2	3	4	5	6	7	8	9	A	B	C	D	E	F
0	NULL	GRPH	CTRL B	CTRL C	CTRL D	CTRL E	CTRL F	BEEP	BS	TAB	LF	HOME	CLS	RET	CTRL N	CTRL O
1	CTRL P	CTRL Q	INS	CTRL S	CTRL T	CTRL U	CTRL V	CTRL W	SEL	CTRL Y	CTRL Z	ESC	→	←	↑	↓
2		!	"	#	$	%	&	'	(	)	*	+	,	-	.	/
3	0	1	2	3	4	5	6	7	8	9	:	;	<	=	>	?
4	@	A	B	C	D	E	F	G	H	I	J	K	L	M	N	O
5	P	Q	R	S	T	U	V	W	X	Y	Z	[	\	]	^	_
6	`	a	b	c	d	e	f	g	h	i	j	k	l	m	n	o
7	p	q	r	s	t	u	v	w	x	y	z	{	¦	}	~	DEL
8		!	"	#	$	%	&	'	(	)	*	+	,	-	.	/
9	•	١	٢	٣	٤	٥	٦	٧	٨	٩	:	؛	>	=	<	؟
A	@	ـٔ	ئ	بـ	ب	تـ	ت	ثـ	ث	جـ	ج	حـ	ح	خـ	خ	سـ
B	س	شـ	ش	صـ	ص	ضـ	ض	طـ	ظـ	عـ	ع	]	\	[	^	_
C	ـعـ	ـع	غـ	غ	ـغـ	ـغ	ـفـ	فـ	قـ	ق	كـ	ك	لـ	ل	ـمـ	م
D	نـ	ن	هـ		ـه	يـ	ي	آ	ـآ	أ	ـأ	}	¦	{	~	ؤ
E	إ	ـإ	ا	ـا	ة	د	ذ	ر	ز	و	ى	ـى	لا	لأ	لآ	لإ
F	ء	ـ	ً	ٌ	ٍ	َ	ـَ	ُ	ـُ	ِ	ـِ	ّ	ـّ	ْ	ـْ	

	0	1	2	3	4	5	6	7	8	9	A	B	C	D	E	F
4																
5	π	┴	┬	┤	├	┼	│	─	┌	┐	└	┘	╳			

1.2 - MATRIZES DE TECLADO

1.2.1 - Matriz Japonesa

<table>
<tr><th></th><th>bit 7</th><th>bit 6</th><th>bit 5</th><th>bit 4</th><th>bit 3</th><th>bit 2</th><th>bit 1</th><th>bit 0</th></tr>
<tr><td>Col. 0</td><td>7 &</td><td>6 ^</td><td>5 %</td><td>4 $</td><td>3 #</td><td>2 @</td><td>1 !</td><td>0)</td></tr>
<tr><td>Col. 1</td><td>; :</td><td>] }</td><td>[{</td><td>\ |</td><td>= +</td><td>- _</td><td>9 (</td><td>8 *</td></tr>
<tr><td>Col. 2</td><td>b B</td><td>a A</td><td>_</td><td>/ ?</td><td>. ></td><td>, <</td><td>' ~</td><td>` "</td></tr>
<tr><td>Col. 3</td><td>j J</td><td>i I</td><td>h H</td><td>g G</td><td>f F</td><td>e E</td><td>d D</td><td>c C</td></tr>
<tr><td>Col. 4</td><td>r R</td><td>q Q</td><td>p P</td><td>o O</td><td>n N</td><td>m M</td><td>l L</td><td>k K</td></tr>
<tr><td>Col. 5</td><td>z Z</td><td>y Y</td><td>x X</td><td>w W</td><td>v V</td><td>u U</td><td>t T</td><td>s S</td></tr>
<tr><td>Col. 6</td><td>F3</td><td>F2</td><td>F1</td><td>かな</td><td>CAPS</td><td>GRAPH</td><td>CTRL</td><td>SHIFT</td></tr>
<tr><td>Col. 7</td><td>RET</td><td>SLCT</td><td>BS</td><td>STOP</td><td>TAB</td><td>ESC</td><td>F5</td><td>F4</td></tr>
<tr><td>Col. 8</td><td>→</td><td>↓</td><td>↑</td><td>←</td><td>DEL</td><td>INS</td><td>HOME</td><td>SPACE</td></tr>
<tr><td>Col. 9</td><td>Num4</td><td>Num3</td><td>Num2</td><td>Num1</td><td>Num0</td><td>Num/</td><td>Num+</td><td>Num*</td></tr>
<tr><td>Col. 10</td><td>Num.</td><td>Num,</td><td>Num-</td><td>Num9</td><td>Num8</td><td>Num7</td><td>Num6</td><td>Num5</td></tr>
<tr><td>Col. 11</td><td></td><td></td><td></td><td></td><td>実行</td><td></td><td>取消</td><td></td></tr>
</table>

Obs.1: A coluna 11 é usada apenas pelos Panasonic modelos FS-A1WX, FS-A1WSX e turbo R, para acesso ao software interno em ROM. "実行" significa selecionar e "取消" significa cancelar.

Obs.2: A posição "かな" é a tecla "KANA" e corresponde à tecla CODE da versão internacional.

1.2.1.1 – Matriz Japonesa com a tecla かな/KANA travada

JIS	bit 7	bit 6	bit 5	bit 4	bit 3	bit 2	bit 1	bit 0
Col. 0	や ゃ	お ぉ	え ぇ	う ぅ	あ ぁ	ふ	め	わ を
Col. 1	れ	゜「	゛	ー	へ	ほ	よ ょ	ゆ ゅ
Col. 2	こ	ち	ろ	め・	る。	ね、	む」	け
Col. 3	ま	に	く	き	は	い ぃ	し	そ
Col. 4	す	た	せ	ら	み	も	り	の
Col. 5	つ っ	ん	さ	て	ひ	な	か	と

ANSI	bit 7	bit 6	bit 5	bit 4	bit 3	bit 2	bit 1	bit 0
Col. 0	に	な	お ぉ	え ぇ	う ぅ	い ぃ	あ ぁ	の
Col. 1	も	ろ「	れ	る	り	ら	ね	ぬ
Col. 2	と	さ	ん・	を。	わ、	よ ょ	゜」	゛ー
Col. 3	み	ふ	ま	そ	せ	く	す	つ っ
Col. 4	け	か	ほ	へ	や ゃ	ゆ ゅ	め	む
Col. 5	た	は	ち	き	て	ひ	こ	し

GRAPH	bit 7	bit 6	bit 5	bit 4	bit 3	bit 2	bit 1	bit 0
Col. 0	土	金	木	水	火	月	日	万
Col. 1	♣	○		円		ー	千	百
Col. 2	┘		♦	♠	大	小	●	♥
Col. 3		│	時	┤	┼	┌	├	└
Col. 4	┬		π			分	中	
Col. 5		年	×		┴		┐	秒

1.2.2 - Matriz do PX-7

<table>
<tr><th></th><th>bit 7</th><th>bit 6</th><th>bit 5</th><th>bit 4</th><th>bit 3</th><th>bit 2</th><th>bit 1</th><th>bit 0</th></tr>
<tr><td>Col. 0</td><td>7 &</td><td>6 ^</td><td>5 %</td><td>4 $</td><td>3 #</td><td>2 @</td><td>1 !</td><td>0)</td></tr>
<tr><td>Col. 1</td><td>; :</td><td>] }</td><td>[{</td><td>\ |</td><td>= +</td><td>- _</td><td>9 (</td><td>8 *</td></tr>
<tr><td>Col. 2</td><td>b B</td><td>a A</td><td>´ ¨ ` ^</td><td>/ ?</td><td>. ></td><td>, <</td><td>' ~</td><td>` "</td></tr>
<tr><td>Col. 3</td><td>j J</td><td>i I</td><td>h H</td><td>g G</td><td>f F</td><td>e E</td><td>d D</td><td>c C</td></tr>
<tr><td>Col. 4</td><td>r R</td><td>q Q</td><td>p P</td><td>o O</td><td>n N</td><td>m M</td><td>l L</td><td>k K</td></tr>
<tr><td>Col. 5</td><td>z Z</td><td>y Y</td><td>x X</td><td>w W</td><td>v V</td><td>u U</td><td>t T</td><td>s S</td></tr>
<tr><td>Col. 6</td><td>F3</td><td>F2</td><td>F1</td><td>かな</td><td>CAPS</td><td>GRAPH</td><td>CTRL</td><td>SHIFT</td></tr>
<tr><td>Col. 7</td><td>RET</td><td>SLCT</td><td>BS</td><td>STOP</td><td>TAB</td><td>ESC</td><td>F5</td><td>F4</td></tr>
<tr><td>Col. 8</td><td>→</td><td>↓</td><td>↑</td><td>←</td><td>DEL</td><td>INS</td><td>HOME</td><td>SPACE</td></tr>
<tr><td>Col. 9</td><td></td><td></td><td></td><td></td><td></td><td>SupI</td><td>Video</td><td>Comp</td></tr>
</table>

SupI → Superimpose

Video → Video

Comp → Computer

Obs.: O PX-7 não possui teclado numérico separado.

1.2.3 – Matriz Internacional

	bit 7	bit 6	bit 5	bit 4	bit 3	bit 2	bit 1	bit 0
Col. 0	7 &	6 ^	5 %	4 $	3 #	2 @	1 !	0)
Col. 1	; :	] }	[{	\ |	= +	- _	9 (	8 *
Col. 2	b B	a A		/ ?	. >	, <	' ~	` "
Col. 3	j J	i I	h H	g G	f F	e E	d D	c C
Col. 4	r R	q Q	p P	o O	n N	m M	l L	k K
Col. 5	z Z	y Y	x X	w W	v V	u U	t T	s S
Col. 6	F3	F2	F1	CODE	CAPS	GRAPH	CTRL	SHIFT
Col. 7	RET	SLCT	BS	STOP	TAB	ESC	F5	F4
Col. 8	→	↓	↑	←	DEL	INS	HOME	SPACE
Col. 9	Num4	Num3	Num2	Num1	Num0	Num/	Num+	Num*
Col. 10	Num.	Num,	Num-	Num9	Num8	Num7	Num6	Num5

1.2.4 – Matriz Brasileira (Expert 1.1 e Hotbit)

	bit 7	bit 6	bit 5	bit 4	bit 3	bit 2	bit 1	bit 0
Col. 0	7 &	6 "	5 %	4 $	3 #	2 @	1 !	0)
Col. 1	ç Ç	¨ ´	´ `	\ ^	= +	- _	9 (	8 *
Col. 2	b B	a A	< >	/ ?	. :	, ;	[ ]	~ ^
Col. 3	j J	i I	h H	g G	f F	e E	d D	c C
Col. 4	r R	q Q	p P	o O	n N	m M	l L	k K
Col. 5	z Z	y Y	x X	w W	v V	u U	t T	s S
Col. 6	F3	F2	F1	CODE	CAPS	GRAPH	CTRL	SHIFT
Col. 7	RET	SLCT	BS	STOP	TAB	ESC	F5	F4
Col. 8	→	↓	↑	←	DEL	INS	HOME	SPACE
Col. 9	Num4	Num3	Num2	Num1	Num0	Num/	Num+	Num*
Col. 10	Num.	Num,	Num-	Num9	Num8	Num7	Num6	Num5

Obs.: O Expert 1.0 utiliza a matriz internacional.

1.2.5 – Matriz Argentina / Espanhola

	bit 7	bit 6	bit 5	bit 4	bit 3	bit 2	bit 1	bit 0
Col. 0	7 &	6 ^	5 %	4 $	3 #	2 @	1 !	0)
Col. 1	ñ Ñ	] }	[{	\ ¦	= +	- _	9 (	8 *
Col. 2	b B	a A		/ ?	. >	, <	; :	' "
Col. 3	j J	i I	h H	g G	f F	e E	d D	c C
Col. 4	r R	q Q	p P	o O	n N	m M	l L	k K
Col. 5	z Z	y Y	x X	w W	v V	u U	t T	s S
Col. 6	F3	F2	F1	CODE	CAPS	GRAPH	CTRL	SHIFT
Col. 7	RET	SLCT	BS	STOP	TAB	ESC	F5	F4
Col. 8	→	↓	↑	←	DEL	INS	HOME	SPACE
Col. 9	Num4	Num3	Num2	Num1	Num0	Num/	Num+	Num*
Col. 10	Num.	Num,	Num-	Num9	Num8	Num7	Num6	Num5

Obs.: Apenas as colunas 1 e 2 diferem da internacional.

1.2.6 – Matriz do Reino Unido (Inglaterra)

<table>
<tr><th></th><th>bit 7</th><th>bit 6</th><th>bit 5</th><th>bit 4</th><th>bit 3</th><th>bit 2</th><th>bit 1</th><th>bit 0</th></tr>
<tr><td>Col. 0</td><td>7 &</td><td>6 ^</td><td>5 %</td><td>4 $</td><td>3 #</td><td>2 @</td><td>1 !</td><td>0)</td></tr>
<tr><td>Col. 1</td><td>; :</td><td>] }</td><td>[{</td><td>\ |</td><td>= +</td><td>- _</td><td>9 (</td><td>8 *</td></tr>
<tr><td>Col. 2</td><td>b B</td><td>a A</td><td>£</td><td>/ ?</td><td>. ></td><td>, <</td><td>` ~</td><td>' "</td></tr>
<tr><td>Col. 3</td><td>j J</td><td>i I</td><td>h H</td><td>g G</td><td>f F</td><td>e E</td><td>d D</td><td>c C</td></tr>
<tr><td>Col. 4</td><td>r R</td><td>q Q</td><td>p P</td><td>o O</td><td>n N</td><td>m M</td><td>l L</td><td>k K</td></tr>
<tr><td>Col. 5</td><td>z Z</td><td>y Y</td><td>x X</td><td>w W</td><td>v V</td><td>u U</td><td>t T</td><td>s S</td></tr>
<tr><td>Col. 6</td><td>F3</td><td>F2</td><td>F1</td><td>CODE</td><td>CAPS</td><td>GRAPH</td><td>CTRL</td><td>SHIFT</td></tr>
<tr><td>Col. 7</td><td>RET</td><td>SLCT</td><td>BS</td><td>STOP</td><td>TAB</td><td>ESC</td><td>F5</td><td>F4</td></tr>
<tr><td>Col. 8</td><td>→</td><td>↓</td><td>↑</td><td>←</td><td>DEL</td><td>INS</td><td>HOME</td><td>SPACE</td></tr>
<tr><td>Col. 9</td><td>Num4</td><td>Num3</td><td>Num2</td><td>Num1</td><td>Num0</td><td>Num/</td><td>Num+</td><td>Num*</td></tr>
<tr><td>Col. 10</td><td>Num.</td><td>Num,</td><td>Num-</td><td>Num9</td><td>Num8</td><td>Num7</td><td>Num6</td><td>Num5</td></tr>
</table>

Obs.: Apenas a coluna 2 difere da internacional.

1.2.7 – Matriz Cirílica (Russa)

	bit 7	bit 6	bit 5	bit 4	bit 3	bit 2	bit 1	bit 0
Col. 0	& 6	% 5	¤ 4	# 3	" 2	! 1	+ ;	) 9
Col. 1	v V	* :	h H	- ^	= _	$ 0	(8	' 7
Col. 2	i I	f F	? /	< ,	@	b B	> .	\
Col. 3	o O	[}	r R	p P	a A	u U	w W	s S
Col. 4	k K	j J	z Z	] }	t T	x X	d D	l L
Col. 5	q Q	n N	| ~	c C	m M	g G	e E	y Y
Col. 6	F3	F2	F1	PYC	CAPS	GRAPH	CTRL	SHIFT
Col. 7	RET	SLCT	BS	STOP	TAB	ESC	F5	F4
Col. 8	→	↓	↑	←	DEL	INS	HOME	SPACE
Col. 9	Num4	Num3	Num2	Num1	Num0	Num/	Num+	Num*
Col. 10	Num.	Num,	Num-	Num9	Num8	Num7	Num6	Num5

1.2.7.1 – Matriz Cirílica com tecla РУС/CODE travada

	bit 7	bit 6	bit 5	bit 4	bit 3	bit 2	bit 1	bit 0
Col. 0	& 6	% 5	¤ 4	# 3	" 2	! 1	+ ;	) 9
Col. 1	ж Ж	* :	х Х	ъ Ъ	= _	$ 0	(8	' 7
Col. 2	и И	ф Ф	? /	< ,	ю Ю	б Б	> .	э Э
Col. 3	о О	ш Ш	р Р	п П	а А	у У	в В	с С
Col. 4	к К	й Й	з З	щ Щ	т Т	ь Ь	д Д	л Л
Col. 5	я Я	н Н	ч Ч	ц Ц	м М	г Г	е Е	ы Ы

1.2.8 – Matriz Coreana

	bit 7	bit 6	bit 5	bit 4	bit 3	bit 2	bit 1	bit 0
Col. 0	7 '	6 &	5 %	4 $	3 #	2 "	1 !	0 0
Col. 1	; +	[{	@ `	₩ ¦	^ ~	- =	9)	8 (
Col. 2	b B	a A	_	/ ?	. >	, <	] }	: *
Col. 3	j J	i I	h H	g G	f F	e E	d D	c C
Col. 4	r R	q Q	p P	o O	n N	m M	l L	k K
Col. 5	z Z	y Y	x X	w W	v V	u U	t T	s S
Col. 6	F3	F2	F1	한글	CAPS	GRAPH	CTRL	SHIFT
Col. 7	RET	SLCT	BS	STOP	TAB	ESC	F5	F4
Col. 8	→	↓	↑	←	DEL	INS	HOME	SPACE
Col. 9	Num4	Num3	Num2	Num1	Num0	Num/	Num+	Num*
Col. 10	Num.	Num,	Num-	Num9	Num8	Num7	Num6	Num5

1.2.8.1 – Matriz coreana com a tecla 한글/CODE travada

	bit 7	bit 6	bit 5	bit 4	bit 3	bit 2	bit 1	bit 0
Col. 0								
Col. 1								
Col. 2	ㅠ	ㅁ						
Col. 3	ㅓ	ㅑ	ㅗ	ㅎ	ㄹ	ㄷ ㄸ	ㅇ	ㅊ
Col. 4	ㄱ ㄲ	ㅂ ㅃ	ㅔ ㅉ	ㅐ ㅒ	ㅜ	ㅡ	ㅣ	ㅏ
Col. 5	ㅋ	ㅛ	ㅌ	ㅈ	ㅍ	ㅕ	ㅅ ㅆ	ㄴ

1.2.9 – Matriz Arábica

	bit 7	bit 6	bit 5	bit 4	bit 3	bit 2	bit 1	bit 0
Col. 0	7 &	6 ^	5 %	4 $	3 #	2 @	1 !	0)
Col. 1	; :	] }	[{	\ |	= +	- _	9 (	8 *
Col. 2	b B	a A		/ ?	. >	, <	' ~	` "
Col. 3	j J	i I	h H	g G	f F	e E	d D	c C
Col. 4	r R	q Q	p P	o O	n N	m M	l L	k K
Col. 5	z Z	y Y	x X	w W	v V	u U	t T	s S
Col. 6	F3	F2	F1	CODE	CAPS	GRAPH	CTRL	SHIFT
Col. 7	RET	SLCT	BS	STOP	TAB	ESC	F5	F4
Col. 8	→	↓	↑	←	DEL	INS	HOME	SPACE
Col. 9	Num4	Num3	Num2	Num1	Num0	Num/	Num+	Num*
Col. 10	Num.	Num,	Num-	Num9	Num8	Num7	Num6	Num5

1.2.9.1 – Matriz arábica com modo árabe ativado

	bit 7	bit 6	bit 5	bit 4	bit 3	bit 2	bit 1	bit 0
Col. 0	٧	٦	٥	٤	٣	٢	١	٠
Col. 1	ك		ج				٩	٨
Col. 2	لا لأ	ش آ		؟		،	؛	"
Col. 3	ت	ه ◌ُ	ا أ	ل لإ	ب	ث ◌ٌ	ي ذ	د ذ
Col. 4	ق ◌ّ	ض ◌ٍ	ح]	خ ◌َ	ة لآ	و ؤ	م	ن
Col. 5	ط ظ	غ ◌ْ	ى ء	ص ◌ِ	ر ز	ع ◌ٍ	ف ◌ً	ش إ

1.3 – LAYOUTS DE TECLADO

1.3.1 – Layout Internacional

ESC ! 1 @ 2 # 3 $ 4 % 5 ^ 6 & 7 * 8 (9) 0 _ - + = | \ BS
TAB Q W E R T Y U I O P { [}] RETURN
CTRL A S D F G H J K L : ; " ' ~ `
SHIFT Z X C V B N M < , > . ? / SHIFT
CAPS GRAPH SPACE CODE

1.3.2 – Layout Japonês (JIS)

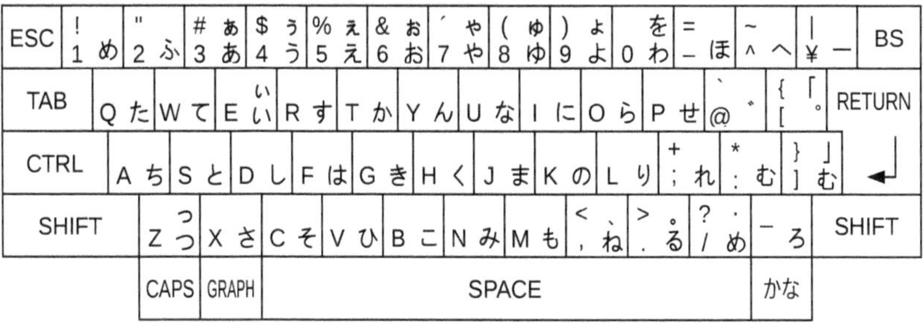

1.3.3 – Layout Japonês (ANSI)

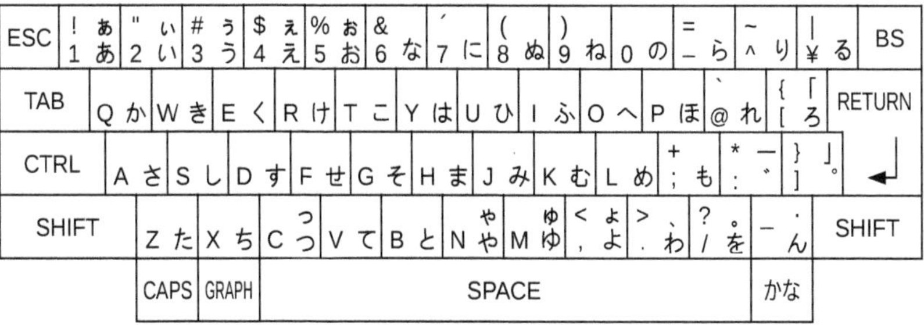

1.3.4 – Layout Brasileiro 1.0 (Expert 1.0)

ESC ! 1 @ 2 # 3 $ 4 % 5 ^ 6 & 7 * 8 (9) 0 – - + = | \ BS
TAB Q W E R T Y U I O P { [}] RETURN
CTRL A S D F G H J K L : ; " , ~ `
SHIFT Z X C V B N M < , > . ? / ´ " ` ^ SHIFT
CAPS L GRA SPACE R GRA

1.3.5 – Layout Brasileiro 1.1 (Hotbit / Expert 1.1)

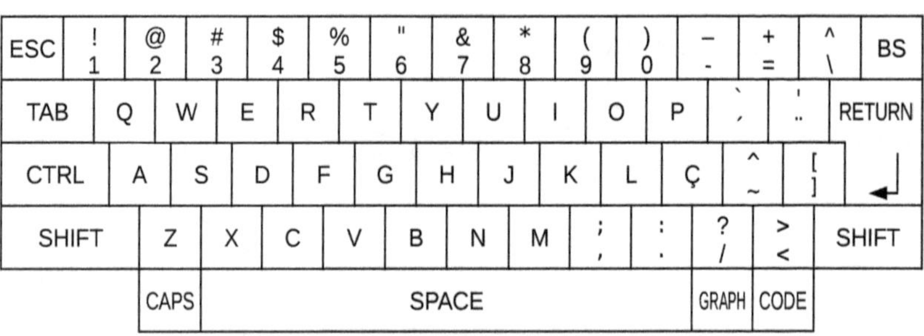

Obs.: Para o Expert, as teclas GRAPH e CODE são renomeadas para L GRA e R GRA, na mesma posição da versão 1.0.

1.3.6 – Layout do Reino Unido (Inglês)

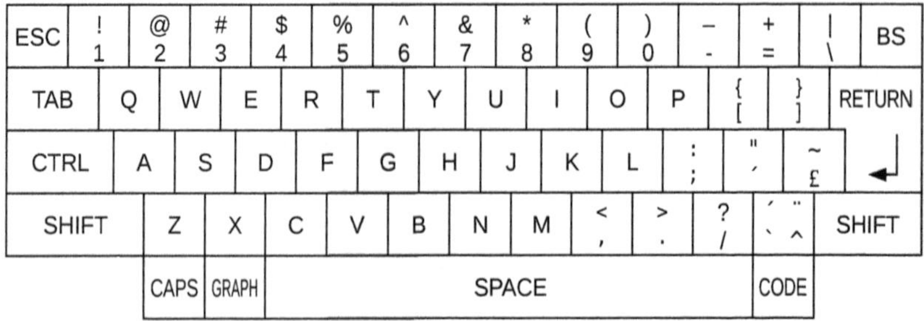

1.3.7 – Layout Argentino / Espanhol

ESC ! 1 @ 2 # 3 $ 4 % 5 ^ 6 & 7 * 8 (9) 0 – - + = | \ BS
TAB Q W E R T Y U I O P { [}] RETURN
CTRL A S D F G H J K L Ñ " ´ : ;
SHIFT Z X C V B N M < , > . ? / ´ " ` ^ SHIFT
CAPS GRAPH SPACE CODE

1.3.8 – Layout Russo (Cirílico)

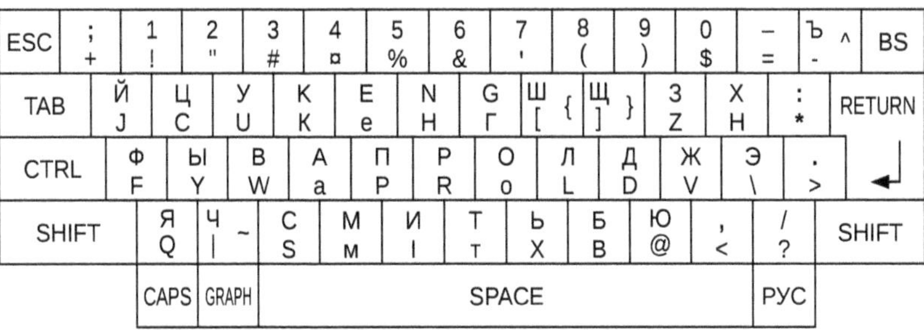

1.3.9 – Layout Coreano (CPC-400)

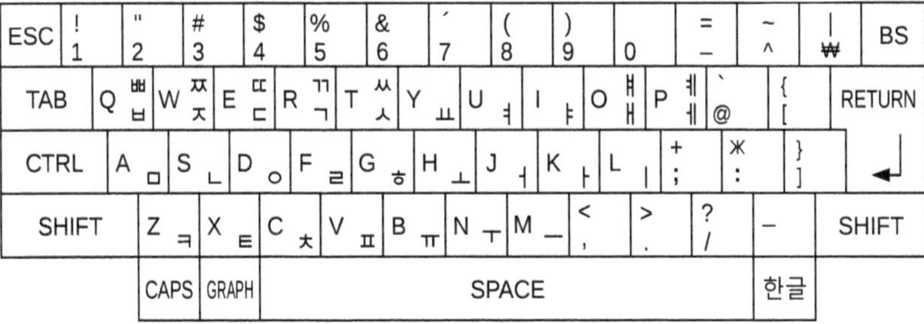

1.3.10 – Layout Arábico (AX-170)

1.3.11 – Layout Francês (ML-F80)

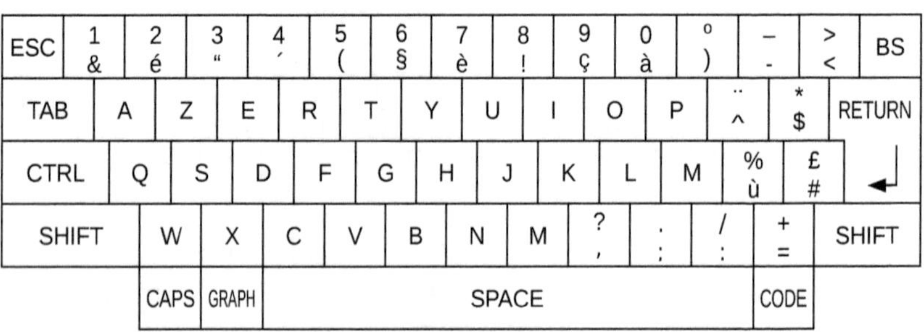

1.3.12 – Layout Germânico (HB-F700D)

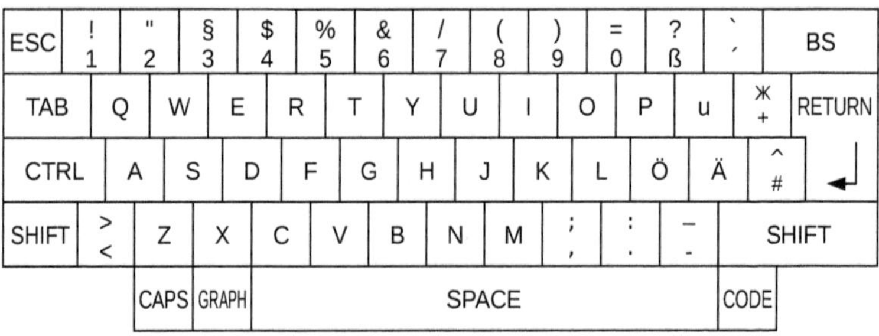

1.4 - CÓDIGOS DE CONTROLE

Atalho	DEC	HEX	Função
Ctrl+A	001	01H	Determina caractere gráfico
Ctrl+B	002	02H	Desvia cursor p/ início da palavra anterior
Ctrl+C	003	03H	Encerra a condição de entrada
Ctrl+D	004	04H	
Ctrl+E	005	05H	Cancela caract. do cursor até fim da linha
Ctrl+F	006	06H	Desvia cursor p/ início da palavra seguinte
Ctrl+G	007	07H	Aciona o beep
Ctrl+H	008	08H	Apaga letra anterior ao cursor (BS)
Ctrl+I	009	09H	Move cursor p/ pos. Tab. seguinte (TAB)
Ctrl+J	010	0AH	Muda de linha (Linefeed)
Ctrl+K	011	0BH	Volta cursor para a posição 1,1 (HOME)
Ctrl+L	012	0CH	Limpa a tela e volta cursor p/ a pos. 1,1
Ctrl+M	013	0DH	Retorno do Carro (RETURN)
Ctrl+N	014	0EH	Move o cursor para o fim da linha
Ctrl+O	015	0FH	
Ctrl+P	016	10H	
Ctrl+Q	017	11H	
Ctrl+R	018	12H	Liga/desliga modo de inserção (INS)
Ctrl+S	019	13H	
Ctrl+T	020	14H	
Ctrl+U	021	15H	Apaga toda a linha na qual está o cursor
Ctrl+V	022	16H	
Ctrl+W	023	17H	
Ctrl+X	024	18H	(SELECT)
Ctrl+Y	025	19H	
Ctrl+Z	026	1AH	(EOF) - End of File → Fim de Arquivo
Ctrl+[	027	1BH	(ESC) - Escape
Ctrl+\	028	1CH	Move o cursor para a direita
Ctrl+]	029	1DH	Move o cursor para a esquerda
Ctrl+^	030	1EH	Move o cursor para cima
Ctrl+_	031	1FH	Move o cursor para baixo
Delete	127	7FH	Apaga a letra que está sob o cursor (DEL)

2 - MAPA DAS PORTAS DE I/O

00H~01H	Porta MIDI (output) do Music Module (não usar ao mesmo tempo com o Sony Sensor Kid Cartridge)
00H~01H	Sony Sensor Kid Cartridge (não usar c/ Music Module)
02H~03H	FAC MIDI Interface (espelhado em 00H~07H)
04H~05H	Music Module MIDI (input)
00H~07H	MD Telcom modem
08H~09H	Sem uso conhecido
0AH	DAC do Music Module
08H~0EH	Sem uso conhecido
0FH	MegaRAM Zemina
10H~11H	Emulação do PSG para MegaflashROM em FPGA
12H~13H	Sem uso conhecido
14H~17H	Cartucho YM2608 OPNA
18H~19H	Leitor de código de barras Philips NMS 1170/20 1AH~1FH Sem uso conhecido
20H~28H	Modem Philips NMS1251 (config. 30H~38H via jumper)
	Modem Miniware M4000 (config. 30H~38H via jumper)
21H~27H	Sunrise MP3 player
27H~2FH	Interface serial Philips NMS 1210/1211/1212 (configurável em 37H~3FH via jumper)
28H~29H	DenYoNet ethernet interface
2AH~2BH	Cartucho PlaySoniq (setting registers)
30H~38H	Modem Philips NMS1251 (config. 20H~28H via jumper)
	Modem Miniware M4000 (config. 20H~28H via jumper)
	Interface SCSI Green-Mak
	Interface para CD-ROM Philips NMS 0210
37H~3FH	Interface serial Philips NMS 1210/1211/1212 (configurável em 27H~2FH via jumper)
3CH	Registrador de controle do Musical Memory Mapper
3FH	Acesso ao reg. do SN76489 do Musical Memory Mapper
40H~4FH	Acesso às portas de I/O comutáveis.
	40H (R/W) ID do dispositivo
	41H~4FH (R/W) acesso ao dispositivo
48H~49H	Cartucho Franky (SN76489 e VDP)
50H~5DH	Sem uso conhecido
5EH~5FH	Interface GR8NET (Ethernet)

60H~6FH	VDP V9990
	60H (R/W) Acesso à VRAM
	61H (R/W) Acesso à paleta de cores
	62H (R/W) Acesso aos comandos de hardware
	63H (R/W) Acesso aos registradores
	64H (W) Seleção de registradores
	65H (R) Porta de status
	66H (W) Flag de interrupção
	67H (W) Controle do sistema
	68H (W) Endereço da Kanji-ROM (low) – 1
	69H (R/W) Endereço da Kanji-ROM (high) e dados – 1
	6AH (W) Endereço da Kanji-ROM (low) – 2
	6BH (R/W) Endereço da Kanji-ROM (high) e dados – 2
	6CH~6FH – Não usadas
70H~73H	Cartucho MIDI Saurus
74H~76H	Sem uso conhecido
77H	Super Game 90
78H~7BH	Sem uso conhecido
7CH~7DH	MSX-MUSIC (YM2413)
	7CH (W) Seleciona registradores
	7DH (W) Porta de dados
7EH~7FH	Cartucho Moonsound (OPL4) – Síntese PCM
	7EH Registradores PCM (wave)
	7FH Dados PCM (wave)
80H~87H	Interface serial RS232C padrão
	80H (R/W) USART 8251 – Registrador de dados
	81H (R/W) USART 8251 – Reg. de status e comando
	82H (R/W) USART 8251 – Status / comunicação
	83H (R/W) Máscara de interrupção
	84H (R/W) 8253 – Contador 1
	85H (R/W) 8253 – Contador 2
	86H (R/W) 8253 – Contador 3
	87H (W) Comando dos contadores
88H~8BH	Acesso ao V9938 externo
8CH~8DH	MSX Modem
8EH~8FH	Megaram
	8EH Seleção de páginas
	8FH Megaram-Disk

90H~91H	Impressora
	90H (R) Status
	91H (W) Dados
92H~93H	Sem uso conhecido
94H	Direção a porta de impressora (não padronizado)
95H~97H	Sem uso conhecido
98H~9BH	VDP TMS9918/V9938/V9958
	98H (R/W) Lê/escreve dados na VRAM
	99H (R/W) Lê registrador de estado Escreve no registrador de controle
	9AH (W) Escreve nos registradores de paleta
	9BH (W) Escreve no reg. especificado indiretamente
9CH~9FH	Sem uso conhecido
A0H~A2H	PSG AY-3-8910
	A0H (W) Porta de endereço
	A1H (W) Porta de escrita de dados
	A2H (R) Porta de leitura de dados
A3H	Sem uso conhecido
A4H~A5H	PCM (Turbo R)
	A4H (R/W) Porta de dados
	A5H (R/W) Porta de comando
A6H	Sem uso conhecido
A7H	Controla luzes do painel no MSX turbo R
	bit 1 = LED Pause
	bit 7 = LED turbo
A8H~ABH	PPI 8255
	A8H (R/W) Porta A da PPI (seleção de slot)
	A9H (R/W) Porta B da PPI (leitura de teclado)
	AAH (R/W) Porta C da PPI (linha teclado / click teclas)
	ABH (W) Porta de comando da PPI
ACH~AFH	MSX-Engine (1chipMSX control)
B0H~B3H	Expansão de memória (especificação SONY 8255)
	B0H Linhas de endereço A0~A7
	B1H Linhas endereço A8~A10, A13~A15, controle, R/W
	B2H Linhas de endereço A11~A12 e dados D0~D7
B4H~B5H	IC do relógio (RP-5C01)
	B4H Endereço dos registradores
	B5H Leitura/escrita de dados
B6H~B7H	Leitor de cartão?
B8H~BBH	Controle de caneta ótica (especificação SANYO)

BCH~BFH	Controle VHD (especificação JVC 8255)
C0H~C1H	MSX-Audio Y8950
	C0H (R/W) Seleciona regs e lê reg. de status
	C1H (R/W) Escreve ou lê reg. especificado
C0H~C3H	Portas alternativas para Moonsound/OPL4
C4H~C7H	Cartucho Moonsound (OPL4) – Síntese FM
	C4H FM register array 0 (banco 1) e reg. de status
	C5H FM (dados)
	C6H FM register array 1 (banco 2)
	C7H Espelho de C5H (o acesso por C5H é preferido)
C8H~CCH	Interface serial assíncrona
CDH~CFH	Sem uso conhecido
D0H~D7H	Reservadas para interface de disco
D8H~D9H	Kanji-ROM Jis 1
	D8H (W) Linhas de endereço A0~A5
	D9H (R/W) Linhas de endereço A6~A11 e dados D0~D7
DAH~DBH	Kanji-ROM Jis 2
	DAH (W) Linhas de endereço A0~A5
	DBH (R/W) Linhas de endereço A6~A11 e dados D0~D7
DCH~DDH	Cartucho Playsoniq (suporte ao Sega Gamepad)
DEH~DFH	Sem uso conhecido
E0H~E2H	MSX-MIDI externa
	E0H Transmissão / recepção de dados
	E1H Porta de controle
	E2H Porta de seleção
E3H	Sem uso conhecido
E4H~E7H	Acesso ao S1990 (MSX turbo R)
	E4H Registradores
	E5H Dados
	E6H Contador de 16 bits (LSB) e reset do contador
	E7H Contador de 16 bits (MSB)
E8H~EFH	MSX-MIDI
	E8H Transmissão / recepção de dados
	E9H Porta de controle
	EAH Latch dos sinais (escrita somente)
	EBH Espelho de EAH
	ECH Contador 0
	EDH Contador 1
	EEH Contador 2
	EFH Controle dos contadores (escrita somente)

F0H~F2H Sem uso conhecido

F3H Modo screen atual (Só MSX2+)
bit 0 = M3
bit 1 = M4
bit 2 = M5
bit 3 = M2
bit 4 = M1
bit 5 – TP
bit 6 = YUV
bit 7 = YAE

F4H Estado do RESET para o MSX2+ e MSX turbo R
bit 5 – Flag para indicar que o sistema já está inicializado
bit 7 – 0 = Hard reset
1 = soft reset
Obs.: em alguns MSX2+, deve-se inverter o dado lido para obter o valor correto.

F5H Controle do sistema (setando o bit em 1 habilita):
b0 – Kanji-ROM
b1 – Reservado Kanji
b2 – MSX-Audio
b3 – Superimpose
b4 – MSX-Interface
b5 – Serial RS232C
b6 – Caneta ótica
b7 – IC do relógio

F6H Barramento I/O de cores (Color Bus)

F7H Controle AV (setando o bit em 1 habilita):
b0 – Audio direito e esquerdo simultâneos
b1 – Audio L (esquerdo) somente
b2 – Seleciona entrada de vídeo (RGB21)
b3 – Flag indicativa se há entrada de vídeo ou não
b4 – Controle AV (RGB21)
b5 – Controle Ym (RGB21)
b6 – Inverso do bit 4 do reg. #9 do VDP
b7 – Inverso do bit 5 do reg. #9 do VDP

F8H Acesso ao registrador de controle PAL A/V

F8H~FBH Acesso aos 8 bits MSB do registrador de 16 bits do cartucho Playsoniq (são as mesmas portas usadas em alguns MSX que estão desabilitadas por padrão)

FCH~FFH Memória Mapeada
FCH (R/W) Página física 0 (0000H~3FFFH)
FDH (R/W) Página física 1 (4000H~7FFFH)
FEH (R/W) Página física 2 (8000H~BFFFH)
FFH (R/W) Página física 3 (C000H~FFFFH)

3 - MSX-BASIC

3.1 - FORMATO

NOME DA INSTRUÇÃO (tipo da instrução, versão do BASIC)
Formato: Formatos válidos para a instrução.
Função: Forma de operação da instrução.

Há cinco tipos de instruções, a saber: declarações, comandos, funções, variáveis de sistema e operadores lógicos.

A versão do BASIC assinala a versão para a qual a instrução está implementada. Valores separados por "-" indicam que há diferenças de sintaxe ou comportamento para versões diferentes.

1~4	Versão do MSX-BASIC	M	MSX-MUSIC BASIC
K	Necessário Kanji-ROM	D	Disk-BASIC 1.0
D2	Disk-BASIC 2.0		

3.1.1 - Abreviações de Instruções

REM	'
PRINT	?
CALL	_

3.1.2 - Códigos de Operação Lógica

PSET	TPSET	Usa a cor especificada (padrão)
PRESET	TPRESET	Faz "NOT (cor especificada)"
XOR	TXOR	Faz "(cor destino) XOR (cor especificada)"
OR	TOR	Faz "(cor destino) OR (cor especificada)"
AND	TAND	Faz "(cor destino) AND (cor especificada)"

Obs.: quando a operação vier precedida por "T", nenhuma operação será feita quando a cor for transparente.

3.1.3 – Notações de Código

&B Precede uma constante na forma binária
&O Precede uma constante na forma octal
&H Precede uma constante na forma hexadecimal
% Assinala variável como inteira
! Assinala variável como precisão simples
Assinala variável como precisão dupla
$ Assinala variável como alfanumérica
– Operador matemático para subtração
+ Operador matemático para adição
/ Operador matemático para divisão
* Operador matemático para multiplicação
^ Operador matemático para potenciação
= Denota igualdade e atribui valores
<> Denota diferença

3.1.4 – Notações de Formato

<exprA> variável, constante ou expressão string ou numérica.
<exprN> variável, constante ou expressão numérica.
<expr$> variável, constante ou expressão string.
<n> é um número definido. Quando entre parênteses pode ser uma expressão ou variável numérica.
[ ] delimita parâmetro opcional.
| significa que apenas um dos itens pode ser utilizado.
{ } delimita opção.
X variável qualquer.
X % variável inteira qualquer.
X ! variável de precisão simples qualquer.
X # variável de precisão dupla qualquer.
X $ variável alfanumérica qualquer.

Caracteres entre parênteses após múltiplos formatos para uma instrução indicam a versão do BASIC na qual aquele formato da instrução está disponível.

3.2 - DESCRIÇÃO DOS COMANDOS

ABS (função, 1)
Formato: X = ABS (<exprN>)
Função: Retorna em X o valor absoluto (módulo) de <exprN>.

AND (operador lógico, 1)
Formato: <exprA1> AND <exprA2>
Função: Efetua operação lógica AND entre <exprA1> e <exprA2>.

```
0 and 0 → 0          1 and 0 → 0
0 and 1 → 0          1 and 1 → 1
```

ASC (função, 1)
Formato: X = ASC (<expr$>)
Função: Retorna em X o código ASCII do primeiro caractere de expr$.

ATN (função, 1)
Formato: X = ATN (<exprN>)
Função: Retorna em X o valor do arcotangente de exprN (exprN deve ser expresso em radianos).

AUTO (comando, 1)
Formato: AUTO [numlinha, [incremento]]
Função: Gera automaticamente números de linha, iniciando com [numlinha] e incrementado com o valor de [incremento].

BASE (variável de sistema, 1-2-3)
Formato: X = BASE (<n>)
BASE (<n>) = <exprN>
Função: Retorna em X ou define os endereços de início das tabelas na VRAM para cada modo de tela. <n> é um número inteiro que segue a seguinte tabela:

	MODOS DE TELA												
	0	1	2	3	4	5	6	7	8	10	11	12	Tabela de
VALOR BASE	0	5	10	15	20	25	30	35	40	50	55	60	nomes dos padrões
	-	6	11	16	21	26	31	36	41	51	56	61	cores
	2	7	12	17	22	27	32	37	42	52	57	62	geradora de padrões
	-	8	13	18	23	28	33	38	43	53	58	63	atributos dos sprites
	-	9	14	19	24	29	34	39	44	54	59	64	geradora dos sprites

BEEP (declaração, 1)

Formato: BEEP

Função: Gera um beep.

BIN$ (função, 1)

Formato: X$ = BIN$(<exprN>)

Função: Converte o valor de <exprN> em uma string de códigos binários e retorna o valor obtido em X$.

BLOAD (comando, 1-D)

Formato: BLOAD“<nome do arquivo>”[,R[,<offset>]]
BLOAD“<nome do arquivo>”[{,R | ,S}][,<offset>]] (D)

Função: Carrega um bloco binário na RAM ou, se especificado [,S], na VRAM (somente Disk Basic). Se especificado [,R], executa programa em código de máquina.

BSAVE (comando, 1-D)

Formato: BSAVE“<nome arquivo>”,<endini>,<endfim>[,<endexec>]
BSAVE“<nome arquivo>”,<endini>,<endfim>[,<endexec>[,S]]

Função: Salva em disco ou fita um bloco binário. Se especificado [,S] salva um bloco da VRAM (opção disponível somente com Disk Basic).

CALL (declaração, 1-2-3-4-D-M-Nextor)

Formato: CALL <comando estendido> [(<argumento>[,argumento>...])]

Função: Executa comandos estendidos através de cartuchos de ROM ou rotinas carregadas na RAM. Veja a seção “DESCRIÇÃO DE COMANDOS ESTENDIDOS”.

CDBL (função, 1)

Formato: X# = CDBL(<exprN>)

Função: Converte o valor de <exprN> em um valor de dupla precisão e retorna o valor obtido na variável X#.

CHR$ (função, 1)

Formato: X$ = CHR$(<exprN>)

Função: Retorna em X$ o caractere cujo código ASCII é expressado em <exprN>.

CINT (função, 1)
Formato: X% = CINT(<exprN>)
Função: Converte o valor de <exprN> em um valor inteiro e retorna o valor obtido na variável X%.

CIRCLE (declaração, 1-2)
Formato: CIRCLE {(X,Y) | STEP(X,Y)},<raio>[,<cor>[,<ângulo inicial> [,< ângulo final>[,<proporção>]]]]
Função: Desenha uma circunferência com ponto central em (X,Y). Se for especificado STEP, as coordenadas serão calculadas a partir da atual. <ângulo inicial> e <ângulo final> devem ser especificados em radianos. <proporção> é a relação para elipse, sendo <1> circunferência perfeita.

CLEAR (declaração, 1)
Formato: CLEAR [<tamanho área string>[,limite superior memória>]]
Função: Inicializa as variáveis do BASIC e seta o tamanho da área para string e o limite superior de memória usado pelo BASIC.

CLOAD (comando, 1)
Formato: CLOAD [<nome do arquivo>]
Função: Carrega um programa BASIC de fita cassete.

CLOAD? (comando, 1)
Formato: CLOAD? [<nome do arquivo>]
Função: Compara um programa BASIC na fita cassete com o da memória.

CLOSE (comando, 1-D)
Formato: CLOSE [[#]<nº arquivo>[,[#]<nº arquivo>...]]
Função: Fecha os arquivos especificados. Se não for especificado nenhum arquivo, fecha todos os arquivos abertos.

CLS (declaração, 1)
Formato: CLS
Função: Limpa a tela.

CMD (comando, 1)
Formato: Sem formato definido.
Função: Reservado para implementação de novos comandos.

COLOR (declaração, 1-2)
Formato: COLOR [<cor frente>[,<cor fundo>[,<cor borda>]]] (1-2)
Função: Especifica as cores da tela.

COLOR = (declaração, 2)
Formato: COLOR = (<n° paleta>,<nível vermelho>,<nível verde>, <nível azul>)
Função: Especifica as cores da paleta. O nível pode variar de 0 a 7 para cada cor.

COLOR – NEW (declaração, 2)
Formato: COLOR [= NEW]
Função: Inicializa a paleta de cores para o padrão no reset.

COLOR = RESTORE (declaração, 2)
Formato: COLOR = RESTORE
Função: Copia o conteúdo da paleta de cores armazenada na VRAM para os registradores de paleta do VDP.

COLOR SPRITE (declaração, 1-2)
Formato: COLOR SPRITE (<n° do plano do sprite>)=<cor>
Função: Especifica a cor dos sprites.

COLOR SPRITE$ (declaração, 2)
Formato: COLOR SPRITE$ (<n° do plano do sprite>)=<expr$>
Função: Especifica a cor de cada linha dos sprites.
<expr$> = CHR$(cor 1ª linha> + CHR$(cor 2ª linha) ...

CONT (comando, 1)
Formato: CONT
Função: Continua a execução de um programa que foi interrompido.

COPY (declaração, 1-2-D)
Formato: COPY <nome arquivo1> [TO <nome arquivo 2>] (1-D)
Função: Copia o conteúdo de <nome do arquivo 1> para <nome do arquivo 2>.
Formato: COPY (X1,X2)-(Y1,Y2) [,<página fonte>] TO (X3,Y3) [,<página destino>[,<operação lógica>]] (2)
Função: Copia uma área retangular da tela para outra.

Formato: COPY (X1,X2)-(Y1,Y2) [,<página fonte>] TO {<variável matriz | <nome do arquivo>} (2-D)
Função: Copia o conteúdo de uma área retangular da tela para uma variável matriz ou para um arquivo em disco.
Formato: COPY {<variável matriz> | <nome do arquivo>} [,<direção>] TO [,<direção>] TO (X3,Y3) [,<página destino> [,<operação lógica>]] (2-D)
Função: Copia o conteúdo de uma variável matriz ou de um arquivo em disco para uma área retangular na tela.
Formato: COPY <nome do arquivo> TO <variável matriz> (2-D)
Função: Copia o conteúdo de um arquivo para uma variável matriz.
Formato: COPY <variável matriz> TO <nome do arquivo> (2-D)
Função: Copia o conteúdo de uma variável matriz para um arquivo.

COPY SCREEN (declaração, 2, opcional)
Formato: COPY SCREEN [<modo>]
Função: Escreve os dados do Color Bus na VRAM.
<modo> pode ser:
0 – digitaliza na página de vídeo atual.
1 – digitaliza duas páginas, a primeira na página anterior à ativa e a segunda na página ativa (entrelaçado)
Obs.: requer um digitalizador ou superimposer.

COS (função, 1)
Formato: X = COS (<exprN>)
Função: Retorna em X o valor do cosseno de <exprN> (exprN deve ser expresso em radianos).

CSAVE (comando, 1)
Formato: CSAVE <nome do arquivo> [,<baud rate>]
Função: Salva um programa BASIC na fita cassete.

CSNG (função, 1)
Formato: X! = CSNG(<exprN>)
Função: Converte o valor de <exprN> em um valor de precisão simples e retorna o valor obtido em X!.

CSRLIN (variável de sistema, 1)
Formato: X = CSRLIN
Função: Contém a posição vertical do cursor.

CVD (função, D)
Formato: X# = CVD (<string de 8 bytes>)
Função: Converte a string em um valor de dupla precisão e armazena o valor obtido em X#.

CVI (função, D)
Formato: X% = CVI (<string de 2 bytes>)
Função: Converte a string em um valor inteiro e armazena o valor obtido em X%.

CVS (função, D)
Formato: X! = CVS (<string de 4 bytes>)
Função: Converte a string em um valor de precisão simples e armazena o valor obtido em X!.

DATA (declaração, 1)
Formato: DATA <constante>[,<constante> ...]
Função: Armazena uma lista de dados para o comando READ.

DEF FN (declaração, 1)
Formato: DEF FN <nome> [(<argumento>[,<argumento>...])] = <expressão definidora de função de usuário>
Função: Define uma função do usuário.

DEFDBL (declaração, 1)
Formato: DEFDBL <faixa de caracteres>[,<faixa de caracteres>...]
Função: Declara as variáveis especificadas como dupla precisão.

DEFINT (declaração, 1)
Formato: DEFINT <faixa de caracteres>[,<faixa de caracteres>...]
Função: Declara as variáveis especificadas como inteiras.

DEFSNG (declaração, 1)
Formato: DEFSNG <faixa de caracteres>[,<faixa de caracteres>...]
Função: Declara as variáveis especificadas como precisão simples.

DEFSTR (declaração, 1)
Formato: DEFSTR <faixa de caracteres>[,<faixa de caracteres>...]
Função: Declara as variáveis especificadas como strings.

DEFUSR (declaração, 1)

Formato: DEFUSR[<número>] = <endereço>

Função: Define um endereço inicial para execução de programa assembly a ser chamado pela função USR. <número> pode variar de 0 a 9.

DELETE (comando, 1)

Formato: DELETE {<linha inicial> – <linha final> | <linha> | – <linha final>}

Função: Apaga as linhas especificadas do texto BASIC.

DIM (declaração, 1)

Formato: DIM <variável> (<índice máximo>[,<índice máximo>...])

Função: Define uma variável matriz e aloca espaço na memória.

DRAW (macro declaração, 1)

Formato: DRAW <expr$>

Função: Desenha uma linha de acordo com <expr$>. Os comandos válidos para <expr$> são os seguintes:

Un	para cima	Dn	para baixo
Ln	para esquerda	Rn	para direita
En	cima e direita	Fn	baixo e direita
Gn	baixo e esq.	Hn	cima e esq.
B	mov. sem desenho	N	volta origem
Mx,y	vai p/ X,Y	An	gira n*90 graus
Sn -	escala n/4	Cn	cor n

Xsérie – Executa macro em série.
Ex. `A$="C15U10" → DRAW "XA$"`

=<variável> – coloca um parâmetro como inteiro após o comando. Ex. `A$=A$="C15U10", S=50, → DRAW "XA$;R=S;D=S"`

DSKF (função, D)

Formato: X = DSKF(<nº drive>)

Função: Retorna o espaço livre no drive especificado em clusters. Se o Nextor estiver instalado, retornará o espaço em Kbytes.

EOF (função, 1-D)

Formato: X – EOF(<nº do arquivo>)

Função: Retorna -1 caso o fim de arquivo seja detectado.

ERASE (declaração, 1)
Formato: ERASE <variável matriz>[,<variável matriz>...]
Função: Deleta as variáveis matriz especificadas.

EQV (operador lógico, 1)
Formato: <exprA1> EQV <exprA2>
Função: Efetua operação lógica EQV entre <exprA1> e <exprA2>. O resultado será 1 se os dois bits forem iguais e zero se forem diferentes.

```
0 eqv 0 → 1          1 eqv 0 → 0
0 eqv 1 → 0          1 eqv 1 → 1
```

ERL (variável de sistema, 1)
Formato: X - ERL
Função: Contém o número de linha onde o último erro ocorreu.

ERR (variável de sistema, 1)
Formato: X - ERR
Função: Contém o código de erro do último erro ocorrido.

ERROR (declaração, 1)
Formato: ERROR <código de erro>
Função: Coloca o programa na condição de erro.

EXP (função, 1)
Formato: X - EXP (<exprN>)
Função: Retorna em X o valor da potenciação natural de <exprN>.

FIELD (declaração, D)
Formato: FIELD [#]<nº arq>,<tamanho do campo> AS <nome var. string>[,<tamanho do campo> AS <nome var. string>...]
Função: Atribui a <var. string> para acesso aleatório ao disco.

FILES (comando, D)
Formato: FILES [<nome do arquivo>]
Função: Apresenta os nomes de arquivos do disco de acordo com <nome do arquivo>. Se <nome do arquivo> for omitido, apresenta os nomes de todos os arquivos presentes no disco.

FIX (função, 1)
Formato: X – FIX(<exprN>)
Função: Retorna em X a parte inteira de <exprN>, sem arredondar.

FOR (declaração, 1)
Formato: FOR <nome variável> = <valor inicial> TO <valor final> [STEP <incremento>]
Função: Repete a execução do trecho entre o FOR e o NEXT.

FRE (função, 1)
Formato: FRE (0 | "")
Função: Retorna o tamanho da memória restante para o texto BASIC (0) ou para as variáveis string ("").

GET (declaração, D)
Formato: GET [#]<nº arq>[,<nº registro>]
Função: Lê um registro de um arquivo de acesso aleatório.

GET DATE (declaração, 2)
Formato: GET DATE <variável string> [,A]
Função: Retorna uma string com a data atual na <variável string>. Se ",A" for especificado, retorna a data do alarme.

GET TIME (declaração, 2)
Formato: GET TIME <variável string> [,A]
Função: Retorna um string com a hora atual na <variável string>. Se ",A" for especificado, retorna a hora do alarme.

GOSUB (declaração, 1)
Formato: GOSUB <nº linha>
Função: Chama um sub-rotina que inicia na linha <nº linha>.

GOTO (declaração, 1)
Formato: GOTO <nº linha>
Função: Salta para a linha <nº linha>.

HEX$ (função, 1)
Formato: X$ = HEX$(<exprN>)
Função: Converte o valor de <exprN> em uma string hexadecimal e retorna o valor obtido em X$.

IF (declaração, 1)

Formato: IF <condição> THEN {<comando> | <nº linha>} [ELSE {<comando> | <nº linha>}]
IF <condição> GOTO <nº linha> [ELSE <nº linha>]

Função: Executa comandos de acordo com a <condição>.

IMP (operador lógico, 1)

Formato: <exprA1> IMP <exprA2>

Função: Efetua operação lógica IMP entre <exprA1> e <exprA2>. O resultado será 0 quando o primeiro bit for verdadeiro e implica que o segundo é falso. Caso contrário será 1.

```
0 imp 0 → 1          1 imp 0 → 0
0 imp 1 → 1          1 imp 1 → 1
```

INKEY$ (função, 1)

Formato: X$ = INKEY$

Função: Retorna em X$ um caractere quando a tecla está sendo pressionada; caso contrário, retorna uma string nula.

INP (função, 1)

Formato: X = INP(<número da porta>)

Função: Lê uma porta de I/O do Z80 e retorna seu valor em X.

INPUT (declaração, 1)

Formato: INPUT ["<prompt>";] <nome variável>[,<nome variável>...]

Função: Lê uma entrada de dados pelo teclado e armazena o(s) valor(es) obtido(s) na(s) variável(is) respectiva(s).

INPUT# (declaração, 1)

Formato: INPUT #<nº arq>, <nome variável>[,<nome variável>...]

Função: Lê dados do arquivo especificado e armazena o(s) valor(es) obtido(s) na(s) variável(is) respectiva(s).

INPUT$ (função, 1)

Formato: X$ = INPUT$ (<nº caracteres>[,[#]<nº arq>])

Função: Lê o número especificado de caracteres do teclado ou de um arquivo e armazena o valor obtido em X$.

INSTR (função, 1)

Formato: X = INSTR ([<exprN>,]<expr$1>,<expr$2>)

Função: Procura a ocorrência de <expr$2> em <expr$1> a partir da posição <exprN> e retorna o valor obtido em X. Se <expr$1> não for localizado, retorna 0.

INT (função, 1)
Formato: X = INT (<exprN>)
Função: Retorna em X a parte inteira de <exprN>, arredondando.

INTERVAL (declaração, 1)
Formato: INTERVAL {ON | OFF | STOP}
Função: Ativa, desativa ou suspende interrupção por intervalo de tempo.

IPL (comando, 1)
Formato: Sem formato definido.
Função: Reservado para implementação de novos comandos.

KEY (comando/declaração, 1)
Formato: KEY <número de tecla>,<expr$>
Função: Redefine o conteúdo da tecla de função especificada.
Formato: KEY (<número de tecla>) {ON | OFF | STOP}
Função: Ativa, desativa ou suspende interrupção de tecla de função.
Formato: KEY {ON | OFF}
Função: Liga ou desliga a apresentação do conteúdo das teclas de função na última linha da tela.

KEY LIST (comando, 1)
Formato: KEY LIST
Função: Lista o conteúdo das teclas de função.

KILL (comando, D)
Formato: KILL <expr$>
Função: Apaga arquivos no disco. <expr$> deve conter um nome de arquivo válido.

LEFT$ (função, 1)
Formato: X$ = LEFT$ (<expr$>,<exprN>)
Função: Retorna em X$ os <exprN> caracteres esquerdos de <expr$>.

LEN (função, 1)
Formato: X = LEN(<expr$>)
Função: Retorna em X o número de caracteres de <expr$>.

LET (declaração, 1)
Formato: [LET] <nome variável> = <exprA>
Função: Armazena na variável o valor de <exprA>.

LFILES (comando, 1)
Formato: LFILES [<nome do arquivo>]
Função: Lista os nomes dos arquivos do disco na impressora de acordo com <nome do arquivo>. Se <nome do arquivo> for omitido, lista os nomes de todos os arquivos presentes no disco.

LINE (declaração, 1-2)
Formato: LINE [{(X1,Y1) | STEP(X1,Y1)}] – {(X2,Y2) | STEP(X2,Y2)} [,<cor>[,{B | BF} [,<operação lógica>]]]
Função: Desenha uma linha, um retângulo vazio (,B) ou um retângulo pintado (,BF). O subcomando STEP, quando especificado, define o deslocamento.

LINE INPUT (declaração, 1)
Formato: LINE INPUT ["<prompt>";]<variável string>
Função: Lê uma sequência de caracteres do teclado e armazena o valor lido na <variável string>.

LINE INPUT # (declaração, 1-D)
Formato: LINE INPUT #<nº arq>,<variável string>
Função: Lê uma sequência de caracteres de um arquivo e armazena o valor lido na <variável string>.

LIST (comando, 1)
Formato: LIST [[<linha inicial>] – [<linha final>]]
Função: Lista na tela o programa BASIC que está na memória.

LLIST (comando, 1)
Formato: LLIST [[<linha inicial>] – [<linha final>]]
Função: Lista na impressora o programa BASIC que está na memória.

LOAD (comando, 1-D)
Formato: LOAD "<nome do arquivo>" [,R]
Função: Carrega um programa na memória. O parâmetro [,R] faz com o programa seja executado após o carregamento.

LOC (função, D)
Formato: X = LOC (<n° arq>)
Função: Retorna em X o número do último registro acessado do arquivo.

LOCATE (declaração, 1-2)
Formato: LOCATE [<cood. X>[,<coord. Y[,<tipo cursor>]]]
Função: Posiciona o cursor nas telas de texto. Se <tipo cursor> for 0 (valor padrão) o cursor não será exibido quando o computador estiver ocupado; se for qualquer outro valor, o cursor sempre será exibido.

LOF (função, D)
Formato: X = LOF (<n° arq>)
Função: Retorna em X o tamanho do arquivo especificado.

LOG (função, 1)
Formato: X = LOG (<exprN>)
Função: Retorna em X o logaritmo natural de <exprN>.

LPOS (variável de sistema, 1)
Formato: X = LPOS
Função: Armazena a localização horizontal da cabeça da impressora.

LPRINT (declaração, 1)
Formato: LPRINT [<exprA>[{; | ,}<exprA>...]]
Função: Envia para a impressora os caracteres correspondentes às expressões <exprA>. " ; " imprime o próximo caractere logo em seguida, " , " imprime o caractere na próxima parada de tabulação.

LPRINT USING (declaração, 1)
Formato: LPRINT USING <"formato">;<exprA>[{; | ,}<exprA>...]
LPRINT USING <"formato expr$">

Função: Envia para a impressora os caracteres correspondentes às expressões <exprN> ou <expr$>, formatando. ";" imprime o próximo caractere logo em seguida, "," imprime o caractere na próxima parada de tabulação. Os caracteres usados para formatar a saída são os seguintes:

→ Formatação numérica:

#	Espaço para um dígito
.	Inclui ponto decimal
+	Indica + ou –; usado antes ou depois do número
–	Indica -; usado depois do número
$$	Coloca $ à esquerda do número
**	Substitui espaços à esquerda por asteriscos
**$	Coloca um $ à esquerda precedido por asteriscos
^^^^	Apresenta o número em Notação científica

→ Formatação alfanumérica:

\ \	Espaço para caracteres
!	Espaço para um caractere
&	Espaçamento variável
_	Próximo caractere é impresso normalmente
outro	Imprime caractere

LSET (declaração, D)

Formato: LSET <variável string> = <expr$>

Função: Armazena o conteúdo de <expr$> à esquerda na variável string definida pela declaração FIELD.

MAXFILES (declaração, 1-D)

Formato: MAXFILES = <número de arquivos>

Função: Define o número máximo de arquivos que podem ser abertos ao mesmo tempo.

MERGE (comando, 1-D)

Formato: MERGE <nome do arquivo>

Função: Intercala o programa na memória com um programa salvo no formato ASCII em disco ou fita.

MID$ (função/declaração, 1)

Formato: X$ = MID$ (<expr$>,<exprN1>[,exprN2])

Função: Retorna, em X$, <exprN2> caracteres a partir do caractere <exprN1> de <expr$>.

Formato: MID$ (<variável string>,<exprN1>[,<exprN2>]) = <expr$>
Função: Define <expr$> usando <exprN2> caracteres a partir da posição <exprN1> da <variável string>.

MKD$ (função, D)
Formato: X$ = MKD$ (<valor de dupla precisão>)
Função: Converte um valor de dupla precisão em uma string de 8 bytes e a armazena em X$.

MKI$ (função, D)
Formato: X$ = MKI$ (<valor inteiro>)
Função: Converte um valor inteiro em uma string de 2 bytes e a armazena em X$.

MKS$ (função, D)
Formato: X$ = MKS$ (<valor de precisão simples>)
Função: Converte um valor de precisão simples em uma string de 4 bytes e a armazena em X$.

MOTOR (comando, 1)
Formato: MOTOR [{ON | OFF}]
Função: Liga ou desliga o motor do cassete.

NAME (comando, D)
Formato: NAME <nome do arquivo1> AS <nome do arquivo2>
Função: Renomeia o arquivo <nome do arquivo 1> com <nome do arquivo 2>.

NEW (comando, 1)
Formato: NEW
Função: Deleta o programa da memória e limpa as variáveis.

NEXT (declaração, 1)
Formato: NEXT [<nome da variável>[,<nome da variável>...]]
Função: Indica o fim do laço FOR.

NOT (operador lógico, 1)
Formato: NOT (<exprA>)
Função: Efetua a negação de <exprA>.

```
not 0 → 1
not 1 → 0
```

OCT$ (função, 1)
Formato: X$ = OCT$ (<exprN>)
Função: Converte o valor de <exprN> em uma string octal e retorna o valor obtido em X$.

ON ERROR GOTO (declaração, 1)
Formato: ON ERROR GOTO <número de linha>
Função: Define a linha inicial da rotina para manipulação de erro.

ON GOSUB (declaração, 1)
Formato: ON <exprN> GOSUB <nº linha>[,<nº linha>...]
Função: Executa a sub-rotina em <nº linha> de acordo com <exprN>.

ON GOTO (declaração, 1)
Formato: ON <exprN> GOTO <nº linha>[,<nº linha>...]
Função: Salta para a linha <nº linha> de acordo com <exprN>.

ON INTERVAL GOSUB (declaração, 1)
Formato: ON INTERVAL = <tempo> GOSUB <nº linha>
Função: Define o intervalo e o número da linha para interrupção de tempo. <tempo> é definido em unidades de 1/60 segundos em uma máquina MSX padrão.

ON KEY GOSUB (declaração, 1)
Formato: ON KEY GOSUB <nº linha>[,<nº linha>...]
Função: Define os números de linha para interrupção de teclas de função.

ON SPRITE GOSUB (declaração, 1)
Formato: ON SPRITE GOSUB <nº linha>
Função: Define o número de linha para interrupção por colisão de sprites.

ON STOP GOSUB (declaração, 1)
Formato: ON STOP GOSUB <nº linha>
Função: Define o número de linha para interrupção pelo pressionamento das teclas CTRL+STOP.

ON STRIG GOSUB (declaração, 1)

Formato: ON STRIG GOSUB <nº linha>[,<nº linha>...]

Função: Define os números de linha para interrupção pelo pressionamento dos botões de disparo do joystick.

OPEN (declaração, 1-D)

Formato: OPEN <nome do arquivo> [FOR {INPUT | OUTPUT}] AS #<nº arq> [LEN=<tamanho do registro>]

Função: Abrir um arquivo em fita ou disco.

OR (operador lógico, 1)

Formato: <exprA1> OR <exprA2>

Função: Efetua operação lógica OR entre <exprA1> e <exprA2>.

```
0 or 0 → 1          1 or 0 → 0
0 or 1 → 0          1 or 1 → 1
```

OUT (declaração, 1)

Formato: OUT <nº da porta>,<exprN>

Função: Escreve o valor de <exprN> em uma porta de I/O do Z80.

PAD (função, 1-2)

Formato: X = PAD (<exprN>)

Função: Examina o estado do mouse, trackball, caneta ótica ou tablete digitalizador e retorna o valor obtido em X.
<exprN> pode ser:

0 – checa touch pad na porta 1 (255 se conectado)
1 – retorna a coordenada X (horizontal).
2 – retorna a coordenada Y (vertical).
3 – retorna o estado de tecla (255 se pressionada).
4 – checa touch pad na porta 2 (255 se conectado).
5 – retorna a coordenada X (horizontal).
6 – retorna a coordenada Y (vertical).
7 – retorna o estado de tecla (255 se pressionada).
8 – checa caneta ótica (255 se conectada ou tocando a tela).
9 – retorna a coordenada X (horizontal).
10 – retorna a coordenada Y (vertical).
11 – retorna o estado de chave (255 se pressionada).

12 – checa mouse na porta 1 (255 se conectado).
13 – retorna offset da coordenada X (horizontal).
14 – retorna offset da coordenada Y (vertical).
15 – sempre 0.
16 – checa mouse na porta 2 (255 se conectado).
17 – retorna offset da coordenada X (horizontal).
18 – retorna offset da coordenada Y (vertical).
19 – sempre 0.
20 – checa 2ª caneta ótica (255 se conectada ou tocando a tela). *obs
21 – retorna a coordenada X (horizontal). *obs
22 – retorna a coordenada Y (vertical). *obs
23 – retorna o estado de tecla (255 se pressionada). *obs

Obs.: Os valores 20 a 23 requerem o uso da instrução CALL ADJUST antes. Disponível apenas para MSX2 fabricados pela Daewoo.

PAINT (declaração, 1-2)
Formato: PAINT {(X,Y) | STEP(X,Y)} [,<cor>[,<cor da borda>]]
Função: Preenche a área delimitada por uma linha com a cor <cor da borda> com a cor <cor>.

PDL (função, 1)
Formato: X = PDL (<nº paddle>)
Função: Retorna em X o estado do paddle especificado. O número do paddle pode ser:
1, 3, 5, 7, 9, 11 – Paddles conectados na porta 1.
2, 4, 6, 8, 10, 12 – Paddles conectados na porta 2.

PEEK (função, 1)
Formato: X = PEEK (<endereço>)
Função: Retorna em X o valor do byte contido em <endereço>.

PLAY (macro declaração, 1)
Formato: PLAY <expr$1>[,<expr$2>[,expr$3>]]
Função: Toca as Notas especificadas por <expr$> no PSG. Os comandos válidos para <expr$> são os seguintes:

An~Gn Toca Nota cifrada com duração n (1~64, padrão 4).
Rn Pausa de duração n (1~64, o padrão é 4).
ou + Sustenido
– Bemol
. Aumento da duração em 50%
On Oitava (o padrão é 4)
Ln Duração das Notas (1~64, o padrão é 4)
Tn Tempo e quartos de Nota por minuto (32~255)
Vn Volume (0~15, o padrão é 8)
Nn Nota absoluta (1~96)
Mn Período da envoltória (1~65 535, o padrão é 255)
Sn Forma de onda (0~15, o padrão é 0)
Xsérie Executa macro em série.
Ex. `A$="ABC#" → PLAY "XA$"`
=<variável> – Coloca um parâmetro como inteiro após o comando. Ex. `A$=A$="ABC#", S=10,`
`→ PLAY "XA$;R=S;V=S"`

PLAY (função, 1)
Formato: X = PLAY(<n>)
Função: Retorna em X o estado da voz <n> (tocando[-1] ou não[0]).

PLAY# (macro declaração, M-4)
Formato: PLAY #<n>,<expr$1>[,<expr$2>.....[,<expr$12>]]]]]]]]]]]
Função: Toca as Notas especificadas por <expr$> no PSG, OPLL, MSX-Audio ou MSX MIDI.
O valor <n> pode ser:
0 Toca somente o PSG (igual a PLAY)
1 Toca através da interface MIDI.
2 ou 3 Toca através do PSG e do OPLL/MSX-Audio, dependendo do chip ativado com CALL MUSIC (OPLL) ou CALL AUDIO (MSX-Audio).
Os comandos válidos para <expr$> são os mesmos que para a declaração PLAY, acrescidos dos descritos abaixo para o OPLL (Obs.: Mn e Sn são exclusivos do PSG):
Qn Divisão de largura de som (1~8, o padrão é 8)
> Aumenta uma oitava
< Diminui uma oitava
=x; Seta os parâmetros em x
& Ligadura

{ } n Define em n as Notas entre { }. (n=1~8, padrão é Ln)
@n Troca o instrumento (1~64)

Para as peças de bateria, os comandos são os seguintes:

B Bass Drum
S Snare Drum
W Tom tom
C Cymbals
H Hi hat

@Vn Seta mudança detalhada de volume (0~127)
@Nn Mantém a duração definida por n (1~64, padrão Ln)
n A enésima Nota é pausada (1~64)
! Acentua a Nota precedente
@An Define o volume para as vozes acentuadas (0~15)

Obs.: Tn, Vn, @Vn, Rn, X, =x; e . são idênticos aos outros instrumentos.

POINT (função, 1)
Formato: X = POINT (X,Y)
Função: Retorna em X o código de cor do ponto (X,Y) da tela gráfica.

POKE (declaração, 1)
Formato: POKE <endereço>,<dado>
Função: Escreve no <endereço> de memória um byte de dados. <dado> deve ser um valor numérico entre 0 e 255.

POS (variável de sistema, 1)
Formato: X = POS(0)
Função: Armazena a posição horizontal do cursor no modo texto.

PRESET (delaração, 1-2)
Formato: PRESET {(X,Y) | STEP(X,Y)} [,<cor> [,<operação lógica>]]
Função: Desliga o ponto especificado por (X,Y) na tela gráfica. "STEP", se especificado, define o deslocamento.

PRINT (declaração, 1)
Formato: PRINT [<exprA>[{; | ,}<exprA>...]]
Função: Apresenta na tela os caracteres correspondentes às expressões <exprA>. ";" não gera avanço de linha e "," avança para a posição de tabulação seguinte.

PRINT# (declaração, 1-D)

Formato: PRINT#<nº arq>,[<exprA>[{; | ,}<exprA>...]]

Função: Escreve o valor de <exprA> no arquivo especificado. ";" não gera avanço de linha e "," avança para a posição de tabulação seguinte.

PRINT USING (declaração, 1)

Formato: PRINT USING <"formato">;<exprN>[{; | ,}<exprN>...]
PRINT USING <"formato expr$">

Função: Apresenta na tela os caracteres correspondentes às expressões <exprN> ou <expr$>, formatando. ";" não gera avanço de linha e "," avança para a posição de tabulação seguinte. Os caracteres de formatação estão descritos abaixo:

→ Formatação numérica:

#	Espaço para um dígito
.	Inclui ponto decimal
+	Indica + ou -; usado antes ou depois do número
-	Indica -; usado depois do número
$$	Coloca $ à esquerda do número
**	Substitui espaços à esquerda por asteriscos
**$	Coloca um $ à esquerda precedido por asteriscos
^^^^	Apresenta o número em Notação científica

→ Formatação alfanumérica:

\ \	Espaço para caracteres
!	Espaço para um caractere
&	Espaçamento variável
_	Próximo caractere será impresso normalmente
outro	Imprime caractere

PRINT# USING (declaração, 1-D)

Formato: PRINT#<nº arq> USING <"formato">;<exprA>
[{; | ,}<exprA>...]

Função: Escreve o valor de <exprA> no arquivo especificado, formatando. Os caracteres de formatação são os mesmos de PRINT USING.

PSET (declaração, 1)

Formato: PSET {(X,Y) | STEP(X,Y)} [,<cor> [,<operação lógica>]]

Função: Desenha o ponto especificado por (X,Y) na tela gráfica. "STEP", se especificado, define o deslocamento.

PUT (declaração, D)

Formato: PUT [#]<nº arq> [,<nº registro>]

Função: Grava um registro em um arquivo aleatório.

PUT HAN (declaração, Daewoo CPC 400/400S)

Formato: PUT HAN [(X,Y)],<código Hangul>[,<cor>
[,<operação lógica>[,<modo>]]]

Função: Apresenta um caractere coreano Hangul na tela.
<modo> define o tamanho do caractere Hangul:

0 – 16x16 pontos
1 – 16x8 pontos (apresenta apenas linhas ímpares)
2 – 16x8 pontos (apresenta apenas linhas pares)

PUT KANJI (declaração, 1-2-Kanji)

Formato: PUT KANJI [(X,Y)],<código JIS>[,<cor>[,<operação lógica>
[,<modo>]]]

Função: Apresenta um caractere Kanji na tela. <código JIS> pode variar de &H2120 ~ &H4F53 para JIS1 e de &H5020 ~ &H7424 para JIS2.
<modo> define o tamanho do Kanji:

0 – 16x16 pontos
1 – 16x8 pontos (apresenta apenas linhas ímpares)
2 – 16x8 pontos (apresenta apenas linhas pares)

PUT SPRITE (declaração, 1-2)

Formato: PUT SPRITE <plano do sprite>[,{(X,Y) | STEP(X,Y)} [,<cor>
[,<nº do padrão>]]]

Função: Apresenta um sprite na tela. "STEP", se especificado, define o deslocamento. <plano do sprite> é um número de 0 a 31 e especifica a prioridade de exibição. Números maiores serão exibidos sobre números menores. <nº do padrão> define o padrão a ser apresentado. Pode variar a 0 a 255 para sprites 8x8 e de 0 a 63 para sprites 16x16. Se não for especificado, será igual ao <plano do sprite>.

READ (declaração, 1)

Formato: READ <nome da variável>[,<nome da variável>...]

Função: Lê os dados do comando DATA e os armazena nas variáveis.

REM (declaração, 1)
Formato: REM <comentários>
Função: Colocar comentários no programa.

RENUM (comando, 1)
Formato: RENUM [<novo nº linha>[,<nº linha antigo>[,<incremento>]]]
Função: Renumera as linhas de programa.

RESTORE (declaração, 1)
Formato: RESTORE [<nº de linha>]
Função: Especifica o número de linha DATA inicial a ser lido por READ.

RESUME (declaração, 1)
Formato: RESUME { [0] | NEXT | <nº de linha> }
Função: Finaliza rotina de tratamento de erros.
0 – a execução retorna ao mesmo comando onde houve o erro
NEXT – a execução continua no comando seguinte ao de onde houve o erro
<nº de linha> – A execução continuará na linha especificada

RETURN (declaração, 1)
Formato: RETURN [<nº de linha>]
Função: Retorna de uma sub-rotina.

RIGHT$ (função, 1)
Formato: X$ = RIGHT$ (<expr$>,<exprN>)
Função: Retorna em X$ os <exprN> caracteres direitos de <expr$>.

RND (função, 1)
Formato: X = RND [(<exprN>)]
Função: Retorna em X um número aleatório entre 0 e 1. É aconselhável o uso de "–TIME" em <exprN> para obtenção de melhor aleatoriedade.

RSET (declaração, D)
Formato: RSET <variável string> = <expr$>
Função: Armazena o conteúdo de <expr$> à direita na variável string definida pela declaração FIELD.

RUN (comando, 1-D)

Formato: RUN [{<nº linha> | "nome do arquivo"]

Função: Executa um programa BASIC na memória ou carrega um programa do disco e o executa. Se <nº linha> for especificado, a execução começara nessa linha.

SAVE (comando, 1-D)

Formato: SAVE "<nome do arquivo>" [,A]

Função: Salva em disco ou fita o programa da memória. Se ",A" for especificado, salva o programa BASIC na forma ASCII e não na forma atomizada.

SCREEN (declaração, 1-2-3)

Formato: SCREEN <modo tela> [,<tamanho sprite> [,<click teclas> [,<taxa cassete>[,<tipo impressora>[,<interlace>]]]]]

Função: Seleciona modo de tela e outros valores.

<modo tela> – 0 a 12, dependendo da versão do MSX. "Screen 9" só funciona em micros coreanos ou carregados com o Hangul BASIC.

<tamanho sprite> – 0 → sprites 8x8 (padrão)
1 → sprites 8x8 ampliados para 16x16
2 → sprites 16x16
3 → sprites 16x16 ampliados p/ 32x32

<click teclas> – 0 → desliga "click"
1 → liga "click" (padrão)

<taxa cassete> – 1 → escreve a 1200 bauds (padrão)
2 → escreve a 2400 bauds

<tipo impressora> – 0 → impressora MSX (padrão)
1 → impressora não MSX

<interlace> – 0 → normal (padrão)
1 → entrelaçado (padrão Screen 0)
2 → normal (apresentação alternada)
3 → entrelaçado (apresent. alternada)

SET ADJUST (declaração, 2)

Formato: SET ADJUST (<coordenada X>,<coordenada Y>)

Função: Muda a localização da tela. X e Y podem variar de –7 a 8.

SET BEEP (declaração, 2)

Formato: SET BEEP <timbre>,<volume>

Função: Seleciona o tipo e o volume do beep. <timbre> pode variar de 1 a 4 e <volume> de 0 a 15.

SET DATE (declaração, 2)

Formato: SET DATE <expr$> [,A]

Função: Altera a data do relógio. [,A] altera a data do alarme. <expr$> deve conter uma especificação de data válida.

SET HAN (declaração, Hangul-BASIC 2nd version)

Formato: SET HAN [<tamanho>], [<tela>], [<impressora>]

Função: Define como os caracteres Hangul serão exibidos nos modos Screen 0 a 8 e na impressora.

<tamanho> – 0 → caracteres de 8x8 pontos
1 → caracteres de 8x16 pontos
<tela> – 0 → caracteres não agrupados
1 → caracteres agrupados em blocos
<impressora> 0 → caracteres não agrupados
1 → caracteres agrupados em blocos

SET PAGE (declaração, 2)

Formato: SET PAGE <página apresentada>,<página ativa>

Função: Seleciona páginas de vídeo. <página apresentada> é a página a ser apresentada na tela e <página ativa> é a página na qual serão executados os comandos.

SET PASSWORD (declaração, 2)

Formato: SET PASSWORD <expr$>

Função: Ativa a senha. <expr$> deve conter uma senha de no máximo 6 caracteres.

SET PROMPT (declaração, 2)

Formato: SET PROMPT <expr$>

Função: Ativa um novo prompt para o BASIC. <expr$> deve conter o novo prompt com no máximo 6 caracteres.

SET SYSTEM (comando, Daewoo CPC300/400/400S)

Formato: SET SYSTEM (<modo>) [CPC 300]

Função: Define como o computador inicializa.
<modo> - 0 → inicia o software adicional em ROM
1 → inicia o BASIC

Formato: SET SYSTEM [<dummy>], [<tela>], [<impressora>] [CPC 400/400S]

Função: Define os parâmetros iniciais para o sistema Hangul.
<dummy> - ação nula para qualquer valor especificado
<tela> - 0 → caracteres não agrupados
1 → caracteres agrupados em blocos
<impressora> 0 → caracteres não agrupados
1 → caracteres agrupados em blocos

SET SCREEN (declaração, 2)

Formato: SET SCREEN

Função: Grava na SRAM do relógio os dados definidos na declaração SCREEN.

SET TIME (declaração, 2)

Formato: SET TIME <expr$> [,A]

Função: Altera a hora do relógio. [,A] altera a hora do alarme. <expr$> deve conter uma especificação de hora válida.

SET TITLE (declaração, 2)

Formato: SET TITLE <expr$> [,<cor do título>]

Função: Define o título e a cor da tela inicial. <expr$> deve conter o título com 6 caracteres no máximo. <cor do título> pode variar de 1 a 4

SET VIDEO (declaração, 2, opcional)

Formato: SET VIDEO [<modo>[,<Ym>[,<CB>[,<sync>[,<áudio> [,<saída de vídeo>[,<controle AV>]]]]]]]

Função: Define superimposição e outros modos.
<modo> pode variar de 0 a 3:
0 – Sincronização interna (valor padrão)
1 – Digitalização (sincronização externa)
2 – Superimpose (sincronização externa)
3 – Vídeo externo (sincronização externa)

<Ym> (luminância externa): 0=normal 1=meio tom
<CB> (color bus): 0=entrada 1=saída
<sync> (modo de sincronização): 0=interna 1=externa
<audio> – Seleciona a fonte de áudio:
0 – Somente o computador
1 – Computador + externo canal direito
2 – Computador + externo canal esquerdo
3 – Computador + externo canais direito e esquerdo
<saída de vídeo> – Seleciona o modo de saída de vídeo:
0 – RGB 1 – Vídeo composto
<controle AV> – Seleciona a saída RGB para áudio e vídeo.
0 – Não selecionado 1 – Selecionado.

SGN (função, 1)
Formato: X = SGN (<exprN>)
Função: Retorna o resultado do sinal de <exprN> em X.
-1 → Expressão negativa
0 → A expressão resultou em zero
1 → Expressão positiva

SIN (função, 1)
Formato: X = SIN (<exprN>)
Função: Retorna em X o valor do seno de <exprN> (exprN deve ser expresso em radianos).

SOUND (declaração, 1)
Formato: SOUND <nº registrador>,<dado>
Função: Escreve no registrador do PSG o valor de <dado>.
<nº registrador> pode variar de 0 a 13 e <dado> de 0 a 255.

SPACE$ (função, 1)
Formato: X$ = SPACE$ (<exprN>)
Função: Retorna em X$ uma string com <exprN> espaços.

SPC (função, 1)
Formato: PRINT SPC (<exprN>)
Função: Imprime <exprN> espaços.

SPRITE (declaração, 1)
Formato: SPRITE {ON | OFF | STOP}
Função: Habilita, desabilita ou suspende interrupção por colisão de sprites.

SPRITE$ (variável de sistema, 1)
Formato: SPRITE$ (<n° sprite>) = <expr$>
X$ = SPRITE$ (<n° sprite>)
Função: Define ou lê o padrão dos sprites.

SQR (função, 1)
Formato: X = SQR(<exprN>)
Função: Retorna em X o valor da raiz quadrada de <exprN>.

STICK (função, 1)
Formato: X = STICK (<n° porta joystick>)
Função: Examina a direção do joystick e retorna o resultado em X.
<n° porta joystick> – 0 → Teclado
1 → porta #1
2 → porta #2
O valor de "X" está ilustrado abaixo:

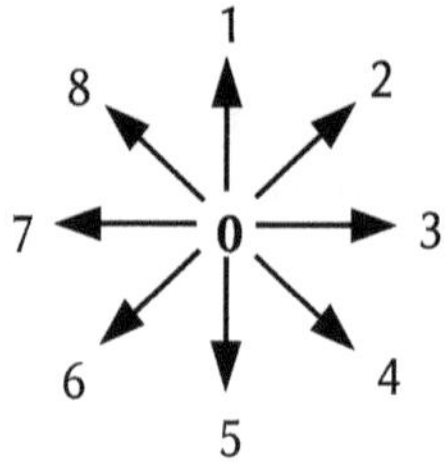

STOP (declaração, 1)
Formato: STOP
Função: Paralisa a execução de um programa.
Formato: STOP {ON | OFF | STOP}
Função: Habilita, desabilita ou supende interrupção pelo pressionamento das teclas CTRL+STOP.

STRIG (função/declaração, 1)
Formato: X = STRIG (<n° porta joystick>)

Função: Examina o estado dos botões de disparo e retorna o resultado em X. O valor será -1 se estiver sendo pressionado ou 0 caso contrário.
<nº porta joystick> pode ser:
0 = barra de espaço
1 = joystick na porta 1, botão A
2 = joystick na porta 2, botão A
3 = joystick na porta 1, botão B
4 = joystick na porta 2, botão B

Formato: STRIG (<nº porta joystick>) {ON | OFF | STOP}
Função: Habilita, desabilita ou supende interrupção pelo pressionamento dos botões de disparo.

STR$ (função, 1)
Formato: X$ = STR$(<exprN>)
Função: Converte o valor de <exprN> em uma string decimal e retorna o valor obtido em X$.

STRING$ (função, 1)
Formato: X$ = STRING$ (<exprN1>, {<expr$> | <exprN2})
Função: Retorna em X$ uma string de comprimento <exprN1>, onde todos os caracteres são iguais, formada pelo primeiro caractere de <expr$> ou pelo caractere cujo código ASCII está representado por <exprN2>.

SWAP (declaração, 1)
Formato: SWAP <nome variável>,<nome variável>
Função: Troca o conteúdo de duas variáveis. As variáveis têm que ser do mesmo tipo.

TAB (função, 1)
Formato: PRINT TAB(<exprN>)
Função: Produz <exprN> espaços para as instruções PRINT.

TAN (função, 1)
Formato: X - TAN (<exprN>)
Função: Retorna em X o valor da tangente de <exprN> (exprN deve ser expresso em radianos).

TIME (variável de sistema, 1)
Formato: X – TIME
Função: Retorna o valor de TIME (é uma variável inteira que é continuamente incrementada 60 vezes por segundo)
Formato: TIME = <exprN>
Função: Atribui o valor de <exprN> à variável TIME. Deve ser um valor inteiro.

TROFF (comando, 1)
Formato: TROFF
Função: Desliga o rastreamento de linhas do programa em execução.

TRON (comando, 1)
Formato: TRON
Função: Liga o rastreamento de linhas do programa em execução.

USR (função, 1)
Formato: X = USR[<número>] (<argumento>)
Função: Executa uma rotina em assembly. <número> pode ser um valor de 0 a 9.

VAL (função, 1)
Formato: X = VAL (<expr$>)
Função: Converte <expr$> em um valor numérico e o armazena em X.

VARPTR (função, 1-D)
Formato: X = VARPTR (<nome variável> | #<nº arquivo>)
Função: Retorna em X o endereço onde a <variável> está armazenada ou o endereço do FCB de <nº arquivo>

VDP (variável de sistema, 1-2-3)
Formato: X = VDP(<nº registrador>)
VDP(<nº registrador>) = <dado>
Função: Lê ou escreve um dado em um registrador do VDP. <dado> deve ser um valor numérico entre 0 e 255.

VPEEK (função, 1-2)
Formato: X = VPEEK (<endereço>)
Função: Retorna em X o conteúdo do byte da VRAM especificado por <endereço>.

VPOKE (declaração, 1-2)

Formato: VPOKE <endereço>,<dado>

Função: Escreve no <endereço> da VRAM um byte de dados. <dado> deve ser um valor numérico entre 0 e 255.

WAIT (declaração, 1)

Formato: WAIT <nº porta>,<exprN1>[,<exprN2>]

Função: Paralisa a execução do programa até que o valor da porta especificada coincida com o valor de <exprN1> ou <exprN2>.

WIDTH (declaração, 1-2)

Formato: WIDTH <número>

Função: Especifica a número de caracteres por linha nos modos texto (Screen 0 e 1).

XOR (operador lógico, 1)

Formato: <exprA1> XOR <exprA2>

Função: Efetua operação lógica XOR entre <exprA1> e <exprA2>.

```
0 xor 0 → 0        1 xor 0 → 1
0 xor 1 → 1        1 xor 1 → 0
```

3.3 – DESCRIÇÃO DE COMANDOS ESTENDIDOS

O comando CALL permite expandir indefinidamente as instruções do MSX-BASIC, permitindo acesso a novos dispositivos em cartuchos ou a novas funcionalidades. Abaixo está listada grande parte das instruções disponíveis através do comando CALL.

DM-System2 BASIC

(Extensão instalável para o BASIC)

BGMOFF	BLOCK	COS	FILES
BGMON	CALL	DMM	FSIZE
BGMTMP	CELLO	DMMINI	HELP
BGMTRS	CHGCPU	DMMOFF	HMMM
BGMVOL	CHGDRV	DMMON	HMMV
BGMWAIT	CHGPLT	EXT	INTWAIT
BINLOAD	COLOR=	EXTCOPY	KBOLD

KCOLOR	PACSAVE	SEOFF	UPPER
KINIT	PAUSE	SEON	VCOPY
KPRINT	PCMON	SETBIN	VDPWAIT
KPUT	PEEK	SETPLT	VMOFF
KSIZE	PEEKS	SETSE	VMON
LMMM	PEEKW	SIN	VMWAIT
LMMV	POKE	STATUS	WAIT
LOAD	POKES	SYSOFF	XY
MALLOC	POKEW	SYSON	YMMM
PACLOAD	SAVE	SYSTEM	

FM-X BASIC

(Disponível com a interface Fujitsu MB22450 quando inserida no slot de expansão FM-X)

CALL MON CALL PRINTERSETUP

FormatMaster-BASIC

(Disponível com extensão instalável que vem no disco da Future Magazine Extra. Arqs FORMAT.BIN – FORMAT.MEM – FORMAT.TXT)

CALL FORMAT

GR8NET BASIC

(Disponível com a instalação do cartucho GR8NET)

DSK	FLUPDATE	NETDUMP	NETGETMAP
DSKCFG	NET	NETEXPRT	NETGETMASK
DSKFMT	NETBITOV	NETFIX	NETGETMD
DSKGETIMG	NETBLOAD	NETFKOPLLR	NETGETMEM
DSKLDIMG	NETBROWSE	NETFWUPDATE	NETGETMIX
DSKHELP	NETBTOV	NETGETCLK	NETGETMMV
DSKLDIMG	NETCDTOF	NETGETCLOUD	NETGETNAME
DSKSETIMG	NETCFG	NETGETDA	NETGETNTP
DSKSVIMG	NETCODE	NETGETDNS	NETGETOPL
DSKSTATE	NETDHCP	NETGETGW	NETGETPATH
FLINFO	NETDIAG	NETGETHOST	NETGETPORT
FLLIST	NETDNS	NETGETIP	NETGETPSG

NETGETQSTR	NETRESST	NETSETMEM	NETSTAT
NETGETTSHN	NETSAVE	NETSETMIX	NETSYSINFO
NETGW	NETSDCRD	NETSETMMV	NETRCHKS
NETHELP	NETSETCLK	NETSETNAME	NETTELNET
NETIMPRT	NETSETCLOUD	NETSETNTP	NETTERM
NETIP	NETSETDA	NETSETOPL	NETTGTMAP
NETLDBUF	NETSETDM	NETSETPATH	NETTSYNC
NETLDRAM	NETSETDNS	NETSETPORT	NETVARBRSTR
NETMASK	NETSETGW	NETSETPSG	NETVARBSIZE
NETNTP	NETSETHOST	NETSETQSTR	NETVARRWTH
NETPLAYBUF	NETSETIP	NETSETTSHN	NETVARUDTO
NETPLAYVID	NETSETMAP	NETSNDDTG	NETVER
NETPLAYWAV	NETSETMASK	NETSNDVOL	

Hangul-BASIC

(Disponível em micros coreanos. Veja também PUT HAN, SET HAN e SET SYSTEM)

CLS	HELP	KLEN	REBOOT
ENG	KCHR	KMID	RTCINI
FONT	KCODE	KTYPE	VER
HANOFF	KEXT	MODE9	
HANON	KINSTR	PALETTE	

Hitachi-BASIC

(Disponível em alguns micros Hitachi)

- A versão 1 está disponível no modelo MB-H1 (MSX1)
- A versão 2 está disponível no modelo MB-H2 (MSX1)
- A versão 3 está disponível no modelo MB-H3 (MSX2)

AUTOMUTE	CMT	MON	REW
BLSCAN	CSCAN	MUTE	SCOPY
CCOPY	CSCOPY	NSCAN	STDBY
CDCOPY	FF	PAUSE	STOP
CFILES	HCOPY	PLAY	TABOFF
CHCOPY	IDTRACE	REC	TABON

Kanji-BASIC
(Disponível em micros japoneses MSX2+ ou superior. Veja também PUT KANJI)

AKCNV	KACNV	KLEN	PALETTE
ANK	KANJI	KMID	SJIS
CLS	KEXT	KNJ	
JIS	KINSTR	KTYPE	

Mega Assembler
(Disponível com a instalação do cartucho Mega-Assembler)

ASM	START

MSX-Aid BASIC
(Disponível com a instalação do cartucho MSX-AID)

CFILES	MESSAGE	TRACE ON
FIND	MON	VARLIST
HELP	TRACE OFF	XREF

MSX-Audio BASIC
(Disponível com a instalação de cartuchos com o MSX-Audio BIOS)

APEEK	COPY PCM	MK VOICE	RECMOD
APOKE	INMK	MK VOL	REC PCM
APPEND MK	KEY OFF	PCM FREQ	SAVE PCM
AUDIO	KEY ON	PCM VOL	SET PCM
AUDREG	LOAD PCM	PITCH	STOPM
BGM	MK PCM	PLAY	TEMPER
CONT MK	MK STAT	PLAY MK	TRANSPOSE
CONVA	MK TEMPO	PLAY PCM	VOICE
CONVP	MK VEL	REC MK	VOICE COPY

MSX-Music BASIC
(Disponível através de cartuchos ou internamente)

AUDREG	MUSIC	STOPM	VOICE
BGM	PITCH	TEMPER	VOICE COPY
MDR (*)	PLAY	TRANSPOSE	

(*) Disponível apenas no MSX turbo R FS-A1GT

Network-BASIC

(Extensão BASIC disponível apenas nos computadores MSX2 Yamaha YIS-503IIIR e YIS-805/128R2, usados em escolas da União Soviética)

BRECEIVE	NETEND	PON	SNDRUN
BSEND	NETINIT	RCVMAIL	STOP
CHECK	OFFLINE	RECEIVE	TALK
DISCOM	ONLINE	RUN	WHO
ENACOM	PEEK	SEND	
HELP	POFF	SNDCMD	
MESSAGE	POKE	SNDMAIL	

NewModem-BASIC

(Disponível para os modems Philips NMS 1255 e Micro Technology MT-Telcom II)

ANSWER	FILEOUT	LOGFILE	RECFILE
BREAK	GET	LS	RTSOFF
CARRIER	INIMDM	MC	RTSON
CHKMDM	INITMD	MRING	SENDFILE
CONNECT	LINEOFF	MSTART	SPEAKEROFF
DTROFF	LINEON	MSTOP	SPEAKERON
DTRON	LB	OFFHOOK	TDIAL
ECHOOFF	LEN	ONHOOK	TERMINAL
ECHOON	LO	PDIAL	

Nextor-BASIC

(Disponível através de cartuchos IDE com Nextor)

CURDRV	DRVINFO	MAPDRV	NEXTOR
DRIVERS	LOCKDRV	MAPDRVL	USR

Pioneer-BASIC (P-BASIC)

(Disponível nos micros da Pioneer PX-7, PX-V7 e PX-V60)

BLIND	FRAME	MUTE	SEARCH
CHAPTER	FRAME OFF	PAN	SYMBOL
CHAPTER OFF	IMPOSE	REMOTE	VIDEO
DEF UNIV	LCOPY	SCLOAD	
EXTV	LD	SCSAVE	

Printer-BASIC

(Disponível nos micros da Toshiba HX20 até HX23F e HX31 até HX34)

LCOPY	SPOLOFF	SPOLON

QuickDisk-BASIC

(Disponível nos micros Daewoo (v1.0) e Casio, Philips e Sanyo (v1.1))

BLOAD	LOAD	QDFORMAT	RUN
BSAVE	MERGE	QDKEY	SAVE
CASQD	QDFILES	QDKILL	

RMSX-BASIC

(Extensão que vem com o emulador RMSX para o MSX Turbo R)

?	CHCAS	FILES	LICENSE
CASAUTOREW	CHDIR	HELP	MUTE
CASREW	CHDSK	HZ	PALETTE
CASRUN	EXIT	IOSOUND	RESET

RookieDrive-BASIC

(Disponível com a instalação do cartucho RookieDrive)

CREATEDISK	HELP	REBOOT	USBRESET
EJECT	INSERTDISK	USBCD	
FNAME	LOADROM	USBERROR	
FORMAT	MOUNT	USBFILES	

SFG-BASIC

(Disponível com a instalação do cartucho Yamaha FM Music Macro)

CANCEL	PATTERN	STOP
CLDVOICE	PHRASE	SYNCOUT
ERASE	PLAY	TEMPO
EVENT ON/OFF/STOP	RCANCEL	TIMER
INIT	REPORT	TRACK
INMKEY	RHYTHM	TRANSPOSE
INST	RSTOP	TSTOP
LENGTH	SELPATTERN	TUNE
LFO	SELVOICE	USERHYTHM
LOOK	SOUND	VLIST
MODINST	STANDBY	WAIT
ON EVENT...GOSUB	START	

StudioFM BASIC
(Disponível com a instalação do StudioFM para tocar músicas .MUS geradas pelo FAC Soundtracker. Usar BLOAD"SFMDRV1.BIN",R)

MFADE	MLOAD	MPLAY	MSTOP

SVI-Modem BASIC
(Disponível apenas no modem Spectravideo SVI-737)

COMBREAK	COMOFF	COMTERM	TDIAL
COMDTR	COMON	OFFLINE	
COM...GOSUB	COMSTAT	ONLINE	
COMINI	COMSTOP	PDIAL	

X-BASIC
(Disponível com a instalação do compilador em tempo real X-BASIC)

'#C	CALL BC	CALL TURBO ON
'#I	CALL RUN	CALL TURBO OFF
'#N		

3.3.1 – Lista dos comandos

? (declaração, RMSX-BASIC)
Formato: CALL ?
Função: Apresenta a ajuda para o RMSX-BASIC. É equivalente ao comando CALL HELP.

ADJUST (comando, Daewoo)
Formato: CALL ADJUST
Função: Habilita a interface interna de caneta ótica. Disponível apenas para MSX2 fabricados pela Daewoo.

AKCNV (declaração, Kanji-BASIC)
Formato: CALL AKCNV (<variável>,"<cadeia de caracteres>")
Função: Converte caracteres de um byte em Kanji de 2 bytes.
<variável string> recebe os caracteres convertidos.
<cadeia de caracteres> são os caracteres ASCII a serem convertidos.

ANK (declaração, Kanji-BASIC)

Formato: CALL ANK

Função: Sai do modo Kanji (a memória usada pelo Kanji driver não é liberada).

ANSWER (função, New Modem BASIC)

Formato: CALL ANSWER (<velocidade>)

Função: Detecta a velocidade de uma conexão. Essa instrução funciona apenas em programas BBS. As velocidades detectadas são:

Valor	Norma	Veloc. recep.	Veloc. transm.
1	V21	300 baud	300 baud
2	V23	1200 baud	75 baud
3	V23	75 baud	1200 baud

APEEK (função, MSX-Audio)

Formato: CALL APEEK (<endereço>, X)

Função: Retorna em X o valor do byte correspondente ao endereço de memória do MSX-Audio. O endereço pode variar de 0000H a 7FFFH.

APOKE (declaração, MSX-Audio)

Formato: CALL APOKE (<endereço>, <dado>)

Função: Escreve no <endereço> da memória de áudio um byte de dados. <dado> deve ser um valor numérico entre 0 e 255. O endereço pode variar de 0000H a 7FFFH.

APPEND MK (declaração, MSX-Audio)

Formato: CALL APPEND MK (<nome da matriz>)
CALL APPEND MK (<endereço inicial>, <endereço final>)
CALL APPEND MK (A), onde a sequência A deve ser previamente declarada nas instruções DIM e REC MK.

Função: Acrescenta uma gravação suplementar tocada no teclado musical.

ASM (comando, Mega Assembler)

Formato: CALL ASM

Função: Chama o Mega Assembler sem inicializar as variáveis. Para chamar o MA inicializando as variáveis, use CALL START.

AUDIO (declaração, MSX-Audio)

Formato: CALL AUDIO (<modo>, <canais com instrumentos>,
<canais p/ string 1>, <canais p/ string 2>,
........, <canais p/ string 9>)

<modo> define o uso do MSX-Audio. O valor padrão é 1.

Modo	FM melodia	PCM	FM ritmo	Tipo
0	9 vozes			Normal
1	6 vozes		3 vozes	Normal
2	9 vozes	1 voz		Normal
3	6 vozes	1 voz	3 vozes	Normal
4	9 vozes			CSM
5	6 vozes		3 vozes	CSM
6	9 vozes	1 voz		CSM
7	6 vozes	1 voz	3 vozes	CSM

No modo CSM, o controle de todos os sons FM (melodia e ritmo) são inválidos. CSM significa Composite Sinusoidal Modeling. Usando todos os operadores em paralelo, esse modo pode ser usado para sintetizar a fala.

<canais com instrumentos> define quantos canais serão atribuídos a um instrumento.

<canais p/ string n> define quantos canais serão usados para cada string relacionada à melodia FM na instrução PLAY.

AUDREG (declaração, MSX-Music e MSX-Audio)

Formato: CALL AUDREG <registrador>, <dado>[,<canal>]

Função: Escreve o valor de <dado> no registrador do OPLL ou do MSX-Audio. <canal> especifica o canal a ser usado (apenas MSX-Audio). Pode ser 0 ou 1, sendo que o padrão é 0.

Obs.: Necessário uso anterior de CALL MUSIC ou CALL AUDIO.

AUTOMUTE (comando, Hitachi-BASIC versão 2)

Formato: CALL AUTOMUTE

Função: Adiciona uma pausa de 4 segundos antes de ativar o leitor de dados interno de alguns micros Hitachi.

BGM (declaração, MSX-Music e MSX-Audio)

Formato: CALL BGM(n)

Função: Seta execução de comandos enquanto a música está sendo tocada. <n> pode ser 0 ou 1, conforme abaixo:
0 - nenhum comando pode ser executado durante a música.
1 - comandos podem ser executados durante música (padrão).

BGMOFF (declaração, DM-System2 BASIC)

Formato: CALL BGMOFF (<fade>)

Função: Silencia a música tocada pelo OPLL/MSX Music. Requer driver BGM.
<fade> – 1 → sem fade (parada imediada)
2 → com fade out

BGMON (declaração, DM-System2 BASIC)

Formato: CALL BGMON (<endereço inicial> [, <nº repetições>])

Função: Reproduz música usando o driver BGM. Requer driver BGM.
<endereço inicial> é um ponteiro para os dados BGM na Main RAM.
<nº repetições> é o número de vezes que a música será tocada. "0" indica repetições infinitas.

BGMTMP (declaração, DM-System2 BASIC)

Formato: CALL BGMTMP (<tempo>)

Função: Ajusta o "tempo" da música. Requer driver BGM.
<tempo> é um valor entre 0 e 255 representando a porcentagem. O valor padrão é 100.

BGMTRS (declaração, DM-System2 BASIC)

Formato: CALL BGMTRS (<transpose>)

Função: Ajusta a clave da música. Requer driver BGM.
<transpose> é um valor de um byte entre -128 e +127. O valor padrão é 0.

BGMVOL (declaração, DM-System2 BASIC)

Formato: CALL BGMVOL ([<Mestre>][,<OPLL>][,<PSG>][,<SCC>])

Função: Ajusta individualmente o volume dos diversos geradores de som. Pode variar de 0 a 15 para cada um, sendo que o valor padrão para todos é 15. Requer driver BGM.

BGMWAIT (declaração, DM-System2 BASIC)
Formato: CALL BGMWAIT
Função: Pausa ou recomeça o BGM. Requer driver BGM.

BINLOAD (comando, DM-System2 BASIC)
Formato: CALL BINLOAD (<flag>[,<flag 2>][,<endereço de destino>] [,<tamanho>])
Função: Transfere dados concatenados da tabela binária na VRAM para a RAM, podendo executá-lo.

<flag> –

b7	b6	b5	b4	b3	b2	b1	b0
E	C	nº dado					

- nº dado (b5–b0): Nº dos dados (0 a 63)
- C (b6): Modo de cópia 0 – desligado, 1 – ligado
- E (b7): Modo de execução 0 – desligado, 1 – ligado

<flag 2> – Valor de um byte que substitui a mesma flag da tabela binária. Por padrão, a flag da tabela é usada.
<endereço de destino> – Valor de 2 bytes que especifica o endereço inicial de destino dos dados.
<tamanho> – Valor de 2 bytes que especifica número de bytes a ser transferido.
Obs. – <endereço de destino> e <tamanho> devem ser omitidos quando o formato dos dados tiver o mesmo formato da instrução COPY (o primeiro byte é a coordenada X e o segundo é a coordenada Y).

BLIND (declaração, Pioneer-BASIC)
Formato: CALL BLIND ([<sequência>], [S | L])
Função: Apaga ou reabilita a apresentação da tela (apenas Screen 2).
<sequência> pode variar de 0 a 9 e especifica a sequência em que a tela será apagada ou habilitada.
S – Salva a tela enquanto é apagada
L – Carrega a tela previamente salva por "S".

BLOAD (comando, QuickDisk BASIC)
Formato: CALL BLOAD ("[QD[n]:]"<nome do arquivo>" { [,R] | [,S] } [,deslocamento])
Função: Carrega o código binário do dispositivo QuickDisk.

QD[n] especifica o dispositivo QuickDisk que será usado. Pode variar de 0 a 7, sendo que o padrão é 0.
<nome do arquivo> deve estar no formato 8.3 caracteres.
",R" executa automaticamente o código binário do arquivo.
",S" carrega o conteúdo na VRAM.
<deslocamento> indica que o programa será carregado no endereço inicial + deslocamento. Este parâmetro também afeta o endereço de execução.

BLOCK (comando, DM-System2 BASIC)
Formato: CALL BLOCK ([@]<endereço fonte>, [@]<endereço destino>, <tamanho>)
Função: Copia dados entre a Main RAM e a VRAM. Se o <endereço> for precedido de "@", será especificada a VRAM. Para evitar mensagens de erro, números decimais devem ser usados para endereços maiores que FFFFh (65 535).

BLSCAN (comando, Hitachi-BASIC versão 2)
Formato: CALL BLSCAN
Função: Faz com que o leitor de dados interno do micro Hitachi MB-H2 procure arquivos gravados com BSAVE e que podem ser carregados com BLOAD.

BREAK (comando, New Modem BASIC)
Formato: CALL BREAK
Função: Atribui a chamada de interrupção à tecla CODE. Isso permitirá interromper as rotinas RING e DIAL apenas pressionando a tecla CODE.

BRECEIVE (comando, Network-BASIC)
Formato: CALL BRECEIVE ([[<nome da unidade>:] <nome do arquivo>] [, <número do aluno>] [, <end. inicial>] [, <end. final>] [,S])
Função: Recebe dados binários na RAM ou VRAM de (outros) micros dos alunos. Pode ser usada pelo professor e pelos alunos autorizados pelo professor através de CALL ENACOM. <nome da unidade> pode ser "A:" ou "B:"; <número do aluno> pode variar de 0 a 15; <endereço inicial> e <endereço final> podem variar de &H0000 a &HFFFF e ",S" especifica VRAM. Versão curta _BREC.

BSAVE (comando, QuickDisk BASIC)

Formato: CALL BSAVE ("[QD[n]:] <nome do arquivo> ",
<endereço inicial>, <end. final> [, <end. de execução>])
CALL BSAVE ("[QD[n]:] <nome do arquivo> ",
<endereço inicial>, <endereço final>, S)

Função: Salva uma área de memória no dispositivo QuickDisk.
QD[n] especifica o dispositivo QuickDisk que será usado. Pode variar de 0 a 7, sendo que o padrão é 0.
<nome do arquivo> deve estar no formato 8.3 caracteres.
<endereço inicial>, <endereço final> e <endereço de execução> podem variar de &H0000 a &HFFFF. Se <endereço de execução> for omitido, será usado o <endereço inicial> no lugar.
",S" é usado para salvar o conteúdo da VRAM.

BSEND (comando, Network-BASIC)

Formato: CALL BSEND ([[<nome da unidade>:] <nome do arquivo>]
[, <nº aluno>] [, <end. inicial>] [, <end. final>] [,S])

Função: Envia dados binários da RAM ou VRAM de outros micros dos alunos. Veja BRECEIVE para mais informações.

CALL (declaração, DM-System2 BASIC)

Formato: CALL CALL (<endereço>[,<AF>][,<HL>][,<DE>][,<BC>]
[,<IX>][,<IY>])

Função: Chama uma rotina de linguagem de máquina na Main-RAM, a menos que o endereço seja menor que 2000H (abaixo disso será chamada a Main-ROM para permitir acesso às rotinas da BIOS). Se <AF> for menor que 256, o valor será carregado no registrador A.

CANCEL (declaração, SFG-BASIC)

Formato: CALL CANCEL (<número do instrumento>)

Função: Cancela um instrumento. <número do instrumento> pode variar de 1 a 4. Versão curta: _CANC.

CARRIER (declaração, New Modem BASIC)

Formato: CALL CARRIER (:GOSUB <número da linha>)

Função: Especifica a rotina do GOSUB a ser executada quando a operadora estiver ausente por um motivo desconhecido ou porque o chamador acabou de desligar. Esta instrução é útil apenas em programas BBS.

CASAUTOREW (comando, RMSX-BASIC)

Formato: CALL CASAUTOREW [ON] | [OFF]

Função: Habilita ou desabilita a rebobinagem automática de uma imagem de fita (arquivo CAS) de volta ao início. Sem parâmetro, esta instrução alterna entre as duas opções.
ON – Ativa a rebobinagem automática da imagem da fita.
OFF – Desativa a rebobinagem automática

CASQD (comando, QuickDisk BASIC)

Formato: CALL CASQD [("[CAS:]"<nome do arquivo 1>"] [,"[QD[n]:] ["<nome do arquivo 2>]")]

Função: Transfere o arquivo especificado do cassete para o QuickDisk.
QD[n] especifica o dispositivo QuickDisk que será usado. Pode variar de 0 a 7, sendo que o padrão é 0.
<nome do arquivo 1> é o nome do arquivo a ser copiado da fita.
<nome do arquivo 2> é o nome do arquivo a ser gravado no Quick Disk. O formato é limitado a 6 caracteres sem extensão. Se <nome do arquivo 2> for omitido, será repetido o <nome do arquivo 1>.
Sem parâmetros, este comando transfere o arquivo da fita para o QuickDisk padrão com o mesmo nome.

CASREW (comando, RMSX-BASIC)

Formato: CALL CASREW

Função: Rebobina manualmente uma imagem de fita (arquivo CAS) de volta ao início.

CASRUN (comando, RMSX-BASIC)

Formato: CALL CASRUN [("[<letra da unidade>:] [\ <caminho> \] [<nome do arquivo.CAS>]")]

Função: Carrega e executa arquivos contidos da imagem de fita especificada (arquivo CAS). Se <nome do arquivo.CAS> for omitido, será executado o primeiro arquivo da imagem inserida com CALL CHCAS.<letra da unidade>: pode ir de A: a H:.

CCOPY (comando, Hitachi-BASIC versão 3)

Formato: CALL CCOPY

Função: Envia para a impressora uma cópia mais escura de uma tela gráfica em Screens 2, 4 ou 5 simulando tons de cinza.

CDCOPY (comando, Hitachi-BASIC versão 3)

Formato: CALL CDCOPY

Função: Envia para a impressora uma cópia de uma tela gráfica em Screens 2, 4 ou 5 usando apenas pontos brancos e pretos.

CELLO (declaração, DM-System2 BASIC)

Formato: CALL CELLO (<X0>,<Y0>)-[STEP](<X1>,<Y1>)[,<n0>][,<n1>][,<n2>]

Função: Altera as cores de uma área retangular especificada da tela. Não funciona nas Screens 0 a 4.
Screens 5, 6, 7: Substitui uma cor por outra
Screen 8: Modifica as cores de acordo com o RGB
Screen 10, 11, 12: Modifica os valores Y das cores
<X0>,<Y0> coordenadas do canto inicial do retângulo
<X1>,<Y1> coordenadas do canto final do retângulo
<n0> cor a substituir nas Screens 5 a 7 (0 ~ 15);
valor para adicionar ao vermelho na Scr 8 (–7 ~ + 7);
valor para adicionar a Y na Scr 10 a 12 (–31 ~ + 31).
<n1> nova cor para as Screens 5 a 7 (0 ~ 15);
valor para adicionar ao verde na Screen 8 (–7 ~ + 7).
<n2> valor para adicionar ao azul na Screen 8 (–7 ~ + 7).

CFILES (comando, Hitachi-BASIC, MSX Aid BASIC)

Formato: CALL CFILES [Hitachi-BASIC 2]

Função: Lista o conteúdo da fita inserida no leitor de dados interno de alguns micros Hitachi. É recomendável rebobinar a fita com o comando CALL REW antes.

Formato: CALL CFILES [MSX Aid BASIC]

Função: Lista o conteúdo da fita inserida no leitor de dados conectado ao MSX. A lista especifica se um arquivo é binário (OBJ), BASIC (BAS) ou ASCII (ASC). Retorna também o tamanho dos arquivos binários. É recomendável rebobinar a fita antes.

CHAPTER (declaração, Pioneer-BASIC)

Formato: CALL CHAPTER (<nº capítulo>, GOSUB <nº linha>)
CALL CHAPTER OFF

Função: Especifica no número de linha da sub-rotina que será executada quando o capítulo <nº capítulo> for atingido.

<nº capítulo> deverá estar na faixa entre 50 e 54.000. Se "OFF" for especificado, cancela a atribuição de número de linha. Este comando é específico para uso com o Laser Vision Player LD-700 da Pioneer e não pode ser usado em conjunto com o comando FRAME.

CHCAS (comando, RMSX-BASIC)
Formato: CALL CHCAS ("[<letra da unidade>:] [\ <caminho> \] <nome do arquivo.CAS>")
Função: Monta (insere) a imagem de fita especificada (arquivo CAS) no leitor de cassete virtual do computador MSX1 ou MSX2 emulado em um Turbo R com o emulador rMSX. <letra da unidade>: pode ir de A: até H:.

CHCOPY (comando, Hitachi-BASIC versão 3)
Formato: CALL CHCOPY
Função: Envia para a impressora uma cópia mais clara de uma tela gráfica em Screens 2, 4 ou 5 simulando tons de cinza.

CHDIR (declaração, Disk-BASIC 2nd version, RMSX-BASIC)
Formato: CALL CHDIR ([<letra da unidade>:] [\] <caminho>) [Disk-BASIC 2]
Função: Troca subdiretório. O argumento também pode ser apenas ".." ou "." para retornar diretórios.
Formato: CALL CHDIR ([<letra da unidade>:] [\] <caminho>) [RMSX-BASIC]
Função: Altera o diretório de trabalho atual de um disco real em uma unidade do MSX Turbo R, usada como host para um computador MSX1 / MSX2 emulado nesta máquina com o emulador rMSX. O argumento também pode ser apenas ".." ou "." para retornar diretórios.

CHDRV (comando, Disk-BASIC 2nd version)
Formato: CALL CHDRV (<letra da unidade>:)
Função: Troca o drive de acordo com "<letra da unidade>:". Se o Nextor estiver instalado, o argumento pode ser substituído por um número (1 = A:, 2 = B:, etc.); caso contrário deve indicar a letra da unidade (A: até H:).

CHKDSK (comando, RMSX-BASIC)
Formato: CALL CHKDSK (ver os parâmetros abaixo)

Função: Monta (insere) a imagem de disco especificada (arquivo DSK) na unidade de disco virtual do computador MSX1/ MSX2 emulado em um Turbo R com o emulador rMSX e/ou ativa um número de disco especificado (a unidade de disco do Turbo R também pode ser usada com um disco real).

→ Para montar a imagem do disco para o número do disco atual (se o parâmetro não for fornecido ou estiver vazio, a unidade de disco real será usada):
CALL CHKDSK [("[<letra da unidade>:]
[\<caminho>\] <nome do arquivo.DSK>")]

→ Para montar a imagem do disco no número especificado do disco (sem ativação):
CALL CHKDSK ("[<letra da unidade>:][\<caminho>\]
<nome do arquivo.DSK>"), <número do disco>

→ Para ativar o número do disco especificado e eventualmente montar a imagem do disco nele:
CALL CHKDSK (<letra da unidade>), [("[<nome
dispositivo>:] [\<caminho>\] <nome arq.DSK>")]

CHECK (comando, Network-BASIC)

Formato: CALL CHECK ([<variável de conexão>] [, <variável de comunicação>])

Função: Verifica quais alunos estão conectados à rede e/ou quais alunos estão habilitados para se comunicar com outros. Esta instrução está disponível apenas para o professor. <variável de conexão> contém a representação binária dos alunos conectados / não conectados. <variável de comunicação> contém a representação binária dos alunos com comunicação estendida ativada ou desativada. Ambas são variáveis inteiras de 16 bits, onde o bit 0 está associado ao aluno 1, o bit 1 está associado ao aluno 2 e assim por diante, até o bit 14. "0" significa aluno conectado ou ativo e "1" significa aluno desconectado ou inativo.

CHGCPU (comando, DM-System2 BASIC)

Formato: CALL CHGCPU ([<modo>][,<variável>])

Função: Troca ou retorna modo CPU nos MSX turbo R.
<modo> – Modo a ser aplicado.
<variável> – Valor antes de ser trocado por <modo>.

Os dois parâmetros têm o seguinte formato:

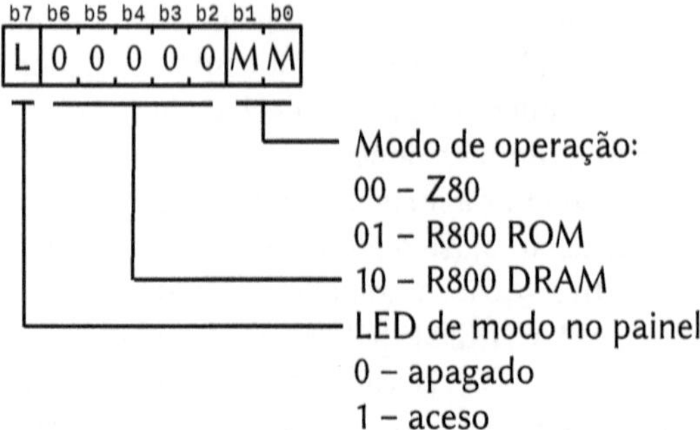

CHGDRV (comando, DM-System2 BASIC)

Formato: CALL CHGDRV ([<número do drive>][,<variável>])

Função: Troca ou retorna a unidade de drive atual.

<número do drive> – deve ser um número entre 1 e 8, onde 1 = A:, 2 = B:, etc.

<variável> – variável numérica que receberá o tamanho do arquivo.

CHGPLT (declaração, DM-System2 BASIC)

Formato: CALL CHGPLT (<número>)

Função: Altera as cores da paleta. Os dados da paleta dever ser previamente colocados na RAM.

<número> é um valor de um byte com o seguinte formato:

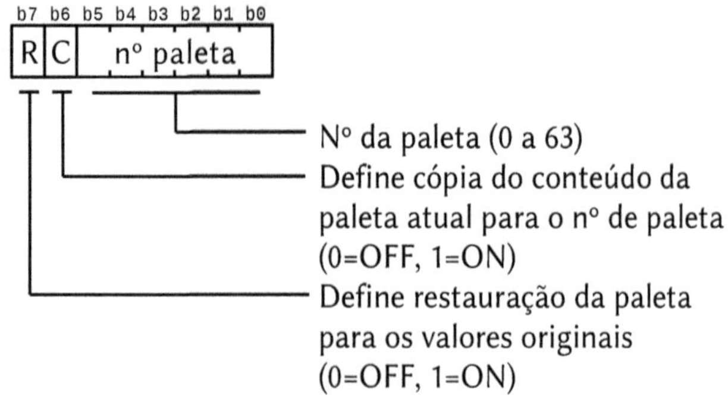

CKHMDM (função, New Modem BASIC)

Formato: CALL CHKMDM (<variável numérica>)

Função: Verifica se o modem está presente. Se <variável numérica> for 0, o modem foi detectado, caso contrário não há modem.

CLDVOICE (comando, SFG-BASIC)

Formato: CALL CLDVOICE [((<exibir nome>) , (<dispositivo>))]

Função: Carrega os dados de voz para a memória, a partir do cassete ou da memória do cartucho. Versão curta: _CLDV.
<opção> especifica se o nome da voz deve ser exibido durante a carga. Se for "0" o nome não será exibido e se for "1" será exibido.
<dispositivo> pode ser: 0 – Cassete; 1 – Cartucho.

CLS (declaração, Kanji-BASIC e Hangul-BASIC 4)

Formato: CALL CLS

Função: Limpa a tela no modo Kanji.

CMT (comando, Hitachi-BASIC versão 2)

Formato: CALL CMT

Função: Inicia o "Tape Utility" no computador Hitachi MB-H2.

COLOR= (declaração, DM-System2 BASIC)

Formato: CALL COLOR = (<nº paleta>,<nível verm.>,<nível verde>, <nível azul>)

Função: Altera as cores da paleta de uma única cor. O nível pode variar de 0 a 7 para cada cor primária. As alterações são armazenadas somente em (NEWPLT) e não na tabela de paleta VRAM.

COMBREAK (comando, Modem BASIC, SVI Modem BASIC)

Formato: CALL COMBREAK ([<nº da porta> [,<nº caracteres>]])

Função: Envia instrução para bloqueio de mensagens. <nº da porta> pode variar de 0 a 4 e <nº caracteres> a serem bloqueados pode variar de 3 a 32 767.

COM GOSUB (declaração, Modem BASIC, SVI Modem BASIC)

Formato: CALL COM ([<nº da porta> GOSUB <nº da linha>])

Função: Especifica a subrotina que será chamada quando ocorrer uma interrupção na RS232-C.
<nº da porta> pode variar de 0 a 4; se omitido será 0.
A subrotina iniciará no <nº da linha> especificado.

COMINI (comando, Modem BASIC, SVI Modem BASIC)
Formato: CALL COMINI ([<dados>] [,<velocidade de recepção>] [,<velocidade de transmissão>] [,<tempo de espera>])
Função: Inicializa o modem com os <dados> fornecidos.
<dados> é uma string alfanumérica de até 10 caracteres, cujo padrão, se omitida é "0:8N1XHNNN". O número inicial é a porta RS232C seguida de ":" e os caracteres seguintes representam:
3º – Tamanho da palavra (5 a 8) ou "del"
4º – paridade (E-par, O-ímpar, I-ignora, N-sem paridade) ou "ins"
5º – Tam. bit de parada: 1- 1 bit, 2- 1,5 bits, 3- 2 bits
6º – XON/XOFF: X- xon, N- xoff
7º – H- handshaking, N- sem handshaking
8º – LF: A- insere LF, N- não insere LF
9º – LF: A- deleta LF, N- não deleta LF
10º – Shift in/out: S- habilita, N- desabilitada
<velocidade de recepção> pode variar de 50 a 1200. Os valores válidos são: 50, 75, 110, 300, 600, 1200, 1800, 2000, 2400, 3600, 4800, 7200, 9600, 19 200. Se omitido, assumirá 1200.
<velocidade de transmissão> pode variar de 50 a 1200. Se omitido, assume a mesma de <veloc. recepção>.
<tempo de espera> é especificado em segundos e pode variar de 0 a 255. Se omitido, assumirá 0.

COMOFF (comando, Modem BASIC, SVI Modem BASIC)
Formato: CALL COMOFF ([<"nº da porta :">])
Função: Desabilita a interrupção vinda da porta RS232-C.

COMON (comando, Modem BASIC, SVI Modem BASIC)
Formato: CALL COMON ([<"nº da porta :">])
Função: Habilita a interrupção vinda da porta RS232-C.

COMSTAT (função, Modem BASIC, SVI Modem BASIC)
Formato: CALL COMSTAT ([<"nº da porta :">], <variável inteira>)
Função: Retorna o estado da porta RS232-C.
<"nº da porta :"> deve variar e 0: a 4:. Se omitido, será 0:.

<variável inteira> retorna os seguintes valores:

bit 15: Erro de estouro de buffer de recebimento
0- nenhum erro, 1- ocorreu erro

bit 14: Erro de tempo limite
0- nenhum erro, 1- ocorreu erro

bit 13: Erro de enquadramento (o bit binário "0" foi recebido em vez do bit de parada.)
0- nenhum erro, 1- ocorreu erro

bit 12: Erro de saturação (dados recebidos antes do buffer de recebimento estar vazio)
0- nenhum erro, 1- ocorreu erro

bit 11: Erro de paridade
0- nenhum erro, 1- ocorreu erro

bit 10: Pressionamento de [CTRL] + [STOP]
0- não pressionado, 1- pressionado

bit 9: Reservado

bit 8: Reservado

bit 7: Status do sinal CS (CTS)
0- desligado, 1- ligado

bit 6: Temporizador/contador definido para a detecção de erro de tempo limite
0- não definido, 1-definido

bit 5: Reservado

bit 4: Reservado

bit 3: Status do sinal DR (DSR)
0- desligado, 1- ligado

bit 2: Sequência de parada detectada enquanto que o COMSTAT é executado
0- não detectada, 1- detectada

bit 1: Reservado

bit 0: Status do sinal do CD
0- desligado, 1- ligado

COMSTOP (comando, Modem BASIC, SVI Modem BASIC)

Formato: CALL COMSTOP ([<"nº da porta :">])

Função: Suspende a interrupção vinda da porta RS232-C.
<"nº da porta :"> deve variar e 0: a 4:. Se omitido, será 0:.

COMTERM (comando, Modem BASIC, SVI Modem BASIC)
Formato: CALL COMTERM ([<"nº da porta :">])
Função: Coloca o MSX no modo terminal. Para sair do modo terminal, pressione CTRL+STOP juntas. <"nº da porta :"> deve variar e 0: a 4:. Se omitido, será 0:. Uma vez no modo terminal, use as seguintes teclas:
[SHIFT]+[F1] – Exibe os códigos de controle recebidos.
[SHIFT]+[F2] – Exibe as teclas pressionadas.
[SHIFT]+[F3] – Exibe e imprime as teclas pressionadas.
[STOP] – Pressione e segure para enviar a sequência de interrupção ao host.

CONNECT (comando, New Modem BASIC)
Formato: CALL CONNECT (<variável numérica>)
Função: Estabelece conexão em um programa Terminal, com a velocidade definida em CALL INIMDM. <variável numérica> armazena o resultado da operação:
0 – ocorreu um erro ao tentar fazer a conexão
1 – operadora detectada – o modem está conectado
2 – A rotina foi abortada pressionando a tecla CODE
3 – o número de telefone está ocupado

CONT MK (comando, MSX-Audio)
Formato: CALL CONT MK
Função: Continua uma reprodução ou gravação do teclado musical que foi cancelada pelo comando STOPM.

CONVA (declaração, MSX-Audio)
Formato: CALL CONVA (<arquivo fonte>, <arquivo destino)
Função: Converte dados PCM para dados ADPCM.
<arquivo fonte> e <arquivo destino> são definidos por um número que pode variar de 0 a 15.

CONVP (declaração, MSX-Audio)
Formato: CALL CONVP (<arquivo fonte>, <arquivo destino)
Função: Converte dados ADPCM para dados PCM.
<arquivo fonte> e <arquivo destino> são definidos por um número que pode variar de 0 a 15.

COPY PCM (comando, MSX-Audio)
Formato: CALL COPY PCM (<arquivo fonte>, <arquivo destino>, [<offset fonte>, [<tamanho arq>, [<offset destino>]]])
Função: Copia dados ADPCM e PCM.
<arquivo fonte> e <arquivo destino> são definidos por um número que pode variar de 0 a 15.
<offset fonte> e <offset destino> define o deslocamento em unidades de 256 bytes.
<tamanho arq> é o tamanho do arquivo em bytes

COS (função, DM-System2 BASIC)
Formato: CALL COS (<variável>,<ângulo>,<valor>)
Função: Retorna o cosseno de um ângulo. O resultado é obtido pela multiplicação do cosseno do ângulo por um valor numérico.
<variável> – Variável numérica que receberá o resultado.
<ângulo> – é o valor do ângulo em graus.
<valor> – Número de dois bytes (valor inteiro).

CREATEDISK (comando, RookieDrive-BASIC)
Formato: CALL CREATEDISK (<nome do disco>)
Função: Cria uma nova imagem de disco sem formatá-la. A imagem de disco criada está cheia de caracteres 0XFFH. Instrução experimental e não totalmente implementada (limitada a discos de 720 Kbytes).

CSCAN (comando, Hitachi-BASIC versão 2)
Formato: CALL CSCAN
Função: Faz com que o leitor de dados interno do micro Hitachi MB-H2 procure arquivos gravados com CSAVE e que podem ser carregados com CLOAD.

CSCOPY (comando, Hitachi-BASIC versão 3)
Formato: CALL CSCOPY (<c1> [,<c2>, <c3>, <c4> .... <c15>])
Função: Envia para a impressora uma cópia de uma tela gráfica em Screens 2, 4 ou 5 usando uma fórmula baseada nas cores selecionadas. A diferença com CALL SCOPY é desconhecida.

CURDRV (declaração, Nextor)
Formato: CALL CURDRV
Função: Apresenta a unidade de drive ativa.

DEF UNIV (comando, Pioneer-BASIC)
Formato: CALL DEF UNIV (<nº dispositivo>, <código dispositivo>)
Função: Define o dispositivo a ser controlado pelo comando REMOTE. <nº dispositivo> pode variar de 3 a 15 e <código dispositivo> pode variar de 1 a 255.

DISCOM (comando, Network-BASIC)
Formato: CALL DISCOM (<número do aluno>)
Função: Desabilita o envio de mensagens de um aluno. Esta instrução está disponível apenas para o professor. Por padrão, após a inicialização, os alunos podem enviar apenas mensagens ao professor. <número do aluno> pode variar de 1 a 15. Versão curta: _DISC.

DMM (função, DM-System2 BASIC)
Formato: CALL DMM (<variável>[,<tempo>]) [, S])
Função: Executa a entrada de dispositivo e devolve o resultado em <variável>. Para abortar: CTRL+STOP. (Requer driver DEV). <variável> deve ser numérica. Os valores de retorno são:

0 – Não pressionado	10 – GRAPH	13 – ESC
1 a 8 – 8 direções	11 – STOP	14 – HOME
9 – Espaço	12 – TAB	15 – SELECT

<tempo> que o comando aguarda, em unidades de 1/60 seg.
[,S] – Se especificado, o sprite definido em "CALL DMMINI" será movido automaticamente.

DMMINI (declaração, DM-System2 BASIC)
Formato: CALL DMMINI ([<modo>] [,<número do sprite>])
Função: Define a entrada de dispositivo. Quando o DM-System2 é inicializado, o mouse e o joypad são configurados como dispositivos de entrada. (Requer driver DEV).
<modo> é um valor de um byte com o seguinte formato (os valores padrão são 0):

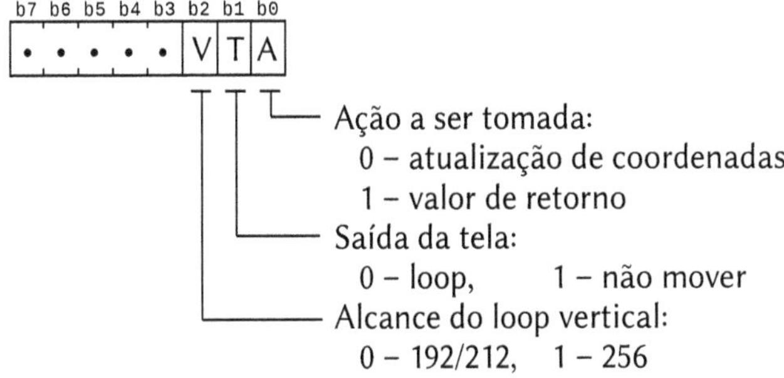

<número do sprite> é um valor de 1 byte que especifica o sprite exibido durante a execução de CALL DMM. Se omitido, "0" é usado.

DMMON (comando, DM-System2 BASIC)
Formato: CALL DMMON ([<endereço>])
Função: Ativa a verificação contínua de dispositivo, colocando o resultado na área de informações do DM-System2. <endereço> define o endereço de execução quando um evento de dispositivo for detectado. (Requer driver DEV).

DMMOFF (comando, DM-System2 BASIC)
Formato: CALL DMMOFF
Função: Desativa a verificação contínua de dispositivo. (Requer driver DEV).

DRIVERS (declaração, Nextor)
Formato: CALL DRIVERS
Função: Apresenta informações sobre os drivers disponíveis para o Nextor e MSXDOS.

DRVINFO (declaração, Nextor)
Formato: CALL DRVINFO
Função: Apresenta informações sobre todas as letras de drive disponíveis.

DSK (comando, GR8NET-BASIC)
Formato: CALL DSK
Função: Apresenta ajuda e estado e faz diagnósticos.

DSKCFG (comando, GR8NET-BASIC)
Formato: CALL DSKCFG (<nº máx páginas>, <nº de páginas>)
Função: Obtém ou gerecia o estado da imagem de disco.
<nº máx páginas> é uma variável que recebe o número máximo de páginas lógicas da RAM-Disk.
<nº de páginas> é uma variável ou constante que define o tamanho da RAM-Disk. Deve estar entre 0 e <nº máx páginas>.

DSKFMT (comando, GR8NET-BASIC)
Formato: CALL DSKFMT
Função: Inicializa a imagem em RAM-Disk.

DSKGETIMG (função, GR8NET-BASIC)
Formato: CALL DSKGETIMG [(<variável string>)]
Função: Obtém a localização atual da imagem de disco e retorna o caminho na <variável string>.

DSKHELP (declaração, GR8NET-BASIC)
Formato: CALL DSKHELP
Função: Apresenta a ajuda para a GR8NET.

DSKLDIMG (comando, GR8NET-BASIC)
Formato: CALL DSKLDIMG
Função: Carrega a imagem de disco atual no buffer da GR8NET.

DSKSETIMG (comando, GR8NET-BASIC)
Formato: CALL DSKSETIMG [(<caminho>)]
Função: Define a localização da imagem de acordo com <caminho>, que pode ser variável string ou expressão alfanumérica.

DSKSVIMG (comando, GR8NET-BASIC)
Formato: CALL DSKSVIMG [(<caminho>)]
Função: Salva a imagem de disco do buffer da GR8NET no cartão SD. Se <caminho> for omitido, será usado o caminho definido por DSKSETIMG.

DSKSTATE (comando, GR8NET-BASIC)
Formato: CALL DSKSTATE (<estado>,<sinalizadores>)
Função: Obtém ou define subsistema de disco.
<estado> define o estado do sistema. Se for "0", o disco será

desativado; "1" ativa. A mudança entrará em vigor na próxima inicialização a quente do sistema. A inicialização por hardware forçará o retorno ao padrão.

<sinalizadores> retornará com os seguintes valores:

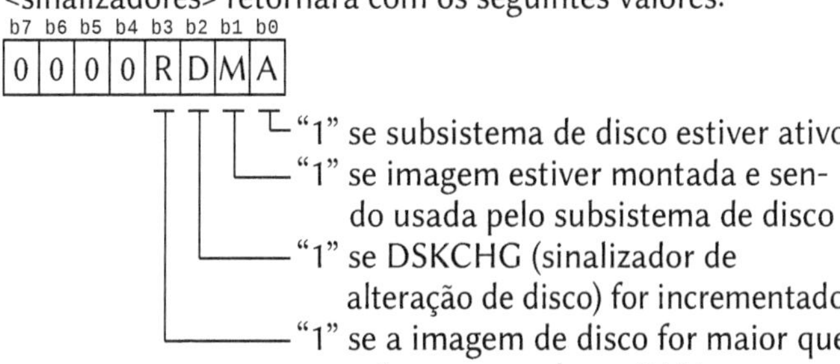

DTROFF (comando, New Modem BASIC)
Formato: CALL DTROFF
Função: Desabilita o sinal DTR (Data Terminal Ready).

DTRON (comando, New Modem BASIC)
Formato: CALL DTRON
Função: Habilita o sinal DTR (Data Terminal Ready).

ECHOOFF (comando, New Modem BASIC)
Formato: CALL ECHOOFF
Função: Envia caracteres apenas para a linha telefônica. A tela exibirá apenas caracteres recebidos.

ECHOON (comando, New Modem BASIC)
Formato: CALL ECHOON
Função: Habilita o envio de caracteres para a linha telefônica e simultaneamente para a tela.

EJECT (comando, RookieDrive-BASIC)
Formato: CALL EJECT
Função: Ejeta a imagem de disco atualmente inserida e exclui seu nome do arquivo USBMSX.INI.

ENACOM (comando, Network-BASIC)
Formato: CALL ENACOM (<número do aluno>)

Função: Habilita o envio de mensagens para um aluno. Esta instrução está disponível apenas para o professor. Por padrão, após a inicialização, os alunos podem enviar mensagens apenas para o professor. <número do aluno> pode variar de 1 a 15. Versão curta: _ENAC.

ENG (comando, Hangul-BASIC 3)
Formato: CALL ENG
Função: Volta para o modo texto Screen 0.

ERASE (comando, SFG-BASIC)
Formato: CALL ERASE (<número da trilha>)
Função: Apaga o conteúdo da trilha especificada. <número da trilha> pode ir de 1 até o número especificado por CALL TRACK. Versão curta: _ERAS.

EVENT (comando, SFG-BASIC)
Formato: CALL EVENT ([<nº do evento>]) ON | OFF | STOP
Função: Habilita, desabilita ou interrompe a interrupção por evento especificada em ON EVENT ... GOSUB. <nº do evento> pode ser:
1 ~ 4 – Interrompe quando a reprodução do instrumento especificado termina.
5 – Interrompe quando a reprodução do ritmo termina.
6 – Interrompe de acordo com o tempo programado no timer da unidade FM.
Se <nº do evento> for omitido, o comando será aplicado a todos os eventos. Versão curta: _EVEN.

EXIT (comando, RMSX-BASIC)
Formato: CALL EXIT
Função: Sai do emulador rMSX e volta ao uso 'normal' do computador MSX Turbo R.

EXT (comando, DM-System2 BASIC)
Formato: CALL EXT ([@]<endereço fonte>,[@]<endereço destino>)
Função: Extrai dados compactados no formato BPE.
<endereço fonte> é o endereço dos dados compactados.
<endereço destino> é o endereço de destino dos dados descompactados.
Obs.: Se especificado "@", significa VRAM.

EXTCOPY (comando, DM-System2 BASIC)

Formato: CALL EXTCOPY ([@]<endereço fonte>,<X>,<Y> [,<direção>]) [,<operador lógico>]

Função: Descompacta dados no formato BPE para uma área retangular na tela.

<endereço fonte> – Endereço dos dados compactados. Se especificado "@", significa VRAM (máximo 64K).

<X> – Coordenada destino horizontal (0 a 511).

<Y> – Coordenada destino vertical (0 a 1023).

<direção> – é a direção de descompactação na tela.

0 – para a direita e para baixo (padrão).

1 – para a esquerda e para baixo.

2 – para a direita e para cima.

3 – para a esquerda e para cima.

<operador lógico> pode ser [T]PSET, [T]PRESET, [T]XOR, [T]OR ou [T]AND. O padrão é PSET.

EXTV (comando, Pioneer-BASIC)

Formato: CALL EXTV (<variável>)

Função: Verifica se existe sinal de vídeo externo no terminal de entrada e retorna o resultado em <variável>.

0 – Não há sinal de vídeo na entrada.

1 – Sinal externo de vídeo detectado.

FF (comando, Hitachi-BASIC versão 2)

Formato: CALL FF

Função: Coloca o leitor de dados embutido do computador Hitachi MB-H2 no modo de busca rápida.

FILEOUT (comando, New Modem BASIC)

Formato: CALL FILEOUT ("[<dispositivo>:] <nome do arquivo>]", <variável>)

Função: Envia um arquivo de texto ou envia diretamente o texto digitado em um terminal. <variável> contém primeiramente uma opção sobre a pergunta "More? (Y/N)" e depois armazena um código de controle. Os valores em <variável> podem ser:

0 – Esta opção está ligada.

1 – A opção está desligada (necessária para upload ASCII).

Códigos de controle:
0 – Texto foi enviado corretamente.
3 – A operação foi abortada com CTRL+C ou C.
7 – o arquivo não foi encontrado.

FILES (declaração, DM-System2 BASIC, RMSX BASIC)

Formato: CALL FILES ("[<dispositivo>:][\<caminho>][[\]<nome do arquivo>]",<variável>) [DM2-BASIC]

Função: Retorna nomes de arquivos e os coloca na área de trabalho do DM-System2 (endereço 7A00h). Os nomes dos arquivos serão colocados um após o outro a cada 12 bytes.
<dispositivo> pode ser drive A: a H: ou COM: para micros conectados com RS232C.
<caminho> especifica o local da pasta ou arquivo
<nome do arquivo> aceita caracteres coringa (* e ?)
<variável> é uma variável numérica que receberá a quantidade de arquivos localizados.

Formato: CALL FILES ("[<dispositivo>:][\<caminho>][[\]<nome do arquivo>]) [RMSX BASIC]

Função: Lista o conteúdo de um disco real em uma unidade do MSX Turbo R, usado como host emulação de um MSX1 ou MSX2 com o emulador rMSX.
<dispositivo> pode ser drive A: a H:.
<caminho> especifica o local da pasta ou arquivo.
<nome do arquivo> aceita caracteres coringa (* e ?).

FIND (comando, MSX-Aid BASIC)

Formato: CALL FIND ("<variável>" [, [<número da linha inicial>], [<número da linha final>], [P]])

Função: Lista parte do programa MSX-BASIC que está na memória, onde uma variável alfanumérica ou string específica é usada. <variável> deve ter um ou dois caracteres. Podem ser especificados também o <número da linha inicial> e o <número da linha final> do programa BASIC a ser listado. Se [P] for especificado, a listagem será enviada para a impressora.

FLINFO (declaração, GR8NET-BASIC)

Formato: CALL FLINFO

Função: Apresenta informações sobre a memória flash serial.

FLLIST (declaração, GR8NET-BASIC)
Formato: CALL FLLIST
Função: Lista o conteúdo da memória flash serial.

FLUPDATE (comando, GR8NET-BASIC)
Formato: CALL FLUPDATE (<setor>[,F])
Função: Atualiza o conteúdo da memória flash serial. <setor> especifica o número do setor onde a atualização começará. Se o parâmetro ",F" for incluído, a atualização iniciará imediatamente sem solicitar confirmação.

FNAME (declaração, RookieDrive-BASIC)
Formato: ?
Função: ?

FONT (comando, Hangul-BASIC 4)
Formato: CALL FONT
Função: Habilita alternância entre caracteres coreanos (tecla HANGUL) e os caracteres não coreanos disponíveis através das teclas KANA, CYRILLIC ou CODE. Retornará erro se usada em Screen 9.

FORMAT (comando, Disk-BASIC, FormatMaster-B., RookieDrive-B.)
Formato: CALL FORMAT [Disk-BASIC]
Função: Formata um disquete. Oferece duas opções:
1 – 1 side, double track (face simples, 360K).
2 – 2 sides,double track (face dupla, 720K).
Formato: CALL FORMAT [FormatMaster-BASIC]
Função: Formata um disquete oferecendo opções adicionais. Necessário Disk-BASIC versão 1 (essa instrução não é compatível com o Disk-BASIC versão 2).
1) 40 trilhas – 8 setores por trilhas – FA.
2) 80 trilhas – 8 setores por trilhas – FB.
3) 40 trilhas – 9 setores por trilhas – F8.
4) 80 trilhas – 9 setores por trilhas – F9.
Formato: CALL FORMAT [RookieDrive-BASIC]
Função: Formata o disco inserido em uma unidade de disquete USB padrão conectada a uma interface Rookie Drive ou a imagem do disco inserida na interface do Rookie Drive.
1) 720K, format. completa. 3) 1,44M, format. completa.
2) 720 K, format. rápida. 4) 1,44M, format. rápida.

FRAME (declaração, Pioneer-BASIC)

Formato: CALL FRAME (<nº frame>, GOSUB <nº linha>)
CALL FRAME OFF

Função: Especifica no número de linha da sub-rotina que será executada quando o frame <nº frame> for atingido. <nº frame> deverá estar na faixa entre 50 e 54.000. Se "OFF" for especificado, cancela a atribuição de número de linha. Este comando é específico para uso com o Laser Vision Player LD-700 da Pioneer e não pode ser usado em conjunto com o comando CHAPTER.

FSIZE (função, DM-System2 BASIC)

Formato: CALL FSIZE ("[<dispositivo>:][\<caminho>][[\]<nome do arquivo>]",<variável>)

Função: Retorna o tamanho do arquivo.
<dispositivo> pode ser drive A: a H: ou COM: para micros conectados com RS232C.
<caminho> especifica o local da pasta ou arquivo.
<nome do arquivo> aceita caracteres coringa (* e ?).
<variável> recebe o tamanho do arquivo.

GET (função, New Modem BASIC)

Formato: CALL GET (<variável>)

Função: Recupera o código ASCII de um caractere pressionado no teclado ou recebido na linha telefônica (se essa linha não tiver sido desativada com CALL LINEOFF). <variável> armazena o código ASCII. Atalhos especiais em um programa BBS: Pausa: CTRL+S ou S; continuar (após uma pausa): qualquer tecla; parar: CTRL+C ou C.

HANOFF (comando, Hangul-BASIC 1)

Formato: CALL HANOFF

Função: Desativa o recurso para agrupar os caracteres em blocos. (Característica dos caracteres Hangul, usados na Coréia, disponíveis depois de pressionar a tecla HANGUL). Retorna erro se usada em Screen 9.

HANON (comando, Hangul-BASIC 1)

Formato: CALL HANON

Função: Habilita o recurso para agrupar os caracteres em blocos. (Característica dos caracteres Hangul, usados na Coréia, disponíveis depois de pressionar a tecla HANGUL). Retorna erro se usada em Screen 9.

HCOPY (comando, Hitachi-BASIC versão 2-3)
Formato: CALL HCOPY
Função: Envia para a impressora uma cópia da tela de texto (Screens 0 ou 1), nos micros Hitachi MB-H2 e MB-H3.

HELP (declaração, DM-System2 BASIC, Hangul-BASIC 4, MSX Aid BASIC, Network BASIC, RMSX BASIC, RookieDrive B.)
Formato: CALL HELP
Função: Mostra ajuda no BASIC em uso.

HIRO (comando, MSX turbo R modelo FS-A1ST).
Formato: CALL HIRO
Função: Chama o menu para os programas em ROM no MSX turbo R modelo FS-A1ST. Para o FS-A1GT, use CALL MWR.

HMMM (declaração, DM-System2 BASIC)
Formato: CALL HMMM (<X0>,<Y0>) – [STEP](<X1>,<Y1>) TO (<X2>,<Y2>)
Função: Executa o comando HMMM (cópia rápida em bytes) do VDP. Disponível para as Screens 5 a 12.
<X0> – Coordenada X do primeiro ponto da área fonte.
<Y0> – Coordenada Y do primeiro ponto da área fonte.
<X1> – Coordenada X do segundo ponto da área fonte.
<Y1> – Coordenada Y do segundo ponto da área fonte.
<X2> – Coordenada X esquerda da área destino.
<Y2> – Coordenada Y superior da área destino.
STEP, se especificado, indica coordenadas relativas.
Obs.: <X> pode variar de 0 a 511 e <Y> de 0 a 1023.

HMMV (declaração, DM-System2 BASIC)
Formato: CALL HMMV (<X0>,<Y0>) – [STEP](<X1>,<Y1>) <byte>
Função: Executa o comando HMMV (pintura rápida da VRAM) do VDP. Disponível para as Screens 5 a 12.

<X0> – Coordenada X do primeiro ponto da área.
<Y0> – Coordenada Y do primeiro ponto da área.
<X1> – Coordenada X do segundo ponto da área.
<Y1> – Coordenada Y do segundo ponto da área.
<byte> – Byte a ser enviado para a VRAM. Especifica um ponto para Screens 8 a 12, dois pontos para Screens 5 e 7 e quatro pontos para Screen 6.
STEP, se especificado, indica coordenadas relativas.
Obs.: <X> pode variar de 0 a 511 e <Y> de 0 a 1023.

HZ (comando, RMSX-BASIC)
Formato: CALL HZ [50 | 60]
Função: Seleciona a taxa de atualização da tela (frequência VDP). Sem parâmetro alterna as taxas.
50 – O VDP terá a frequência de 50 Hz (MSX europeu, russo ou árabe).
60 – O VDP terá a frequência de 60 Hz (MSX japonês, coreano ou brasileiro).

IDTRACE (comando, Hitachi-BASIC versão 2)
Formato: CALL IDTRACE
Função: Coloca o leitor de dados embutido do micro Hitachi MB-H2 no modo de rastreamento de ID para verificar se a fita correta foi inserida no leitor.

IMPOSE (comando, Pioneer-BASIC)
Formato: CALL IMPOSE (<modo>)
Função: Seleciona o modo de vídeo.
<modo> pode ser:
0 – Tela do computador (sincronização interna)
1 – Superimpose (vídeo composto)
2 – Vídeo externo

INIMDM (comando, New Modem BASIC)
Formato: CALL INIMDM (<variável>)
Função: Inicializa a velocidade do modem, cujo valor é armazenado em uma variável, conforme a tabela abaixo:

Valor	Norma	Veloc. recep.	Veloc. transm.	Nota
0	V21	300 baud	300 baud	Chamador
1	V21	300 baud	300 baud	Receptor
2	V23	1200 baud	75 baud	-
3	V23	75 baud	1200 baud	-
4	V23	1200 baud	75 baud	p/ conexão ruim
5	V23	75 baud	1200 baud	p/ conexão ruim
6	V23	600 baud	75 baud	-
7	V23	75 baud	600 baud	-

INIT (comando, SFG-BASIC)
Formato: CALL INIT
Função: Inicializa o FM Music Macro.

INITMD (comando, New Modem BASIC)
Formato: CALL INITMD
Função: Inicializa o protocolo de comunicação X8N1.
X = protocolo Xon / Xoff ativado
8 = 8 bits de dados
N = sem paridade
1 = 1 bit de parada

INMK (função, MSX-Audio)
Formato: CALL INMK [([<variável 1>] [, [<variável 2>]] [,<variável 3>]])]
Função: Informa alterações durante o uso do teclado musical.
<variável 1> – Número da tecla (0 a 127)
<variável 2> – Estado da tecla (0 se pressionada, caso contrário será 1)
<variável 3> – Frequência do ADPCM correspondente à tecla pressionada.

INMKEY (função, SFG-BASIC)
Formato: CALL INMKEY (<variável>)
Função: Verifica se alguma tecla do teclado musical está sendo pressionada. <variável> retorna o código da tecla pressionada. Se for 0, nenhuma tecla está sendo pressionada. Versão curta: _INMK.

INSERTDISK (comando, RookieDrive-BASIC)

Formato: CALL INSERTDISK ("<nome do disco>")

Função: Insere uma nova imagem de disco na unidade virtual USB. Atualmente, está limitado a imagens de disco com 720 Kbytes no máximo.

INST (declaração, SFG-BASIC)

Formato: CALL INST (<nº instrumento> [,<nº de vozes>] [,<MIDI>] [,<canal da MIDI>])

Função: Define os instrumentos a serem usados pelo FM Music Macro. Até 4 instrumentos podem ser definidos por este comando.
<nº instrumento> pode variar de 1 até 4.
<nº de vozes> especifica o número de vozes simultâneas usadas pelo instrumento. Pode variar de 1 a 8.
<MIDI> especifica se os dados serão enviados para a interface MIDI. "MIDI ON" usa a interface MIDI e "MIDI OFF" não (padrão).
<canal da MIDI> pode variar de 1 a 16. Se omitido, será usado o canal 1.

INTWAIT (comando, DM-System2 BASIC)

Formato: CALL INTWAIT

Função: Pausa o sistema até a próxima interrupção do DM System2. Pode ser abortada por CTRL+STOP.

IOSOUND (comando, RMSX-BASIC)

Formato: CALL IOSOUND [ON] | [OFF]

Função: Ativa ou desativa sons de cassetes e discos emulados.
ON – Ativa todos os sons de I/O.
OFF – Desativa todos os sons de I/O.

JIS (declaração, Kanji-BASIC)

Formato: CALL JIS (<variável string>,<cadeia de caracteres>)

Função: Converte o primeiro caractere de uma cadeia em um código JIS hexadecimal de 4 dígitos.
<variável string> recebe o código hexadecimal
<cadeia de caracteres> contém os caracteres a serem convertidos.

KACNV (declaração, Kanji-BASIC)

Formato: CALL KACNV (<variável string>, <cadeia de caracteres>)

Função: Converte caracteres Kanji de dois bytes em caracteres de um byte.
<variável string> recebe os caracteres convertidos
<cadeia caracteres> contém os caracteres Kanji a converter.

KANJI (comando, Kanji-BASIC)

Formato: CALL KANJI [<n>]

Função: Ativa o modo Kanji. <n> pode variar de 0 a 3, mas os modos 1 a 3 só funcionam em um MSX2 ou superior.
Quando no modo Kanji, pressione CTRL+ESPAÇO ou GRAPH+SELECT ativar o modo de entrada Kanji.
0 – 13 linhas de 32 ou 64 caracteres (16x16, 8x16)
1 – 13 linhas de 40 ou 80 caracteres (12x16 ou 6x16)
2 – 24 linhas de 32 ou 64 caracteres no modo entrelaçado (16x16, 8x16)
3 – 24 linhas de 40 ou 80 caracteres no modo entrelaçado (16x16, 8x16)

Obs.: No modo Kanji, os comandos CLS, COLOR= e SCREEN 9 são desabilitados.

KBOLD (declaração, DM-System2 BASIC)

Formato: CALL KBOLD ([<largura>] [,<altura>] [,<aresta X>] [,<aresta Y>] [,<sombra X>] [,<sombra Y>])

Função: Define o estilo dos caracteres de texto. (Requer driver FNT).
<largura> do caractere (1 a 16, padrão é 1)
<altura> do caractere (1 a 16, padrão é 1)
<aresta X> – Espessura da borda X (1 a 8, padrão é 1)
<aresta Y> – Espessura da borda Y (1 a 8, padrão é 1)
<sombra X> – Espessura horizontal do caractere de sombra (1 a 32, padrão é 1)
<sombra Y> – Espessura vertical do caractere de sombra (1 a 32, padrão é 1)
Se a espessura da sombra for 0, esta será determinada automaticamente.

KCHR (função, Hangul-BASIC 3)

Formato: CALL KCHR (<variável string>, <código hexadecimal>)

Função: Retorna em <variável string> o caractere coreano especificado pelo <código hexadecimal> de 4 dígitos.

KCODE (função, Hangul-BASIC 3)

Formato: CALL KCHR (<variável string>, <string>)

Função: Retorna em <variável string> o código hexadecimal de 4 dígitos do primeiro caractere coreano da <string>.

KCOLOR (declaração, DM-System2 BASIC)

Formato: CALL KCOLOR ([<cor do caractere>] [,<cor do fundo>] [,<cor da borda>] [,<cor da sombra>])

Função: Define as cores caracteres de texto. (Requer driver FNT).
<cor do caractere> pode variar de 0 a 15 (padrão: 15).
<cor do fundo> pode variar de 0 a 15 (padrão: 0).
<cor da borda> funciona apenas para a função "borda". Pode variar de 0 a 15 e o padrão é 1.
<cor da sombra> funciona apenas para a função "sombra". Pode variar de 0 a 15 e o padrão é 14.

KEXT (função, Kanji-BASIC, Hangul-BASIC 3)

Formato: CALL KEXT (<variável string>, <cadeia de caracteres>, <função>)

Função: Extrai apenas caracteres de 2 bytes ou de 1 byte de uma string.
<variável string> recebe os caracteres extraídos.
<cadeia de caracteres> contém os caracteres a serem extraídos.
<função> – Se for 0, apenas caracteres de um byte serão extraídos para o Kanji-BASIC ou caracteres não coreanos para o Hangul-BASIC; se for 1, apenas caracteres de 2 bytes serão extraídos para o Kanji-BASIC ou caracteres coreanos para o Hangul-BASIC.

KEY ON/OFF (função, MSX-Audio)

Formato: CALL KEY ON (<número de tecla>, <velocidade>)
CALL KEY OFF (<número da tecla>)

Função: Informa se a tecla está pressionada ou liberada independente da condição real da mesma.
<número de tecla> pode variar de 0 a 127.
<velocidade> pode variar de 0 a 15 (padrão: 8).

KINIT (declaração, DM-System2 BASIC)

Formato: CALL KINIT

Função: Retorna todas as definições de texto, inclusive KBOLD e KSIZE, aos seus valores padrão. (Requer driver FNT).

Formato: CALL KINIT ([<configuração>][,<sombra X>][,<sombra Y>] [,<itálico>] [,<tabela de cores>])

Função: Define todas as opções de decoração do caractere. <configuração> é um valor de um byte, com os seguintes sinalizadores (o valor inicial de todos é 0):

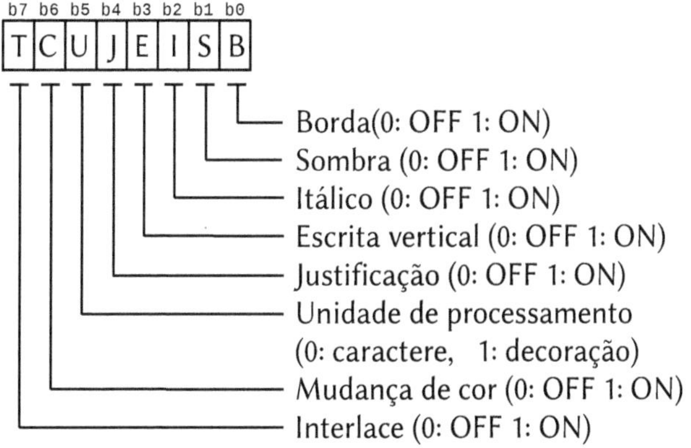

<sombra X> e <sombra Y> definem a posição da sombra em relação ao canto superior esquerdo do caractere, podendo variar entre –128 e 127.

<itálico> define o deslocamento à direita de cada linha do caractere, incluindo a borda, podendo variar entre –128 e 127. Se omitido, serão usados os valores do sistema.

<tabela de cores> define as cores para cada linha do caractere a partir da superior, incluindo a borda. Se omitida, será usada a tabela de cores do sistema. O valor padrão é C000H.

KINSTR (função, Kanji-BASIC, Hangul-BASIC 3)

Formato: CALL KINSTR (<variável numérica> [<início busca>], <string 1>, <string 2>)

Função: Procura a ocorrência da <string 2> na <string 1> e retorna a posição na <variável numérica>. Se não houver ocorrências, retornará 0. <início busca> é um valor opcional e indica a posição do caractere inicial para a busca.

KLEN (função, Kanji-BASIC, Hangul-BASIC 3)

Formato: CALL KLEN (<variável numérica>, <cadeia de caracteres>, [<função>]) [Kanji-BASIC]

Formato: CALL KLEN (<variável numérica>, <cadeia de caracteres>) [Hangul-BASIC]

Função: Retorna em <variável numérica> o tamanho da <cadeia de caracteres>. Se <função> for 0 ou omitida, retorna o número total de caracteres; se for 1, retorna a quantidade de caracteres de 1 byte e se for 2 retorna a quantidade de caracteres de 2 bytes. Hangul-BASIC não permite o parâmetro <função>.

KMID (função, Kanji-BASIC, Hangul BASIC 3)

Formato: CALL KMID (<variável string>, <cadeia de caracteres>, <deslocamento> [, <tamanho>])

Função: Extrai <tamanho> caracteres a partir da posição <deslocamento> da <cadeia de caracteres> e coloca em <variável string>.

KNJ (declaração, Kanji-BASIC)

Formato: CALL KNJ (<variável string>, <cadeia de caracteres>)

Função: Atribui à <variável string> um caractere kanji equivalente ao código kanji hexadecimal de 4 dígitos especificado em <cadeia de caracteres>. Quando o código kanji for menor que 8000H, será considerado como JIS; quando for maior será considerado como shift JIS.

KPRINT (declaração, DM-System2 BASIC)

Formato: CALL KPRINT = (<cadeia de caracteres>, [<caractere limite>]) [, <código operação lógica>]

Função: Imprime uma string kanji na tela.

KPUT (declaração, DM-System2 BASIC)

Formato: CALL KPUT (<string> [,<número de caracteres>])

Função: Exibe uma cadeia de caracteres em alta velocidade. (Requer driver FNT).

<string> é a cadeia de caracteres a ser exibida.

<número de caracteres> é o número máximo de caracteres exibidos. Se omitida, todos os caracteres são exibidos.

KPUT (declaração, DM-System2 BASIC)
Formato: CALL KPUT (<string> [,<número de caracteres>])
Função: Exibe uma cadeia de caracteres em alta velocidade. (Requer driver FNT).

KSIZE (declaração, DM-System2 BASIC)
Formato: CALL KPUT (<largura>,<altura>[,<separação>])
Função: Define o tamanho dos caracteres de um byte. (Requer driver FNT).
<largura> pode variar de 1 a 32 (padrão: 8).
<altura> pode variar de 1 a 64 (padrão: 16).
<separação> define o espaço entre caracteres e pode variar de 0 a 15 (padrão: 0).

KTYPE (função, Kanji-BASIC, Hangul-BASIC 3)
Formato: CALL KTYPE (<variável numérica>, <cadeia de caracteres>, <posição do caractere>)
Função: Retorna na <variável numérica> o valor 0 se o caractere correspondente à <posição do caractere> na <cadeia de caracteres> for de um byte e o valor 1 se o caractere for de 2 bytes.

LB (comando, New Modem BASIC)
Formato: CALL LB (<variável string>)[;]
Função: Envia um texto para a tela e / ou a linha telefônica de acordo com a tabela a seguir:

Eco	Linha	Tela	Telefone
CALL ECHOON	CALL LINEON	Sim	Sim
CALL ECHOON	CALL LINEOFF	Sim	Não
CALL ECHOOFF	CALL LINEON	Não	Sim

O texto pode ser pausado com CTRL+S mas não pode ser interrompido.

LCOPY (comando, Printer-BASIC ou Pioneer-BASIC)
Formato: CALL LCOPY [Printer-BASIC]
Função: Imprime os dados que ainda estão no buffer temporário de 32 Kbytes quando o spooler de impressão é usado.
Formato: CALL LCOPY (<modo>) [Pioneer-BASIC]
Envia para a impressora uma cópia da tela em Screen 2. Se <modo> for 0, faz uma cópia positiva e se for 1 faz uma cópia negativa.

LD (comando, Pioneer-BASIC)
Formato: CALL LD
Função: Executa o software interativo presente em um disco CPE (Computer Program Encoded).

LEN (função, New Modem BASIC)
Formato: CALL LEN (<variável string>), <variável numérica>
Função: Retorna o comprimento de uma string, sem os caracteres de controle finais (espaço, tabulação, retorno, etc.). A <variável numérica> retornará o comprimento em caracteres imprimíveis da <variável string>.

LENGTH (função, SFG-BASIC)
Formato: CALL LENGTH ([<trilha 1>] [,<trilha 2>] ... [,<trilha 8>])
Função: Retorna o tamanho dos dados em uma trilha musical. As unidades retornadas correspondem a 1/192 de uma Nota inteira. <trilha 1> a <trilha 8> são variáveis numéricas.

LFO (declaração, SFG-BASIC)
Formato: CALL LFO (<nº forma de onda> [,<velocidade>] [,<trêmolo>] [,<vibrato>])
Função: Define os dados do LFO (Low Frequency Oscilator).
<nº forma de onda> pode variar de 1 a 4:

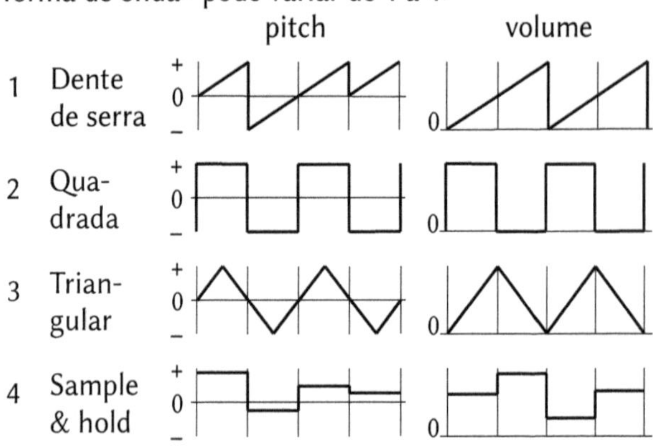

* Os valores "Sample & hold" são aleatórios.

<velocidade> especifica a frequência do LFO em relação ao volume. Pode variar de 1 a 100. Quanto maior, mais alta a frequência e a velocidade.

<trêmolo> especifica a modulação em relação ao volume. Pode variar de 1 a 100. Quanto maior, mais o volume será alterado.

<vibrato> especifica a modulação em relação à frequência (pitch). Pode variar de 1 a 100. Quanto maior, mais o pitch será alterado.

LICENSE (declaração, RMSX-BASIC)

Formato: CALL LICENSE

Função: Exibe informações de licença sobre a versão usada do emulador rMSX, desenvolvido pelo finlandês NYYRIKKI para computadores Turbo R.

LINEOFF (comando, New Modem BASIC)

Formato: CALL LINEOFF

Função: Desliga a linha telefônica mas mantém a conexão ativa.

LINEON (comando, New Modem BASIC)

Formato: CALL LINEON

Função: Liga a linha telefônica.

LMMM (declaração, DM-System2 BASIC)

Formato: CALL LMMM (<X0>,<Y0>)-[STEP](<X1>,<Y1>) TO (<X2>,<Y2>) [,<operador lógico>]

Função: Executa o comando LMMM (cópia lógica em pontos) do VDP. Disponível para as Screens 5 a 12.

<X0> – Coordenada X do primeiro ponto da área fonte.
<Y0> – Coordenada Y do primeiro ponto da área fonte.
<X1> – Coordenada X do segundo ponto da área fonte.
<Y1> – Coordenada Y do segundo ponto da área fonte.
<X2> – Coordenada X esquerda da área destino.
<Y2> – Coordenada Y superior da área destino.
STEP, se especificado, indica coordenadas relativas.
Obs.: <X> pode variar de 0 a 511 e <Y> de 0 a 1023.
<operador lógico> pode ser [T]PSET, [T]PRESET, [T]XOR, [T]OR ou [T]AND. O padrão é PSET.

LMMV (declaração, DM-System2 BASIC)

Formato: CALL LMMV (<X0>,<Y0>)-[STEP](<X1>,<Y1>), <cor> [,<operador lógico>]

Função: Executa o comando LMMV (cópia lógica em pontos do VDP para a VRAM). Disponível para as Screens 5 a 12.
<X0> – Coordenada X do primeiro ponto da área destino.
<Y0> – Coordenada Y do primeiro ponto da área destino.
<X1> – Coordenada X do segundo ponto da área destino.
<Y1> – Coordenada Y do segundo ponto da área destino.
STEP, se especificado, indica coordenadas relativas.
Obs.: <X> pode variar de 0 a 511 e <Y> de 0 a 1023.
<cor> especifica a cor do retângulo a ser pintado.
<operador lógico> pode ser [T]PSET, [T]PRESET, [T]XOR, [T]OR ou [T]AND. O padrão é PSET.

LO (comando, New Modem BASIC)
Formato: CALL LO (<variável string>)[;],<variável>
Função: Envia um texto para a tela e / ou a linha telefônica de acordo com a tabela a seguir:

Eco	Linha	Tela	Telefone
CALL ECHOON	CALL LINEON	Sim	Sim
CALL ECHOON	CALL LINEOFF	Sim	Não
CALL ECHOOFF	CALL LINEON	Não	Sim

Eventuais caracteres recebidos são ignorados, exceto as teclas para pausar, abortar e continuar. Os buffers das teclas permanecem vazios; nenhuma tecla é armazenada. Os códigos de controle finais são enviados com o texto. O parâmetro <variável> retorna o resultado da execução:
0 = O texto foi enviado corretamente
3 = a operação foi abortada com CTRL+C ou C

LOAD (comando, DM-System2 BASIC, QuickDisk BASIC)
Formato: CALL LOAD ("[<dispositivo>:][\<caminho>][\]<nome do arquivo>",[@]<endereço destino>[,<tamanho>][,<offset>]) [DM-System2 BASIC]
Função: Lê um arquivo ou parte dele.
<dispositivo> pode ser drive A: a H: ou COM: para micros conectados com RS232C.
<caminho> especifica o local da pasta ou arquivo.
<nome do arquivo> é o arquivo a ser lido.

<endereço destino> é o endereço de destino dos dados. Se precedido por "@" significa VRAM.
<tamanho> especifica a quantidade de bytes a ler.
<offset> especifica o deslocamento no arquivo origem.

Formato: CALL LOAD ("[QD[n]:]"<nome do arquivo>"[,R]) [QuickDisk-BASIC]

Função: Carrega um arquivo não binário do dispositivo Quick Disk especificado. Pode ser um arquivo BASIC em modo tokenizado ou em texto ASCII.
QD[n] especifica o dispositivo QuickDisk que será usado. Pode variar de 0 a 7, sendo que o padrão é 0.
<nome do arquivo> deve estar no formato 8.3 caracteres.
[,R], se especificado, executa o arquivo BASIC logo após o carregamento.

LOAD PCM (comando, MSX-Audio)

Formato: CALL LOAD PCM (<"nome arquivo">, <número arq>)

Função: Carrega dados ADPCM e PCM do disco.
<nome arquivo> – Nome do arquivo no disco.
<número arq> – Número do arquivo na memória de áudio. Pode variar de 0 a 15.

LOADROM (comando, RookieDrive-BASIC)

Formato: CALL LOADROM ("<nome do arquivo>")

Função: Carrega um arquivo ROM de 8kb, 16kb ou 32kb na RAM e inicia sua execução reinicializando o computador. O arquivo ROM deve estar localizado no diretório raiz do dispositivo USB. <nome do arquivo> deve estar no formato 8.3.

LOCKDRV (comando, Nextor)

Formato: CALL LOCKDRV (<letra de drive>: N)

Função: Bloqueia ou desbloqueia letras de drive, ou apresenta a lista de drives bloqueados. Se "N" for 0, desbloqueia o drive; qualquer outro número bloqueia.

LOGFILE (comando, New Modem BASIC)

Formato: CALL LOGFILE (<nome do arquivo>)[;],<variável>

Função: Armazena em um arquivo de texto tudo o que está na tela. <nome do arquivo> deve ser uma variável string.

LOOK (função, SFG-BASIC)

Formato: CALL LOOK ([<instrumento 1>] [,<instrumento 2>] [,<instrumento 3>] [,<instrumento 4>])

Função: Retorna o estado do instrumento, se está sendo tocado ou não. Os parâmetros <instrumento x> são variáveis numéricas. Se o instrumento não foi definido por _INST, retorna 0.

LS (comando, New Modem BASIC)

Formato: CALL LS (<variável string>)[;],<variável>

Função: Envia um texto para a tela e / ou a linha telefônica de acordo com a tabela a seguir:

Eco	Linha	Tela	Telefone
CALL ECHOON	CALL LINEON	Sim	Sim
CALL ECHOON	CALL LINEOFF	Sim	Não
CALL ECHOOFF	CALL LINEON	Não	Sim

Eventuais caracteres recebidos são ignorados, exceto as teclas para pausar, abortar e continuar. Os buffers das teclas permanecem vazios; nenhuma tecla é armazenada. Os códigos de controle finais são enviados com o texto. O parâmetro <variável> retorna o resultado da execução:

0 = O texto foi enviado corretamente

3 = a operação foi abortada com CTRL+C ou C

MALLOC (comando, DM-System2 BASIC)

Formato: CALL MALLOC ([<número de páginas>][,<variável>])

Função: Habilita ao acesso à Memória Mapeada.

<número de páginas> é número de páginas a serem alocadas. Se for 0, as páginas alocadas serão liberadas. Se omitido, o número atual de páginas alocadas retornará em <variável>.

<variável> é uma variável numérica que conterá o número de páginas efetivamente alocadas.

MAPDRV (comando, Nextor)

Formato: CALL MAPDRV (<drive> [, <partição> [, <dispositivo> [,<slot>|0]]])

Função: Mapeia uma unidade de drive no sistema Nextor.

<drive> letra ou número da unidade a ser mapeada

<partição> 0 – A unidade será mapeada a partir do setor zero absoluto do dispositivo.
1 – primeira partição primária.
2 a 4 – referem a partições estendidas 2.1 a 2.4 se a partição 2 for estendida; caso contrário se referem a partições primárias.
5 em diante referem a partições estendidas.
<dispositivo> – Indice do dispositivo (1 a 7)
<slot> – Número do slot (0 a 3). Se o slot for expandido, use a fórmula <slot principal> + 4 * <subslot>. Se "0" for especificado, o slot da unidade primária será selecionado.

MAPDRVL (comando, Nextor)
Formato: CALL MAPDRVL (<drive> [, <partição> [, <dispositivo> [,<slot>|0]]])
Função: Mapeia uma unidade de drive no sistema Nextor e bloqueia o drive especificado. Os parâmetros são idênticos a MAPDRV.

MC (declaração, New Modem BASIC)
Formato: CALL MC (<variável string>)
Função: Converte os caracteres alfabéticos da <variável string> para maiúsculas.

MDR (comando, MSX turbo R modelo FS-A1GT)
Formato: CALL MDR
Função: Ativa a saída do MSX-MUSIC para a interface MIDI. Somente MSX turbo R modelo FS-A1GT.

MEMINI (comando, 2)
Formato: CALL MEMINI [(tamanho da RAM disk)]
Função: Ativa a RAM disk nos 32K inferiores de memória.

MERGE (comando, QuickDisk BASIC)
Formato: CALL MERGE ("[QD[n]:]<nome do arquivo>")
Função: Mescla um programa BASIC ou DATA salvo em ASCII no dispositivo QuickDisk com o programa que está na memória do MSX.

QD[n] especifica o dispositivo QuickDisk que será usado. Pode variar de 0 a 7, sendo que o padrão é 0.
<nome do arquivo> deve estar no formato 8.3 caracteres.

MESSAGE (declaração, MSX-Aid BASIC, Network BASIC)
Formato: CALL MESSAGE [MSX-Aid BASIC]
Função: Exibe uma mensagem encorajadora para os programadores que usam o MSX-Aid.
Formato: CALL MESSAGE (<mensagem>, [<número do aluno>]) [Network BASIC]
Função: Envia uma mensagem de até 56 caracteres para um aluno específico. Esta instrução está disponível apenas para o professor. <número do aluno> pode variar de 1 a 15. Pode ser usada a versão curta: _MESS.

MFADE (declaração, StudioFM BASIC)
Formato: CALL MFADE (<grau de fade>)
Função: Produz um fade-out ao interroper a reprodução de arquivos .MUS fo Studio FM. <grau de fade> pode variar entre 0 e 255, sendo que 0 não há fade e 255 produzirá o fade-out mais longo.

MFILES (comando, 2)
Formato: CALL MFILES
Função: Lista os arquivos da RAM disk dos 32K inferiores de memória.

MK PCM (declaração, MSX-Audio)
Formato: CALL MK PCM (<número arq>)
CALL MK PCM OFF
Função: Define qual arquivo ADPCM será tocado como instrumento. Se OFF, cancela o instrumento previamente definido. <número arq> pode variar de 0 a 15.

MK STAT (função, MSX-Audio)
Formato: CALL MK STAT (<variável>)
Função: Retorna o estado de gravação/reprodução do teclado musical. <variável> é um valor numérico definido de acordo com a figura abaixo:

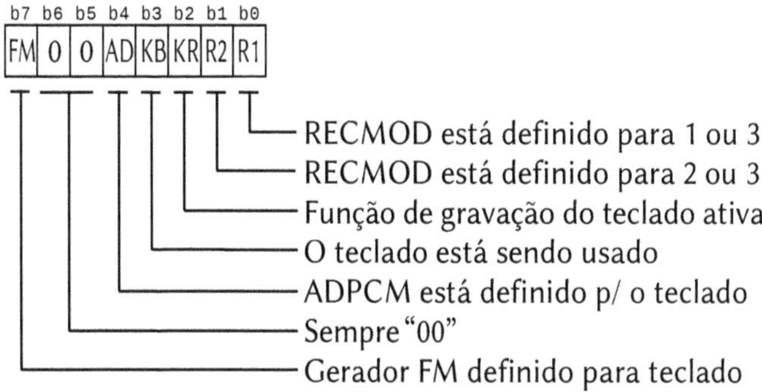

MK TEMPO (declaração, MSX-Audio)

Formato: CALL MK TEMPO (<velocidade>, <mapa de percussão>)

Função: Especifica a velocidade de gravação/reprodução do teclado musical ou ativa a função metrônomo. Neste caso, é necessário a definição prévia do comando AUDIO. Este comando afeta a velocidade das instruções MK PLAY, MK REC e MK APPEND.

<velocidade> deve estar no intervalo 25 ~ 360, sendo que o valor inicial é 120.

<mapa de percussão> é um valor numérico definido de acordo com a figura abaixo.

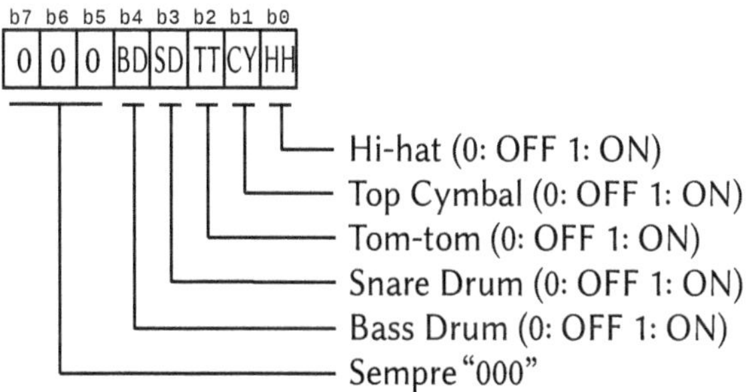

MK VEL (declaração, MSX-Audio)

Formato: CALL MK VEL (<velocidade>)

Função: Especifica a velocidade, ou força de pressão, que é aplicada sobre uma tecla do teclado musical.

<velocidade> pode variar de 0 a 15, sendo que o valor inicial é 8.

MK VOICE (declaração, MSX-Audio)
Formato: CALL MK VOICE (<parâmetros>)
Função: Define o instrumento a ser associado ao teclado musical. <parâmetros> é o símbolo de @ seguido de uma variável simples que define o número do instrumento, podendo variar de 0 a 63. Se não houver @, a variável será assumida como sendo uma matriz, onde os valores em sequência definem o instrumento.

MK VOL (declaração, MSX-Audio)
Formato: CALL MK VOL (<volume>)
Função: Define o volume associado ao teclado musical. <volume> pode variar de 0 a 63.

MKDIR (comando, Disk-BASIC 2nd version)
Formato: CALL MKDIR (<subdiretório>)
Função: Cria o <subdiretório> com o nome especificado.

MKILL (comando, 2)
Formato: CALL MKILL ("<nome do arquivo>")
Função: Apaga o arquivo <nome do arquivo> da RAM disk dos 32K inferiores de memória.

MLOAD (comando, StudioFM BASIC)
Formato: CALL MLOAD ("<nome do arquivo>", <endereço>)
Função: Carrega uma música no formato Studio FM (.MUS).

MNAME (comando, 2)
Formato: CALL MNAME ("<nome arquivo 1>" AS "<nome arquivo 2>")
Função: Renomeia o arquivo <nome arquivo 1> com <nome arquivo 2> na RAM disk dos 32K inferiores de memória.

MODE9 (comando, Hangul-BASIC 4)
Formato: CALL MODE9
Função: Vai para Screen 9 usando automaticamente Width 80.

MODINST (declaração, SFG-BASIC)
Formato: CALL MODINST (<instrumento> [,<voz>] [,<transposição>] [,<volume>] [,<portamento>] [,<veloc portamento>] [,<sustentação>] [,<modo disparo>] [,<LFO sync>] [,<trêmolo>] [,<vibrato>])

Função: Altera os dados dos instrumentos. Versão curta: _MODI.
<instrumento> especifica o tom do instrumento definido por _INST.
<voz> especifica o tom do instrumento.
1 ~ 48 – Seleciona tom da ROM do FM Sound Synthesizer. 47 e 48 são reservados e não contêm tons.
49 ~56 – Seleciona tons definidos por _SEL.
<transposição> permite que os vários instrumentos sejam transpostos separadamente. Pode ir de −12 a +12 em intervalos de meio-passo.
<volume> define o volume separadamente para cada instrumento. Pode variar de 0 a 100, sendo 100 o volume máximo.
<portamento> pode assumir dois valores:
0 – portamento apenas durante a reprodução
1 – portamento todo o tempo
<veloc portamento> pode variar de 0 a 100, sendo 100 o mais lento. 0 desliga o portamento.
<sustentação> pode assumir dois valores:
0 – Tempo de sustentação padrão
1 – o tempo da sustentação é dobrado
<modo disparo> determina se haverá disparo quando as teclas pressionadas forem soltas.
0 – "attack" quando as teclas forem soltas
1 – Sem "attack" durante a reprodução legada
<LFO sync> determina se haverá sincronização com o LFO quando as teclas pressionadas forem soltas.
0 – Sem sincronização
1 – o LFO inicia a forma de onda sempre que uma tecla pressionada for solta.
<trêmolo> especifica o grau do trêmolo. Pode variar de 0 a 100, sendo 100 o maior grau de sensibilidade. (apesar da faixa 0 a 100, há apenas 4 graus de trêmolo).
<vibrato> especifica o grau do vibrato. Pode variar de 0 a 100, sendo 100 o maior grau de sensibilidade. (apesar da faixa 0 a 100, há apenas 8 graus de vibrato).

MON (comando, FM-X BASIC, Hitachi BASIC, MSXAid BASIC)
Formato: CALL MON [FM-X BASIC]

Função: Inicia o monitor quando o micro Fujitsu FM-X está conectado à máquina FM-7 com a interface MB22450.
Formato: CALL MON [Hitachi BASIC 1-2]
Função: Inicia a linha de comando do System Monitor Utility nos micros Hitachi MB-H1 e MB-H2. Para obter a lista de todos os comandos disponíveis neste utilitário, digite H na linha de comandos.
Formato: CALL MON [MSXAid BASIC]
Função: Inicia o monitor interno do utilitário MSX-Aid. Para ajuda, insira um endereço da RAM e depois pressione F6.

MOUNT (comando, RookieDrive-BASIC)
Formato: ?
Função: ?

MPLAY (declaração, StudioFM BASIC)
Formato: CALL MPLAY (<endereço da memória>)
Função: Reproduz uma música no formato StudioFM (.MUS) carregada na memória com _MLOAD.

MRING (comando, New Modem BASIC)
Formato: CALL MRING (<variável numérica>)
Função: Verifica se o telefone está tocando. <variável numérica> pode retornar os seguintes valores:
0 – o telefone está tocando.
1 – o telefone não está tocando.
2 – Rotina interrompida (tecla CODE pressionada).

MSTART (comando, New Modem BASIC)
Formato: CALL MSTART (<variável numérica>)
Função: Prepara o modem para comunicação de dados. Se <variável numérica> retornar 0, está tudo certo; caso contrário houve erro.

MSTOP (comando, New Modem BASIC, StudioFM BASIC)
Formato: CALL MSTOP [New Modem BASIC]
Função: Interrompe as funções do modem.
Formato: CALL MSTOP [StudioFM BASIC]
Função: Interrompe a reprodução de uma música no formato StudioFM (.MUS) tocada em segundo plano.

MUSIC (comando, MSX-Music)
Formato: CALL MUSIC [(<n1>[,0[,<n3>...[,n9]]]]]]]])]
Função: Inicia o MSX-MUSIC e determina quais vozes serão usadas e de que forma.
<n1> pode ser:
0 – Seleciona modo melodia puro (n3~n9 podem ser especificados)
1 – Seleciona modo melodia + bateria (n3~n6 podem ser especificados)
<n3> até <n9> podem ser:
1 – Seleciona melodia
2 – Seleciona bateria

MUTE (comando, Hitachi-BASIC, Pioneer-BASIC, RMSX-BASIC)
Formato: CALL MUTE [Hitachi-BASIC 2]
Função: Adiciona uma pausa de 4 segundos antes de gravar dados no gravador interno do micro Hitachi HB-M2.
Formato: CALL MUTE [R | L] [Pioneer-BASIC]
CALL MUTE OFF
Função: Torna mudo os canais de áudio direito (R), esquedo (L) ou ambos se não houver especificação de canal. Se OFF for especificado, a função de mute é cancelada.
Formato: CALL MUTE [ON] | [OFF] [RMSX-BASIC]
Função: Habilita ou desabilita a saída de áudio. Se o parâmetro for omitido, apenas inverte o estado.

MWP (comando, MSX turbo R modelo FS-A1GT)
Formato: CALL MWP
Função: Chama o menu para os programas em ROM no MSX turbo R modelo FS-A1GT. Para o FS-A1ST, use CALL HIRO.

NET (comando, GR8NET-BASIC)
Formato: CALL NET
Função: Apresenta ajuda do GR8NET.

NETBITOV (comando, GR8NET-BASIC)
Formato: CALL NETBITOV (<página>,<endereço>,<banco de VRAM>, <endereço de VRAM>)

Função: Transfere a imagem do ícone da GR8NET para a VRAM.
<página> é o número da página lógica dos dados do ícone
<endereço> é o endereço dos dados do ícone só pode variar de 6000H a 7FFFH.
<banco de VRAM> deve ser 0 para 0000H~FFFFH ou 1 para 10000H~1FFFFH.
<endereço de VRAM> é o endereço dentro do banco de VRAM selecionado.

NETBLOAD (comando, GR8NET-BASIC)

Formato: CALL NETBLOAD (<url>,<flag execução>,<página lógica>, <endereço GR8NET>)

Função: Carregar arquivo binário do cartão SD ou do servidor da web remoto usando HTTP.
<url> é a string URL para acesso remoto. Para a primeira partição do cartão SD, use "SDC://".
<flag execução> indica a ação a ser tomada para arquivos executáveis.
0 – os dados não serão carregados (valor padrão).
1 – os dados serão carregados mas não executados.
2 – o arquivo será carregado e executado.
<página lógica> da GR8NET (00H a 7FH).
<endereço GR8NET> pode variar de 6000H a 7FFFH.

NETBROWSE (comando, GR8NET-BASIC)

Formato: CALL NETBROWSE (<url>,<sinalizadores>)

Função: Chama o navegador de internet e de cartão SD.
<url> é a string URL inicial.
<sinalizadores> é um valor de um byte como abaixo:

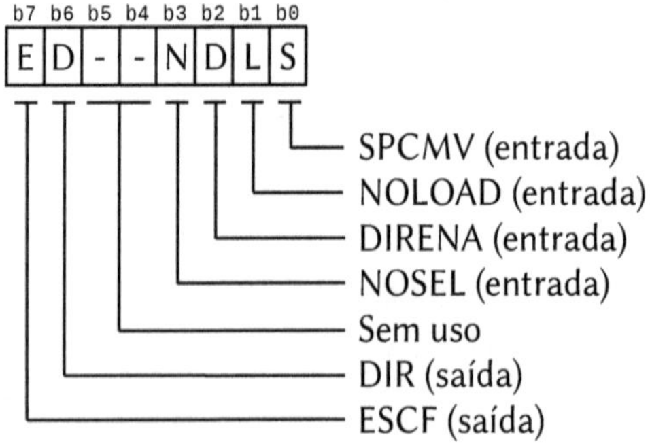

SPCMV: se este bit estiver setado, quando o usuário pressionar a tecla SPACE na seleção, a url será carregada na RAM do GR8NET, mas nenhuma ação será executada e o navegador sai;

NOLOAD: se este bit estiver setado, o navegador não carregará a url selecionada na RAM do GR8NET.

DIRENA: se este bit estiver setado, ao pressionar a barra de espaço no diretório este será selecionado e o navegador será encerrado; se este bit estiver resetado, ao pressionar espaço no diretório o conteúdo será carregado e a navegação continua.

NOSEL: se setado, não força a página de seleção de dispositivo de origem (Internet/cartão SD),e a navegação prossegue diretamente para o dispositivo identificado pela cadeia de URL.

DIR: este bit retorna setado se o conteúdo for uma entrada de diretório ou uma página com lista de diretórios gerado pelo servidor WEB.

ESCF: este bit retorna setado quando o navegador for encerrado com a tecla ESC.

NETBTOV (comando, GR8NET-BASIC)

Formato: CALL NETBTOV (<banco VRAM>,<offset endereço>)

Função: Move dados binários do buffer da GR8NET para a VRAM. <banco VRAM> deve ser 0 para 0000H~FFFFH ou 1 para 10000H~1FFFFH.
<offset endereço> é o offset do endereço especificado no cabeçalho do arquivo binário.

NETCDTOF (comando, GR8NET-BASIC)

Formato: CALL NETCDTOF

Função: Copia a configuração do DHCP para a configuração do endereço IP fixo .

NETCFG (comando, GR8NET-BASIC)

Formato: CALL NETCFG

Função: Ativa a configuração interativa da GR8NET.

NETCODE (função, GR8NET-BASIC)
Formato: CALL NETCODE (<código_erro>, [<http_oper>])
Função: Retorna o estado da última operação e o código de resposta HTTP.

NETDHCP (comando, GR8NET-BASIC)
Formato: CALL NETDHCP
Função: Executa busca DHCP e faz sua configuração dinâmica.

NETDIAG (comando, GR8NET-BASIC)
Formato: CALL NETDIAG (<V>)
Função: Liga/desliga modo diagnóstico. Se <V> for 0, desliga; caso contrário liga.

NETDNS (comando, GR8NET-BASIC)
Formato: CALL NETDNS [([<A>], [<B>], [<C>], [<D>])]
Função: Obtém o IP do domínio DNS atual. Se não houver argumentos, imprime o endereço na tela.

NETDUMP (comando, GR8NET-BASIC)
Formato: CALL NETDHCP
Função: Executa busca DHCP e faz sua configuração dinâmica.

NETEND (comando, Network-BASIC)
Formato: CALL NETEND
Função: Desabilita a rede MSX (MSX Network). Versão curta: _NETE.

NETEXPRT (comando, GR8NET-BASIC)
Formato: CALL NETEXPRT
Função: Criar programa BASIC contendo dados de configuração do GR8NET.

NETFIX (comando, GR8NET-BASIC)
Formato: CALL NETFIX
Função: Configurar informações de endereço IP fixo da rede.

NETFKOPLLR (comando, GR8NET-BASIC)
Formato: CALL NETFKOPLLR

Função: Carregar a ROM do OPLL (MSX-Music) na memória mapeada. Este comando é direcionado para o software que é executado nos modos mapper 1 a 6 da GR8NET (mapper de jogos) e não pode ser executado no modo 8 quando o MSX-Music ROM está disponível no subslot 3 da GR8NET.

NETFWUPDATE (comando, GR8NET-BASIC)

Formato: CALL NETFWUPDATE ([<argumento>])

Função: Atualiza o firmware da GR8NET. Se <argumento> for omitido ou for 0, apenas exibe informações sobre o firmware atual. Se for 1, atualiza apenas o firmware principal e se for 3 (três) atualiza também a área de configuração.

NETGETCLK (função, GR8NET-BASIC)

Formato: CALL NETGETCLK ([<fonte>], <frequência>)

Função: Retorna a frequência do relógio. Se <fonte> retornar zero, a frequência será a do bus principal do MSX; se for diferente de zero, retornará a frequência do oscilador interno da GR8NET. <frequência> deverá ser uma variável numérica.

NETGETCLOUD (comando, GR8NET-BASIC)

Formato: CALL NETGETCLOUD

Função: Imprime o estado do volume virtual do GR8cloud na tela.

NETGETDA (função, GR8NET-BASIC)

Formato: CALL NETGETDA (<nº adaptador>, <adaptadores ativos>)

Função: Retorna o número do adaptador padrão em <nº adaptador> e a lista de adaptadores ativos em <adaptadores ativos>. <nº adaptador> deve ser uma variável numérica. <adaptadores ativos> deve ser uma variável numérica onde os bits 0 a 3 receberão o estado dos adaptadores (o bit respectivo estará setado se o dispositivo estiver ativo.

NETGETDNS (comando, GR8NET-BASIC)

Formato: CALL NETGETDNS ([<A>], [<B>], [<C>], [<D>])

Função: Obtém o endereço DNS do IP fixo. [<A>], [<B>], [<C>] e [<D>] devem ser variáveis numéricas.

NETGETGW (função, GR8NET-BASIC)
Formato: CALL NETGETGW ([<A>], [<B>], [<C>], [<D>])
Função: Obtém endereço IP fixo do gateway. [<A>], [<B>], [<C>] e [<D>] devem ser variáveis numéricas.

NETGETHOST (comando, GR8NET-BASIC)
Formato: CALL NETGETHOST (<sinalizador>, <nome> | <A>, <B>, <C>, <D>)
Função: Obtém o nome e endereço IP do host remoso. <A>, <B>, <C> e <D> e <sinalizador> devem ser variáveis numéricas e <nome> deve ser uma variável alfanumérica. <sinalizador> é um byte com a seguinte estrutura:

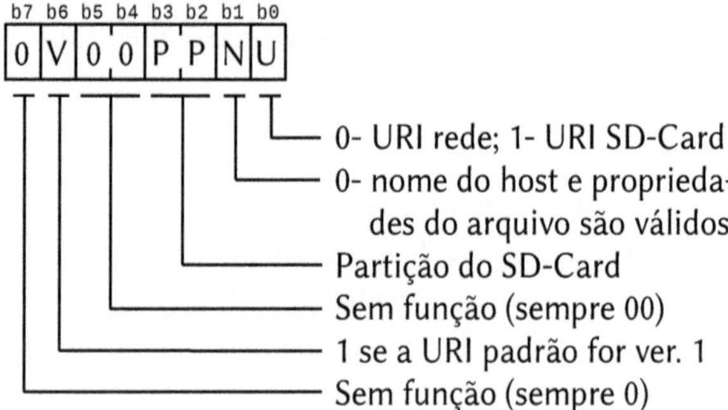

NETGETIP (função, GR8NET-BASIC)
Formato: CALL NETGETIP ([<A>], [<B>], [<C>], [<D>])
Função: Obtém o endereço do IP fixo. [<A>], [<B>], [<C>] e [<D>] devem ser variáveis numéricas.

NETGETMAP (função, GR8NET-BASIC)
Formato: CALL NETGETMAP (<sinalizadores>)
Função: Obtém o tipo de memória mapeada e outros dados. <sinalizadores> deve ser uma variável numérica de 16 bits, onde os bits 0 a 7 contêm a página lógica atual da memória mapeada e os bits 8, 13 e 14 são bits do registrador de modo do sistema.

NETGETMASK (função, GR8NET-BASIC)
Formato: CALL NETGETMASK ([<A>], [<B>], [<C>], [<D>])
Função: Obtém a máscara do endereço de IP fixo. [<A>], [<B>], [<C>] e [<D>] devem ser variáveis numéricas.

NETGETMD (função, GR8NET-BASIC)

Formato: CALL NETGETMD (<página lógica>, <endereço>, variável>)

Função: Obtém uma palavra de 4 bytes (32 bits) da memória, converte e armazena em uma variável BASIC.

<página lógica> é o número da página lógica no banco 1 da GR8NET (6000-7FFF).

<endereço> é o endereço visível pelo Z80

<variável> é uma variável BASIC capaz de acomodar o valor lido (simples ou dupla precisão).

NETGETMEM (função, GR8NET-BASIC)

Formato: CALL NETGETMEM (<página lógica>, <endereço>, [<A>], [<B>], [<C>], [<D>])

Função: Lê uma sequência de 4 bytes na memória.

<página lógica> número da página lógica no banco 1 da GR8NET (6000H~7FFFH).

<endereço> é o endereço de memória visível para o Z80.

<A> – Endereço, <B> – Endereço+1, etc.

NETGETMIX (função, GR8NET-BASIC)

Formato: CALL NETGETMIX ([<número>])

Função: Retorna a configuração o mixer de áudio. Se o bit 15 for 0, o áudio é mono, se for 1 é estéreo. Se <número> for omitido, a configuração será impressa na tela.

<número> é um valor numérico de 16 bits:

b15	b14	b13	b12	b11	b10	b9	b8	b7	b6	b5	b4	b3	b2	b1	b0
0	0	0	0	PSG		Y8950		OPLL		Wave		SCC		PCM	

Cada 2 bits representam o seguinte:

00 – Mudo | 10 – Canal direito

01 – Canal esquerdo | 11 – Ambos os canais

NETGETMMV (função, GR8NET-BASIC)

Formato: CALL NETGETMMV ([<página inicial usuário>], [<topo RAM>], [<página inicial imagem disco>], [<máximo de páginas], [<página inicial RAM Y8950])

Função: Retorna a configuração do gerenciador de memória. Todos são valores numéricos e qualquer um pode ser omitido. Se todos forem omitidos, o comando imprime os valores na tela.

NETGETNAME (função, GR8NET-BASIC)
Formato: CALL NETGETNAME ([<nome de arquivo>])
Função: Retorna o nome de arquivo do recurso remoto.

NETGETNTP (função, GR8NET-BASIC)
Formato: CALL NETGETNTP ([<A>], [<B>], [<C>], [<D>])
Função: Obtém as propriedades no servidor NTP na configuração de endereço de IP fixo. [<A>], [<B>], [<C>] e [<D>] devem ser variáveis numéricas.

NETGETOPL (função, GR8NET-BASIC)
Formato: CALL NETGETOPL (<estado OPL>, <num páginas sample RAM>, <tamanho sample RAM>)
Função: Obtém o estado do OPLL/Y8950 e o tamanho da Sample RAM. <estado OPL> é um byte com o seguinte formato:

b7	b6	b5	b4	b3	b2	b1	b0
0	0	AP	AC	AI	AD	OL	OD

- b0 — OPLLDIS
- b1 — OPLVLVL
- b2 — AUDDIS
- b3 — AUDINT
- b4 — AUDDEC
- b5 — AUDPRT
- b7–b6 — Reservado (00)

OPLLDIS – 0 – Saída OPLL está ativa (padrão).
1 – Saída OPLL desligada.
OPLVLVL – 0 – Volume normal OPLL/Y8950 (padrão).
1 – Volume duplicado OPLL/Y8950.
AUDDIS – 0 – MSX-Audio está habilidado (padrão).
1 – MSX-Audio desabilitado.
AUDINT – 0 – Interrup. MSX-Audio habilitada (padrão).
1 – Interrupções MSX-Audio desabilitada.
AUDDEC – 0 – MSX-Audio desconfigurado/indisponível.
1 – MSX-Audio configurado em AUDPRT.
AUDPRT – 2 – MSX-Audio configurado porta C0-C1.
1 – MSX-Audio configurado porta C2-C3.

<num páginas sample RAM> alocadas (8K cada).
<tamanho sample RAM> requerida em páginas de 8K.

NETGETPATH (função, GR8NET-BASIC)

Formato: CALL NETGETPATH ([<caminho>])

Função: Retorna o <caminho> do recurso remoto. <caminho> deve ser uma variável alfanumérica. Se for omitido, imprime o caminho na tela.

NETGETPORT (função, GR8NET-BASIC)

Formato: CALL NETGETPATH ([<porta remota>], [<porta local>])

Função: Retorna a <porta remota> e a <porta local> (devem ser variáveis numéricas.

NETGETPSG (função, GR8NET-BASIC)

Formato: CALL NETGETPSG ([<sinalizadores>])

Função: Retorna alguns dados do PSG. <sinalizadores> é um byte de dados com o seguinte formato:

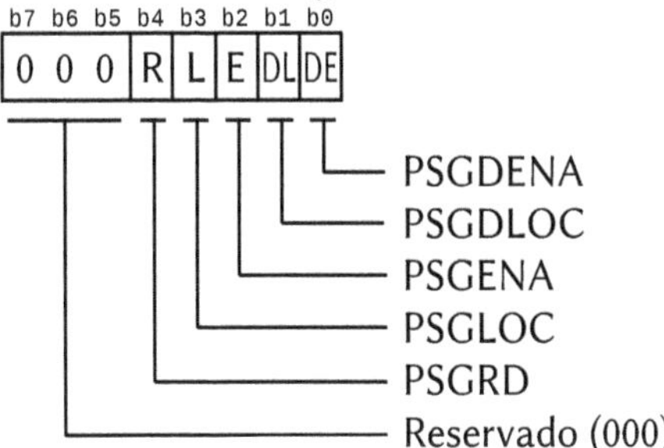

Onde:

- PSGDENA e PSGDLOC são o estado inicial desejado do PSG (consulte _NETSETPSG);
- PSGENA e PSGLOC são o estado real (1 = ativado) e o local (0 = 0xA0, 1 = 0x10) do PSG;
- Se PSGRD for 1, os registradores do PSG podem ser lidos e se for 0 o PSG está no modo somente gravação.

NETGETQSTR (função, GR8NET-BASIC)

Formato: CALL NETGETQSTR ([<string de consulta>])

Função: Retorna a <string de consulta> definida para o recurso remoto. Se o argumento for omitido, imprime o resultado na tela.

NETGETTSHN (função, GR8NET-BASIC)

Formato: CALL NETGETTSHN ([<servidor de horário>])

Função: Retorna o nome do host do <servidor de horário>. Se o argumento for omitido, imprime o resultado na tela.

NETGW (função, GR8NET-BASIC)
Formato: CALL NETGW ([<A>], [<B>], [<C>], [<D>])
Função: Retorna a configuração do gateway atual. <A>, <B>, <C> e <D> devem ser variáveis numéricas.

NETHELP (comando, GR8NET-BASIC)
Formato: CALL NETHELP <comando>
Função: Mostra ajuda para o <comando> GR8NET especificado. Se <comando> for omitido, imprime a listagem de todos os comandos disponíveis.

NETIMPRT (comando, GR8NET-BASIC)
Formato: CALL NETIMPRT
Função: Preencher as variáveis de sistema da GR8NET com dados do programa BASIC criado por NETEXPRT.

NETINIT (comando, Network-BASIC)
Formato: CALL NETINIT
Função: Inicializa a rede MSX. Usar somente após CALL NETEND, pois a rede é inicializada automaticamente ao ligar o micro. Versão curta: _NETI

NETIP (função, GR8NET-BASIC)
Formato: CALL NETIP ([<A>], [<B>], [<C>], [<D>])
Função: Obtém o endereço IP do adaptador atual. <A>, <B>, <C> e <D> devem ser variáveis numéricas.

NETLDBUF (comando, GR8NET-BASIC)
Formato: CALL NETLDBUF (<página do adaptador>, <endereço do adaptador>, <tamanho do bloco>, <endereço da RAM>, [<tipo de mapper>])
Função: Copiar dados da memória principal para o buffer do adaptador.

NETLDRAM (comando, GR8NET-BASIC)
Formato: CALL NETLDRAM (<página do adaptador>, <endereço do adaptador>, <tamanho bloco>,<endereço RAM>)
Função: “Descarrega” dados do buffer do adptador para a memória principal. <endereço adaptador> deve estar entre &H6000 e &H7FFF.

NETMASK (função, GR8NET-BASIC)
Formato: CALL NETMASK ([<A>], [<B>], [<C>], [<D>])
Função: Obtém a máscara de sub-rede do adaptador atual. <A>, <B>, <C> e <D> devem ser variáveis numéricas.

NETNTP (função, GR8NET-BASIC)
Formato: CALL NETNTP (<A>, <B>, <C>, <D>, <TZF>)
Função: Obtém a configuração efetiva do servidor NTP. <A>, <B>, <C>, <D> e <TZF> devem ser variáveis ou constantes numéricas. Se o bit 7 de TZF estiver setado, o RTC será sincronizado com o servidor NTP. Os bits 0 a 6 representam um valor positivo ou negativo (–64 [40H] a +63 [3FH]) e definem o fuso horário em incrementos de 15 minutos.

NETPLAYBUF[#]A (comando, GR8NET-BASIC)
Formato: CALL NETPLAYBUF[#]A (<página lógica>, <endereço>, <tamanho>)
Função: Define o endereço e o tamanho inicial do buffer nº [#] para o PCM. <página lógica> deve estar entre 00H~7FH, <endereço> entre 6000H~7FFFH e <tamanho> deve ser calculado para não exceder a memória de 1 MB da GR8NET. [#] deve estar entre 0 e 9.

NETPLAYBUF[#]C (comando, GR8NET-BASIC)
Formato: CALL NETPLAYBUF[#]C
Função: Continuar a reprodução reabastecendo o buffer PCM nº [#], que deve estar entre 0 e 9.

NETPLAYBUF[#]P (comando, GR8NET-BASIC)
Formato: CALL NETPLAYBUF[#]P (<tamanho>, <frequencia>)
Função: Iniciar a reprodução dos dados pré-armazenados no buffer PCM nº [#]. <tamanho> pode ser 8 ou 16 bits e <frequência> pode variar de 1 a 65.536. [#] deve estar entre 0 e 9. Para prevenir o esvaziamento do buffer deve ser usado o comando _NETPLAYBUF[#]C.

NETPLAYBUF[#]R (comando, GR8NET-BASIC)
Formato: CALL NETPLAYBUF[#]R
Função: Resetar o mecanismo de reprodução do buffer nº [#], que deve estar entre 0 e 9.

NETPLAYBUF[#]S (comando, GR8NET-BASIC)

Formato: CALL NETPLAYBUF[#]S (<estado>)

Função: Retornar o estado da reprodução do buffer nº [#]. <estado> deve ser uma variável numérica. Se retornar -1, a reprodução terminou e se retornar 0 os dados ainda estão sendo reproduzidos. [#] deve estar entre 0 e 9.

NETPLAYVID (comando, GR8NET-BASIC)

Formato: CALL NETPLAYVID (<caminho> [,<sinalizadores>])
CALL NETPLAYVID (<modo de tela>)

Função: Reproduzir vídeo a partir do cartão SD. Funciona de dois modos, dependendo do primeiro argumento. Se for string, esta especificar o <caminho> do arquivo de vídeo no cartão SD. <sinalizadores> é um valor de 8 bits cujos significados estão descritos abaixo:

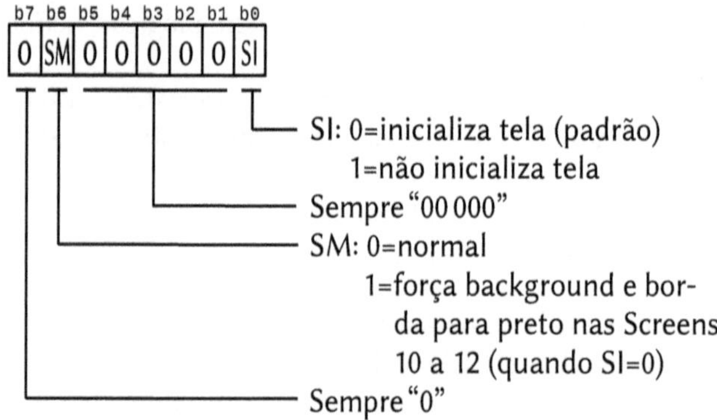

Se o primeiro argumento for inteiro, seus 8 bits mais baixos são sinalizadores com os seguintes significados:

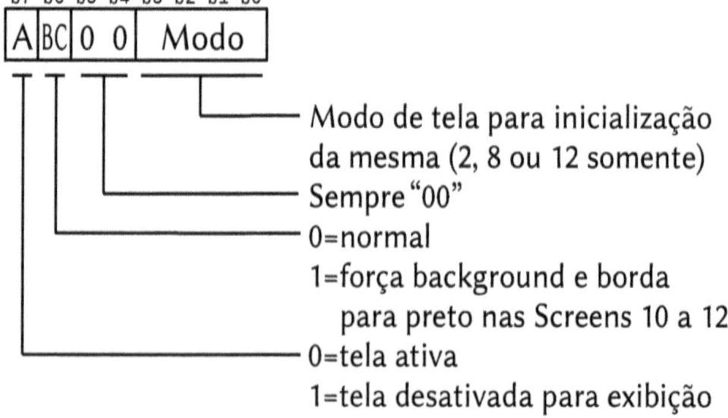

NETPLAYWAV (comando, GR8NET-BASIC)
Formato: CALL NETPLAYWAV (<caminho>)
Função: Reproduzir áudio no formato wave. <caminho> é um nome ou variável string que identifica a localização da URI do arquivo wave remoto.

NETRESST (comando, GR8NET-BASIC)
Formato: CALL NETRESST (<sinalizadores>)
CALL NETRESST (<URI entrada>, <URI saída>, <sinalizadores>, <tamanho>)
Função: Retornar o estado do recurso. Se o primeiro argumento for uma variável inteira, os 8 bits mais baixos conterão os sinalizadores conforme descrito abaixo. Se for alfanumérica, <URI entrada> e <URI saída> conterão os respectivos caminhos e <tamanho> é uma variável numérica que retorna o tamanho do recurso. <sinalizadores> é uma variável inteira cujos 8 bits mais baixos são mapeados como se segue:

b7	b6	b5	b4	b3	b2	b1	b0
S	F2	F1	F0	P3	P2	P1	P0

- P3–P0: Se o bit estiver setado, a partição respectiva do SD está disponível
- F2–F0: Se o bit estiver setado, a porta respectiva está disponível para o BASIC (instrução OPEN)
- S: Setado se o cartão SD estiver inserido e pronto para uso

NETSAVE (comando, GR8NET-BASIC)
Formato: CALL NETSAVE
Função: Salvar a configuração atual na página de config. da ROM.

NETSDCRD (comando, GR8NET-BASIC)
Formato: CALL NETSDCRD (<página lógica>, <endereço>, <setor>, <quantidade de setores a ler>)
Função: Ler setores do cartão SD. <página lógica> é o número da página no banco 1 da GR8NET (6000H~7FFFH), <endereço> é o endereço visível para o Z80 e <setor> é o número do primeiro setor a ser lido.

NETSETCLK (comando, GR8NET-BASIC)
Formato: CALL NETSETCLK (<fonte>)
Função: Define a fonte de frequência para medição de velocidade. Se <fonte> for 0, será usada a frequência do barramento interno do MSX; se for diferente de 0, será usada a frequência do oscilador interno da GR8NET (3.579545 MHz).

NETSETCLOUD (comando, GR8NET-BASIC)
Formato: CALL NETSETCLOUD (<nome host : porta>, <senha>)
CALL NETSETCLOUD (<sinalizador de ativação>)
Função: Configurar acesso ao volume virtual da GR8NET. <nome host : porta> pode ter até 70 caracteres, com o número de porta separado por dois pontos. A <senha> de acesso pode ter até 16 caracteres. Para habilitar o subsistema GR8cloud, <sinalizador de ativação> deve conter o valor numérico 1, mas o volume só estará totalmente acessível após a reinicialização.

NETSETDA (comando, GR8NET-BASIC)
Formato: CALL NETSETDA (<nº adaptador>)
Função: Define o número do adaptador padrão. <nº adaptador> deve ser um valor de 0 a 3.

NETSETDM (comando, GR8NET-BASIC)
Formato: CALL NETSETDM (<página lógica>,<endereço>,<variável>)
Função: Obtém o valor de uma variável BASIC, converte em um valor de 32 bits e o armazena na memória.
<página lógica> número da página lógica no banco 1 da GR8NET (6000H~7FFFH).
<endereço> é o endereço de memória visível para o Z80.
<variável> pode ser um número, uma expressão ou uma variável numérica de qualquer tipo.

NETSETDNS (comando, GR8NET-BASIC)
Formato: CALL NETSETDNS ([<A>], [<B>], [<C>], [<D>])
Função: Define endereço de IP fixo. Ao menos um dos valores <A>, <B>, <C> ou <D> deve ser definido.

NETSETGW (comando, GR8NET-BASIC)
Formato: CALL NETSETGW ([<A>], [<B>], [<C>], [<D>])
Função: Define endereço de IP fixo do gateway. Ao menos um dos valores <A>, <B>, <C> ou <D> deve ser definido.

NETSETHOST (comando, GR8NET-BASIC)
Formato: CALL NETSETHOST (<URI>)
CALL NETSETHOST (<A>, <B>, <C>, <D>)
Função: Define o nome do host remoto e, se necessário, executa uma consulta DNS simples. A <URI> deve ser escrita sem definição de protocolo e sem a barra final (ex. "www.gr8bit.ru")

NETSETIP (comando, GR8NET-BASIC)
Formato: CALL NETSETIP ([<A>], [<B>], [<C>], [<D>])
Função: Define endereço de IP fixo. Ao menos um dos valores <A>, <B>, <C> ou <D> deve ser definido.

NETSETMAP (comando, GR8NET-BASIC)
Formato: CALL NETSETMAP [(<A>, <M>, <MRPD>)]
Função: Define o tipo de memória mapeada e reinicia o sistema.
<A> identifica o tipo de memória mapeada e a localização do conjunto de registradores especiais.
<M> 0 – Leitura desativada
1 – Leitura ativada
2 – Detecção automática (padrão)
<MRPD> RAM mapeada com o bit de desativação pendente (0 – Ativar; 1 – Desativar)

NETSETMASK (comando, GR8NET-BASIC)
Formato: CALL NETSETMASK ([<A>], [<B>], [<C>], [<D>])
Função: Define a máscara dp endereço de IP fixo. Ao menos um dos valores <A>, <B>, <C> ou <D> deve ser definido.

NETSETMEM (comando, GR8NET-BASIC)
Formato: CALL NETSETMEM (<página lógica>, <endereço>, [<A>], [<B>], [<C>], [<D>])

Função: Grava uma sequência de 4 bytes na memória.
<página lógica> número da página lógica no banco 1 da GR8NET (6000H~7FFFH).
<endereço> é o endereço de memória visível para o Z80.
<A> – Endereço, <B> – Endereço+1, etc.

NETSETMIX (comando, GR8NET-BASIC)

Formato: CALL NETSETMIX (<number>)
CALL NETSETMIX (<string>)

Função: Configura o mixer de áudio.
<number> – Valor numérico de 16 bits:

b15	b14	b13	b12	b11 b10	b9 b8	b7 b6	b5 b4	b3 b2	b1 b0
0	0	0	0	PSG	Y8950	OPLL	Wave	SCC	PCM

Cada 2 bits representam o seguinte:

00 – Mudo | 10 – Canal direito
01 – Canal esquerdo | 11 – Ambos os canais

Se for string de 6 caracteres, cada um significará:

M – Mudo | R – Canal direito
L – Canal esquerdo | B – Ambos os canais

Outro caractere, a configuração será preservada.

NETSETMMV (comando, GR8NET-BASIC)

Formato: CALL NETSETMMV (<variável numérica>)

Função: Define o valor do gerenciador de memória. É possível gerenciar apenas página inicial de RAM protegida pelo usuário.

NETSETNAME (comando, GR8NET-BASIC)

Formato: CALL NETSETMMV (<nome do arquivo>)

Função: Define o nome do arquivo do recurso remoto. O tamanho máximo do nome de arquivo é de 63 caracteres.

NETSETNTP (comando, GR8NET-BASIC)

Formato: CALL NETSETNTP (<A>, <B>, <C>, <D>, <TZF>)

Função: Define as propriedades do servidor NTP dentro da configuração de IP fixo e dos sinalizadores de configuração de hora. <A>, <B>, <C> e <D> definem o endereço IP do servidor NTP e <TZF> é o sinalizador de atualização do fuso horário (ver comando NETNTP).

NETSETOPL (comando, GR8NET-BASIC)

Formato: CALL NETSETOPL (<sinalizadores>, <tamanho memória>)

Função: Ativa ou desativa o OPLL / Y8950, controla a duplicação da amplitude de saída e define o tamanho da memória de áudio do Y8950. <tamanho memória> define o tamanho da memória de áudio em incrementos de 8 Kbytes, sendo que o valor máximo e padrão é 32 (32*8 = 256K). <sinalizadores> é um valor de 1 byte cuja estrutura está descrita abaixo.

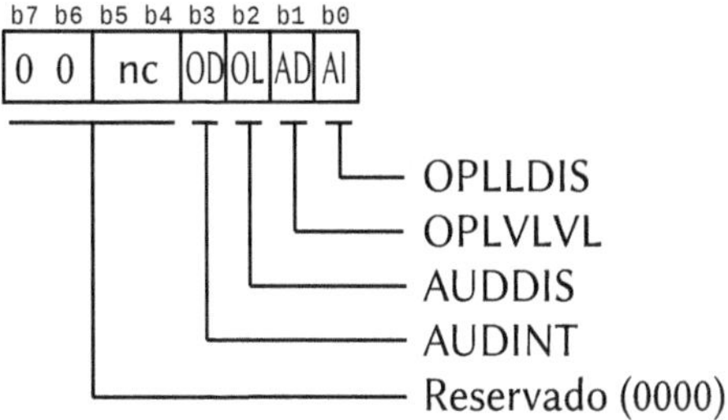

OPLLDIS – 0 – Ativar saída OPLL.
1 – Desativar saída OPLL.

OPLVLVL – 0 – Volume normal OPLL/Y8950 (padrão).
1 – Volume duplicado OPLL/Y8950.

AUDDIS – 0 – habilita MSX-Audio (padrão).
1 – Desabilita MSX-Audio.

AUDINT – 0 – habilita interrup. MSX-Audio (padrão).
1 – Desabilita interrupções MSX-Audio.

NETSETPATH (comando, GR8NET-BASIC)

Formato: CALL NETSETPATH (<caminho>)

Função: Define o caminho do recurso remoto. <caminho> é um nome ou variável string com comprimento máximo de 239 caracteres e sem barra final e representa o valor absoluto.

NETSETPORT (comando, GR8NET-BASIC)

Formato: CALL NETSETPORT (<porta remota>, <porta local>)

Função: Define os números das portas de comunicação na estrutura URI padrão. Se <porta local> for 0, será usado número dinâmico de porta (valor padrão). Este comando não verifica a validade das portas.

NETSETPSG (comando, GR8NET-BASIC)

Formato: CALL NETSETPSG (<valor>)

Função: Configura o PSG.
<valor> é uma variável ou constante bitmap, onde o conjunto de bits 0 define se o PSG deve ser ativado na (re)configuração e o conjunto de bits 1 designa a localização porta para o valor 0x10 se, no reset, a porta for 0xA0 (PSG espelhado embutido). Se o argumento for omitido, será executada a reconfiguração do PSG.

NETSETQSTR (comando, GR8NET-BASIC)

Formato: CALL NETSETQSTR (<parâmetro>)

Função: Define a sequência de consultas para processamento de recursos remotos. <parâmetro> é uma variável ou constante string que deve começar com o caractere "?" e ter, no máximo, 63 caracteres.

NETSETTSHN (comando, GR8NET-BASIC)

Formato: CALL NETSETTSHN (<nome>)

Função: Define o nome do servidor de hora. <nome> é uma variável ou constante string que deve ter, no máximo, 63 caracteres.

NETSNDDTG (comando, GR8NET-BASIC)

Formato: CALL NETSNDDTG (<nº arq>, <A>, <B>, <C>, <D>, <RP>)

Função: Envia datagrama / dados pendentes para o host remoto. <nº arq> é o número do arquivo BASIC. <A>, <B>, <C> e <D> representam o endereço IP do dispositivo remoto (podem ser omitidos). RP é o número da porta do dispositivo remoto e também pode ser omitido.

NETSNDVOL (comando, GR8NET-BASIC)

Formato: CALL NETSNDVOL (<principal>, <SCC>, <forma de onda>, <PCM>, <OPLL>, <Y8950>, <PSG>)

Função: Lê ou altera o volume dos geradores de áudio. Todos os argumentos devem estar na faixa de 0 (mudo) até 128 (volume máximo) e qualquer um pode ser omitido.

NETSTAT (comando, GR8NET-BASIC)

Formato: CALL NETSTAT

Função: Exibe informações de estado do adaptador. O último valor impresso na tela, identificado como "Mode:", é um valor de um byte com o seguinte significado:

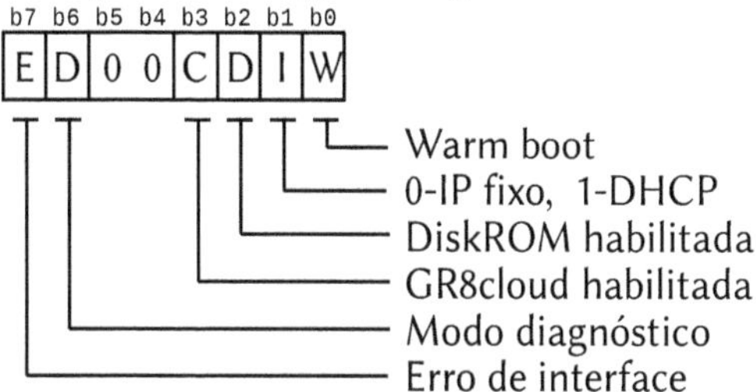

NETSYSINFO (comando, GR8NET-BASIC)

Formato: CALL NETSYSINFO (<versão MSX>, <frequência clock>, <performance ciclo T>, <versão VDP>, <taxa vertical/tamanho VRAM>)

Função: Retorna informações e dados de desempenho do sistema.
<versão MSX> – 0=MSX1; 1=MSX2; 3=MSX2+, 4=MSX TR.
Para MSX turbo R, bit5=0→R800; bit5=1→Z80 e bit6=0→modo DRAM; bit6=1→modo ROM
<frequência clock> retorna clock do slot (3 579 560)
<performance ciclo T> retorna o total de vezes que uma instrução de 51 ciclos T (mais 8 do ciclo M1) é executada em um segundo (60 671*(51+8))
<versão VDP> – 0=TMS; 1=V9938; 2=V9958
<taxa vertical/tamanho VRAM> – Valor de dois bytes, onde o byte mais baixo retorna a taxa de quadro (0=60 Hz, 1=50 Hz, 255=erro) e o byte mais alto retorna o tamanho da VRAM em bloco de 4K (1=8K; 2=16 K; 4=32 K; 8=64 K; 16=128 K; 255 – Erro).

NETRCHKS (comando, GR8NET-BASIC)

Formato: CALL NETRCHKS (<bloco de dados>, <endereço>, <número de bytes> <[, checksum]>)

Função: Calcula o ckecksum de 16 bits do conteúdo do buffer da RAM do <bloco de dados> no banco 1 da GR8NET. Se a variável <checksum> for fornecida, receberá a soma de verificação, caso contrário, a soma será impressa na tela.

NETTELNET (comando, GR8NET-BASIC)

Formato: CALL NETTELNET ([<url | IP : porta>], <sinalizador>)

Função: Executar sessão de telnet usando TCP. <sinalizador> é um valor de um byte onde apenas o bit 1 tem significado. Se for 1, significa que o aplicativo telnet não adiciona o caractere LF após o CR; se for 0, ao pressionar RETURN será enviado CR+LF ao host remoto.

NETTERM (comando, GR8NET-BASIC)

Formato: CALL NETTERM ([<url | IP : porta>], <sinalizadores>)

Função: Executar sessão de telnet usando TCP. Este comando não realiza tradução especial de código ESC (&H1B). <sinalizadores> deve ser mantido em 0 se o dispositivo remoto executar eco o que recebe de volta para a GR8NET. O significado dos bits é o seguinte:

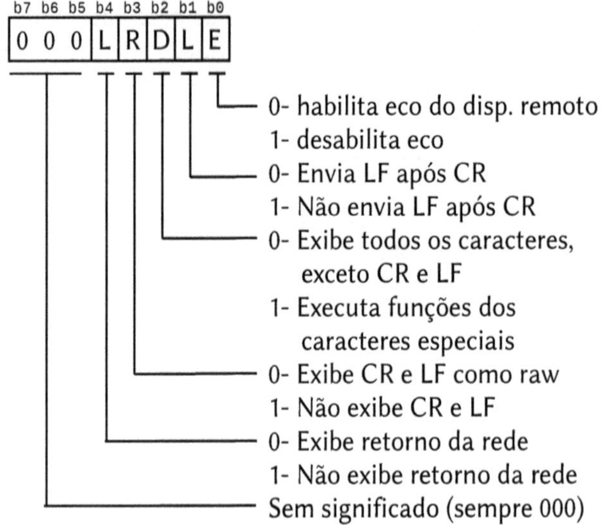

NETTGTMAP (comando, GR8NET-BASIC)

Formato: CALL NETTGTMAP [(<A>, <M>, <MRPD>)]

Função: Define o tipo de memória mapeada. A diferença de NETSETMAP e que este comando não reinicia a máquina.

<A> identifica o tipo de memória mapeada e a localização do conjunto de registradores especiais.

<M> 0 – Leitura desativada
1 – Leitura ativada
2 – Detecção automática (padrão)
<MRPD> RAM mapeada com o bit de desativação pendente (0 – Ativar; 1 – Desativar)

NETTSYNC (comando, GR8NET-BASIC)
Formato: CALL NETTSYNC
Função: Exibe e sincroniza a hora do sistema.

NETVARBRSTR (função, GR8NET-BASIC)
Formato: CALL NETVARBRSTR (<variável alfanumérica>)
Função: Obtém a string da URL do local selecionado pelo usuário no navegador e a armazena em <variável alfanumérica>. Se o tamanho exceder 254 caracteres será gerado erro.

NETVARBSIZE (função, GR8NET-BASIC)
Formato: CALL NETVARBSIZE (<variável numérica>)
Função: Obtém o tamanho dos dados carregados em bytes e o armazena em <variável numérica>.

NETVARRWTH (comando, GR8NET-BASIC)
Formato: CALL NETVARRWTH (<valor atual>, <novo limite>)
Função: Definir o limite da janela RX da rede. <valor atual> deve ser uma variável numérica que recebe o tamanho atual (por padrão é 0). <novo limite> pode ser variável ou constante numérica entre 0 e 2047.

NETVARUDTO (comando, GR8NET-BASIC)
Formato: CALL NETVARUDTO (<valor atual>, <novo limite>)
Função: Definir tempo limite do pacote UDP para operações DHCP e DNS. <valor atual> é uma variável que recebe o valor atual do tempo limite e da contagem de novas tentativas de solicitação DHCP. <novo limite> é variável ou constante, definindo novo valor de tempo limite e contagem de novas tentativas de solicitação DHCP. Os bits 7~0 identificam o valor do tempo limite UDP (0-255), em períodos de 100 ms. O padrão é 20 (2s). Os bits 11~8 identificam o número de tentativas de solicitação de DHCP tentadas quando o GR8NET é inicializado.

NETVER (função, GR8NET-BASIC)
Formato: CALL NETVER
Função: Retorna a versão do firmware da GR8NET.

NEXTOR (comando, Nextor)
Formato: CALL NEXTOR
Função: Apresenta a lista de comandos adicionada pelo Nextor.

NSCAN (comando, Hitachi-BASIC versão 2)
Formato: CALL NSCAN
Função: Faz com que o leitor de dados embutido do micro Hitachi MB-H2 procure partes vazias na fita.

OFFHOOK (comando, New Modem BASIC)
Formato: CALL OFFHOOK
Função: Retira o fone do telefone do gancho.

OFFLINE (comando, Network-BASIC, SVI-Modem BASIC)
Formato: CALL OFFLINE [Network-BASIC]
Função: Desconecta o micro da rede. Esta instrução está disponível apenas para os alunos e precisa ser precedida por CALL NETINIT. Versão curta: _OFFL.
Formato: CALL OFFLINE [SVI-Modem BASIC]
Função: Coloca o modem no modo offline.

ON EVENT (n) GOSUB (declaração, SFG-BASIC)
Formato: CALL ON EVENT (<nº do evento>) GOSUB
Função: Define a subrotina que será executada quando algum evento específico ocorrer. <nº do evento> pode ser:
1 ~ 4 – Interrompe quando a reprodução do instrumento especificado termina.
5 – Interrompe quando a reprodução do ritmo termina.
6 – Interrompe de acordo com o tempo programado no timer da unidade FM.
Se <nº do evento> for omitido, o comando será aplicado a todos os eventos. A prioridade dos eventos é a seguinte:

1ª – BASIC	5ª – Instrumento 4
2ª – Instrumento 1	6ª – Ritmo
3ª – Instrumento 2	7ª – Temporizador
4ª – Instrumento 3	

Versão curta: _ON EVEN (<nº do evento>) GOSUB.

ONHOOK (comando, New Modem BASIC)
Formato: CALL ONHOOK
Função: Coloca o fone do telefone no gancho.

ONLINE (comando, Network-BASIC, SVI-Modem BASIC)
Formato: CALL ONLINE [Network-BASIC]
Função: Conecta o micro na rede. Esta instrução está disponível apenas para os alunos. Eventualmente pode ser necessário executar CALL NETINIT antes. Versão curta: _ONLI.
Formato: CALL ONLINE [SVI-Modem BASIC]
Função: Coloca o modem no modo online.

PACLOAD (comando, DM-System2 BASIC)
Formato: CALL PACLOAD (<endereço PAC>, [@]<endereço de destino> [, <comprimento>])
Função: Lê dados do SRAM do PAC (Pana Amusement Cartridge).
<endereço PAC> é o endereço absoluto do cartucho PAC e pode variar de 0000H a 1FFDH.
<endereço de destino> é o endereço para onde os dados lidos serão transferidos. "@" significa VRAM.
<comprimento> é a quantidade de bytes lidos. Se omitido, serão lidos 1024 bytes (1 bloco).

PACSAVE (comando, DM-System2 BASIC)
Formato: CALL PACSAVE ([@]<endereço inicial>, <endereço PAC> [, <comprimento>])
Função: Escreve dados na SRAM do PAC (Pana Amusement Cartridge).
<endereço inicial> é o endereço de onde os dados serão lidos. Se precedido por "@", significa VRAM.
<endereço PAC> é o endereço absoluto do cartucho PAC e pode variar de 0000H a 1FFDH.
<comprimento> é a quantidade de bytes a escrever. Se omitido, serão escritos 1024 bytes (1 bloco).

PALETTE (declaração, 3, Kanji-BASIC, Hangul-BASIC, RMSX BASIC)
Formato: CALL PALETTE (<nº paleta>, <R>, <G>, <B>)
[MSX-BASIC version 3, Kanji-BASIC, Hangul-BASIC]
Função: Especifica as cores para a paleta. <nº paleta> pode variar de 0 a 15 e "<R>, <G>, <B>" de 0 a 7. Todas as versões do BASIC possuem a mesma sintaxe, exceto RMSX BASIC.

Formato: CALL PALETTE <paleta/monitor> [RMSX BASIC]
Função: Seleciona a emulação de paleta ou monitor a ser usada no computador MSX1 emulado em uma máquina Turbo R pelo emulador rMSX. <paleta/monitor> pode ser MSX1, MSX2, GREEN or GRAY.

PAN (declaração, Pioneer-BASIC)
Formato: CALL PAN (<eixo X>, <volume>, <string>)
Função: Gera som de acordo com os parâmetros fornecidos.
<eixo X> – Localização do som gerado. Pode variar de 0 a 255, sendo que 0 corresponde à extrema esquerda e 255 à extrema direita.
<volume> pode variar de 0 a 7.
<string> – Macrocomandos idênticos aos da instrução PLAY para o PSG, à exceção de V, S, M e X. A string pode conter até 79 caracteres.

PATTERN (declaração, SFG-BASIC)
Formato: CALL PATTERN (<nº padrão>, <variável alfanum (n)>)
Função: Define os padrões dos ritmos através de uma matriz alfanumérica de uma dimensão (vetor). Versão curta: _PATT.
<nº padrão> pode ser 7 ou 8 (apenas dois padrões podem ser definidos).
<variável alfanum (n)> aponta para um vetor cujos índices definem aspectos variados:
xx$(0) define o tamanho:
"3" – um quarto de Nota vezes 3
"4" – um quarto de Nota vezes 4
"8" – um quarto de Nota vezes 8
xx$(1) define "close high-hat"
xx$(2) define "open high hat"
xx$(3) define "bass drum"
xx$(4) define "high tomtom"
xx$(5) define "low tomtom"
"close high-hat" e "open high hat" não podem ser tocados simultaneamente.
Nota: A string para os índices (1) a (5) deve ser composta por uma sequência de "0"s e "1"s que representam unidades de 1/12 de um quarto de Nota. O tamanho depende do valor de xx$(0): "3" para 36 caracteres, "4" para 48 e "8" para 96.

PAUSE (comando, MSX-BASIC 4, ChakkariCopy BASIC, DM-System2 BASIC, Hitachi BASIC v2)

Formato: CALL PAUSE (<tempo>) [MSX-BASIC 4, DM-System2 BASIC]

Função: Pausa a execução do programa em BASIC. <tempo> é especificado em milissegundos e pode variar de 0 a 65.535. Pode ser abortado por CTRL+STOP.

Formato: CALL PAUSE [ChakkariCopy BASIC]

Função: Coloca o cartucho Chakkari Copy no modo de pausa.

Formato: CALL PAUSE [Hitachi BASIC 2]

Função: Coloca o leitor de dados interno do micro Hitachi MB-H2 no modo de pausa.

PCM FREQ (comando, MSX-Audio)

Formato: CALL PCM FREQ (<frequência>)

Função: Define a frequência de amostragem para o ADPCM. <frequência> pode variar de 1.800 a 49.716 Hz.

PCM VOL (comando, MSX-Audio)

Formato: CALL PCM VOL (<volume>)

Função: Define o volume de reprodução para o ADPCM e PCM. <volume> pode variar 0 a 63. Os valores iniciais são 55 para ADPCM e 32 para PCM.

PCMON (declaração, DM-System2 BASIC)

Formato: CALL PCMON ([@]<endereço inicial>, [@]<endereço final>,<taxa>[,<loop>])

Função: Reproduz dados através do PCM no MSX2 em diante. Requer driver PCM.

<endereço inicial> dos dados a reproduzir. Se precedido por "@", significa VRAM.

<endereço final> dos dados a reproduzir. Se precedido por "@", significa VRAM.

<taxa> pode ser: 0 → 15,75 KHz 2 → 5,25 KHz
1 → 7,875 KHz 3 → 3,9375 KHz

<loop> define a quantidade de vezes que os dados serão reproduzidos. Pode variar de 1 a 255. 0 = loop infinito.

PCMPLAY (declaração, 4)

Formato: CALL PCMPLAY (@<endini>,<endfim>,<samp.rate>[,S])

Função: Reproduz dados PCM armazenados na RAM ou VRAM.
<samp. rate> pode ser 0 a 3.
<endini> e <endfim> são os endereços inicial e final.
[,S] especifica VRAM.

PCMREC (comando, 4)
Formato: CALL PCMREC (@<endini>,<endfim>,<samp.rate>, [[<nível de disparo>],[<salvamento>],S])
Função: Grava dados PCM na RAM ou VRAM.
<endini> e <endfim> podem variar de 0000H a FFFFH,
<samp.rate> de 0 a 3,
<nível de disparo> de 0 a 127
<salvamento> pode ser 0 (não salva) ou 1 (salva na RAM)
[,S] grava na VRAM.

PDIAL (comando, New Modem BASIC, SVI Modem BASIC)
Formato: CALL PDIAL(<variável string>), <variável numérica> [New Modem BASIC]
Função: Chama um número de telefone via discagem por pulso. <variável de string> armazena o número de telefone, onde só são permitidos números e o caractere "–", que corresponde a uma espera de 1 segundo. Se <variável numérica> retornar 0, o valor de entrada está correto; se for "1" não está.
Formato: CALL PDIAL("<número telefone>") [SVI Modem BASIC]
Função: Chama um número de telefone específico via discagem por pulso. <número telefone> deve estar entre aspas e só são permitidos caracteres numéricos.

PEEK (função, DM-System2 BASIC, Network-BASIC)
Formato: CALL PEEK ([@]<endereço>[,<variável>]) [DM-System2 BASIC]
Função: Lê um byte de qualquer área da Main RAM, VRAM ou Memória Mapeada.
<endereço> – é o endereço a ser lido. Se for maior que 65 534, serão usadas as especificações da Memória Mapeada. Se for precedido de "@", indica VRAM.
<variável> é uma variável numérica que receberá o valor do byte lido. Se omitida, o valor será apresentado na tela.

Formato: CALL PEEK (<variável>,<endereço>[,<nº estudante>] [,<N>]) [Network-BASIC]

Função: Lê um byte de dados da NetRAM (aluno ou professor) ou da NetRAM / RAM (somente professor).
<variável> recebe o valor do byte lido.
<endereço> deve estar entre 7800H e 7FFFH para NetRAM.
<número do aluno> é um número entre 1 e 15. Somente o professor pode usar esse parâmetro.
<N> deve ser usado para ler um endereço no NetRAM. Útil apenas para o professor.

PEEKS (função, DM-System2 BASIC)

Formato: CALL PEEKS ([@]<endereço>,<tamanho>,<variável string>)

Função: Lê vários bytes consecutivos na Main RAM, VRAM ou Memória Mapeada, os converte em caracteres e os armazena em uma variável string.
<endereço> – é o endereço a ser lido. Se for maior que 65 534, serão usadas as especificações da Memória Mapeada. Se for precedido de "@", indica VRAM.
<tamanho> – Número de bytes a serem lidos, podendo variar de 1 a 255.
<variável string> recebe os bytes lidos.

PEEKW (função, DM-System2 BASIC)

Formato: CALL PEEKW ([@]<endereço>[,<variável>])

Função: Lê dois bytes consecutivos na Main RAM, VRAM ou Memória Mapeada.
<endereço> – é o endereço a ser lido. Se for maior que 65 534, serão usadas as especificações da Memória Mapeada. Se for precedido de "@", indica VRAM.
<variável> recebe o valor lido. Se não especificado, o valor lido será apresentado na tela no formato hexa.

PHRASE (macro-declaração, SFG-BASIC)

Formato: CALL PHRASE (<nº trilha>, <lista reprodução>[,<marca>])

Função: Escreve os dados de reprodução de audio na trilha especificada. Versão curta: _PHRA.
<nº trilha> pode variar de 1 até o valor definido por _PLAY.
<marca> é um número que pode variar de 1 a 254. Se for omitido, será considerado igual a <nº trilha>.

<lista reprodução> contém os macrocomandos musicais.

A~G Toca Nota cifrada com duração n (1~64, padrão 4).

ou + Sustenido.

– Bemol.

! Retorna a Nota ao valor original (comandos K e S).

On Oitava (n → 1 a 8; o padrão é 3).

Nn Pitch (n → 25 a 120).

Ln Duração (length) da Nota (n → 1 a 64, padrão: 4)

. Aumento da duração em 50%.

Rn Pausa de duração n (n → 1 a 64, o padrão é 4).

Wn Duração da Nota em unidades de 1/96 (n: 1 a 96).

Tn Tempo (n → 1 a 200, especificado por _TEMPO).

Vn Volume (n → 1 a 100, o padrão é 50)

& Ligadura

Mn Período em unidades de n/4 (n → 3 a 8)

/ / A string entre duas barras será considerada um bloco de duração especificada por Mn.

Sn "n" especifica o número de "Sharps" (#).

Kn "n" especifica o número de "Flats" (b).

%n "Staccato" e "tenuto". "n" especifica a proporção de tempo em que a Nota que será tocada (0% a 100%).

[ ] Acorde. Strings entre aspas e separadas por vírgula dentro do colchete são tocadas simultaneamente.

{ }n Define em n as Notas entre { }. (n=1~64, padrão é Ln)

PITCH (declaração, MSX-Music)

Formato: CALL PITCH (<n>)

Função: Ajuste fino do som. <n> pode variar de 410 a 459, sendo que o valor padrão é 440 (Nota LÁ central).

PLAY (comando, MSX-Music/Audio, Hitachi-BASIC, SFG-BASIC)

Formato: CALL PLAY (<n>,<variável numérica>) [Music/Audio]

Função: Retorna na <variável numérica> o estado da voz <n> do OPLL (tocando[-1] ou não [0]). Se <n> for 0, todas as vozes são checadas; 1 a 9 checa a voz respectiva.

Formato: CALL PLAY [Hitachi-BASIC 2]

Função: Coloca o leitor de dados interno do micro Hitachi MB-H2 no modo de reprodução. Esta instrução não suporta arquivos no modo ASCII (BASIC ou dados).

Formato: CALL PLAY (<instrumento>, <faixa> [,<marca>])
[SFG-BASIC]

Função: Reproduz a música previamente escrita com a instrução CALL PHRASE. <instrumento> é um número de 1 a 4, <faixa> é um número de 1 a 9, sendo que 2 a 8 devem ser previamente definidos pela instrução CALL TRACK e 9 quando a reprodução for pelo teclado musical, e <marca> é um número entre 1 e 255 para especificar a marca CALL PHRASE usada para reprodução. Se omitido, é considerado o mesmo número de <track>.

PLAY MK (declaração, MSX-Audio)

Formato: CALL PLAY MK (<nome da matriz>)
CALL PLAY MK (<endereço inicial>, <endereço final>)
CALL PLAY MK (A), onde a sequência A deve ser previamente declarada nas instruções DIM e REC MK.

Função: Reproduz arquivo gravado pelo teclado musical.

PLAY PCM (declaração, MSX-Audio)

Formato: CALL PLAY PCM (<número arquivo>, <offset>, <tamanho>, <frequência amostragem>)

Função: Reproduz um arquivo de áudio através do PCM / ADPCM.
<número arquivo> – Número do arquivo de áudio (0 a 15)
<offset> – Deslocamento em unidades de 256 bytes
<tamanho> – Tamanho em bytes do arquivo de áudio
<frequência de amostragem> – pode variar de 1.800 a 49.716 Hz para o ADPCM e de 1.800 a 16.000 Hz para o PCM.

POKE (declaração, DM-System2 BASIC, Network-BASIC)

Formato: CALL POKE ([@]<endereço>,<valor>) [DM-System2 BASIC]

Função: Escreve um byte em qualquer área da Main RAM, VRAM ou Memória Mapeada.
<endereço> – é o endereço a ser lido. Se for maior que 65 534, serão usadas as especificações da Memória Mapeada. Se for precedido de "@", indica VRAM.
<valor> é o valor a ser escrito. Deve ser em decimal entre 0 e 255, podendo também ser uma expressão.

Formato: CALL POKE (<valor>,<endereço>[,<nº estudante>] [,<N>])
[Network-BASIC]

Função: Escreve um byte de dados na NetRAM (aluno ou professor) ou na NetRAM / RAM (somente professor).
<valor> deve ser um número decimal entre 0 e 255.
<endereço> deve estar entre 7800H e 7FFFH para NetRAM.
<número do aluno> é um número entre 1 e 15. Somente o professor pode usar esse parâmetro.
<N> deve ser usado para escrever um endereço na NetRAM. Útil apenas para o professor.

POKES (declaração, DM-System2 BASIC)

Formato: CALL POKES ([@]<endereço>,<string>)

Função: Converte uma string em uma sequência de bytes e os grava na Main RAM, VRAM ou Memória Mapeada.
<endereço> – é o endereço de início de escrita. Se for maior que 65 534, serão usadas as especificações da Memória Mapeada. "@", indica VRAM.
<string> = sequência de caracteres a ser convertida em bytes.

POKEW (declaração, DM-System2 BASIC)

Formato: CALL POKEW ([@]<endereço>,<valor>)

Função: Escreve dois bytes consecutivos na Main RAM, VRAM ou Memória Mapeada.
<endereço> – é o endereço a ser escrito. Se for maior que 65 534, serão usadas as especificações da Memória Mapeada. Se for precedido de "@", indica VRAM.
<valor> é o valor a ser escrito. Deve ser em decimal entre 0 e 65.535, podendo também ser uma expressão.

PON (comando, Network-BASIC)

Formato: CALL PON

Função: Inicia a pesquisa dos alunos. Esta instrução está disponível apenas para o professor.

PRINTERSETUP (comando, FM-X BASIC)

Formato: CALL PRINTERSETUP

Função: Permite imprimir hiragana e caracteres gráficos na impressora conectada ao Fujitsu FM-7 quando este for conectado ao micro FM-X usando a interface MB22 450.

QDFILES (comando, QuickDisk BASIC)

Formato: CALL QDFILES [("QD[n]:")]

Função: Lista o conteúdo do dispositivo Quick Disk especificado em formato longo, com os nomes dos arquivos, os atributos e os tamanhos dos arquivos. Os atributos listados são os seguintes:

01 – Arquivo binário da MainRAM.
02 – BASIC em formato tokenizado.
03 – BASIC ou DATA no formato ASCII.
0B – Arquivo binário da VRAM.

QD[n] especifica o dispositivo QuickDisk que será usado. Pode variar de 0 a 7, sendo que o padrão é 0.

QDFORMAT (comando, QuickDisk BASIC)

Formato: CALL QDFORMAT

Função: Formata um QuickDisk excluindo todos os arquivos existentes. Os dados são gravados em uma pista espiral em um disco de 2,8 polegadas. Um QuickDisk pode salvar no máximo 20 arquivos e tem capacidade de 64 Kbytes cada lado, com capacidade máxima de 128 Kbytes.

QDKEY (comando, QuickDisk BASIC)

Formato: CALL QDKEY (<parâmetro>)

Função: Modifica o conteúdo das teclas de função, exceto F7, quando uma unidade de QuickDisk está conectada. Quando um MSX for inicializado com uma unidade QuickDisk conectada, o conteúdo da maioria das teclas de função é modificado. CALL QDKEY permite alternar entre os conteúdos.

Tecla	Conteúdo	Novo comando
F1	_RUN	CALL RUN
F2	_LOAD	CALL LOAD
F3	_BLOAD	CALL BLOAD
F4(*)	list	LIST
F5(*)	run	RUN + [RETURN]
F6(**)	color 15,4,7	COLOR 15,4,7 + [RETURN]
F7	_QDKEY	CALL QDKEY
F8	_SAVE ("QD:	CALL SAVE ("QD:
F9	_BSAVE ("QD:	CALL BSAVE ("QD:
F10	_QDFILES	CALL QDFILES

(*) Geralmente inalterado
(**) Inalterado em máquinas japonesas, coreanas, Philips VG-8000 e VG-8010 (não na versão 8010F), Sanyo PHC-28S
<parâmetro> – Se for 0, o conteúdo padrão das teclas será recarregado (exceto F7). Sem parâmetro ou qualquer outro número carrega o conteúdo do QuickDisk.

QDKILL (comando, QuickDisk BASIC)
Formato: CALL QDKEY (["QD[n]:]<nome do arquivo>")
Função: Exclui o último arquivo do QuickDisk. A tentativa de excluir outro arquivo retornará mensagem de erro.
QD[n] especifica o dispositivo QuickDisk que será acessado. Pode variar de 0 a 7, sendo que o padrão é 0.
<nome do arquivo> é o arquivo a ser excluído e deve estar no formato 8.3 caracteres.

RAMDISK (comando, Disk-BASIC 2nd version)
Formato: CALL RAMDISK (<tamanho máx>,[<tamanho criado>])
Função: Cria uma RAMDISK com <tamanho máximo> e opcionalmente retorna o <tamanho criado> de fato. A RAMDISK é acessada através do drive H:.

RCANCEL (comando, SFG-BASIC)
Formato: CALL RCANCEL
Função: Cancela os instrumentos de ritmo. Usando esta instrução, o total de vozes simultâneas passa de 6 para 8.

RCVMAIL (comando, Network-BASIC)
Formato: CALL RCVMAIL (<número do aluno>)
Função: Recebe dados da caixa de correio de envio de um aluno na caixa de correio de recebimento do professor. Esta instrução está disponível apenas para o professor. Caixas de correio são áreas especiais de 256 bytes reservadas na NetRAM do professor e do aluno. <número do aluno> pode variar de 1 a 15. Versão curta: _RCVM.

REBOOT (comando, Hangul-BASIC 4, Rookie Drive BASIC)
Formato: CALL REBOOT
Função: Provoca uma reinicialização "a quente" do sistema.

REC (comando, Hitachi-BASIC versão 2)
Formato: CALL REC
Função: Coloca o leitor de dados interno do micro Hitachi MB-H2 no modo de gravação. Esta instrução não suporta arquivos no modo ASCII (BASIC ou dados).

REC MK (comando, MSX-Audio)
Formato: CALL REC MK (<nome da matriz>)
CALL REC MK (<endereço inicial>, <endereço final>)
Função: Grava arquivo tocado pelo teclado musical.

REC PCM (comando, MSX-Audio)
Formato: CALL REC PCM (<número arquivo> [,SYNC][,<Offset>] [,<tamanho>] [,<freq de amostragem>]
Função: Gravar áudio na memória através do microfone.
<número arquivo> – Arquivo a ser gravado (0 a 15).
SYNC – Se for 0, o MSX-Audio aguarda até que um sinal de áudio seja detectado. Se for 1, a gravação inicia imediatamente.
<Offset> – Deslocamento em unidades de 256 bytes.
<tamanho> – Tamanho do arquivo de áudio.
<freq de amostragem> – pode variar de 1.800 a 49.716 Hz para o ADPCM e de 1.800 a 16.000 Hz para o PCM.

RECEIVE (comando, Network-BASIC)
Formato: CALL RECEIVE ([[<letra da unidade>:] <nome do arquivo>], <número do aluno>)
Função: Recebe o programa BASIC de um computador do aluno. Esta instrução pode ser usada pelo professor e pelos alunos que foram autorizados pelo professor com CALL ENACOM. <letra da unidade> pode ser "A:" ou "B:" e pode ser usado apenas pelo professor. <número do aluno> pode variar de 1 a 15. Versão curta: _RECE.

RECFILE (comando, New Modem BASIC)
Formato: CALL RECFILE(<variável string>), <variável numérica>
Função: Recebe um arquivo usando um protocolo específico <variável string> contém o nome do arquivo a ser recebido (pode incluir o nome da unidade, se omitido, o arquivo será salvo na unidade ativa atual). Se já existir um arquivo

com o mesmo nome no disco, a primeira letra será substituída por "$", o que ocorrerá até o quarto caractere.
<variável numérica> armazena o protocolo:
0 – Xmodem ou Xmodem-1K.
3 – Ymodem (permite receber vários arquivos simultâneos).
Ao retornar, <variável numérica> conterá o estado:
0 – Recebimento foi feito corretamente.
1 – Sinal caiu (geralmente a conexão está interrompida).
2 – Tempo limite atingido (o download não foi iniciado).
3 – Operação abortada com CTRL+X.
4 – Muitas pausas (tempos de espera).
5 – Não usado (sem efeito).
6 – Disco cheio.
7 – Arquivo não encontrado.
8 – Erro de gravação (disco protegido contra gravação ou não há disco).
9 – Arquivo vazio.
10 – Excesso de tentativas.

RECMOD (comando, MSX-Audio)
Formato: CALL RECMOD (<modo de gravação>)
Função: Define o modo de gravação para o teclado musical.
<modo de gravação> é um valor de 0 a 3:
0 – Mudo (não grava).
1 – Grava a melodia tocada no teclado (padrão).
2 – Grava, em outra área, a reprodução de uma melodia já gravada.
3 – Grava a performance e a reprodução de uma melodia já gravada.

REMOTE (comando, Pioneer-BASIC)
Formato: CALL REMOTE (<nº dispositivo>, <string>)
Função: Controla dispositivos externos.
<nº dispositivo> pode variar de 0 a 15, mas os dispositivos de 0, 1 e 2 já estão atribuídos:
0 – Pioneer Laser Vision Player LD-700
1 – Pioneer Laser Vision Player LD-1100
2 – Pioneer Component Display SD-26
Os comandos de 3 a 15 devem ser atribuídos com CALL DEF UNIV.

<string> contém um código de caracteres de até 16 comandos de acordo com a tabela a seguir (o caractere "+" pode ser omitido):

Funções do modelo LD-700 (dispositivo 0):

A+	48	Repete A	M+	58	Multi-veloc. à frente
A-	44	Repete B	M–	55	Multi-veloc. reversa
C+	47	Inc. multi-veloc.	P+	17	Toca (Play)
C–	46	Dec. multi-veloc.	P@	16	Rejeita
D+	43	Apresenta nº de quadro/capítulo	P/	18	Pausa
F+	10	Busca rápida	S+	54	Congela / quadro a quadro p/ frente
F–	11	Busca ráp. Rev.	S–	50	Congela / quadro a quadro reverso
L+	4B	Áudio 1 / esq.	T+	51	Avanço rápido (3x)
L–	49	Áudio 2 / dir.	T–	59	Retroc. rápido (3x)
L@	4A	Estéreo	X+	45	Limpa (Clear)

Funções do modelo LD-1100 (dispositivo 1):

D+	Apresenta nº quadro	P+	Toca (Play)
D–	Apresenta nº capítulo	P@	Rejeita
F+	Busca rápida	P/	Pausa
F–	Busca rápida rev.	S+	Congela / quadro a quadro p/ frente
L+	Áudio 1 / esquerda	S–	Congela / quadro a quadro reverso
L–	Áudio 2 / direita	T+	Avanço rápido (3x)
M+	Busca lenta à frente	T–	Retrocesso rápido (3x)
M–	Busca lenta reversa		

Funções do modelo SD-26 (dispositivo 2):

1	01	Canal A	F+	10	Incrementa canal (+)
2	02	Canal B	F–	11	Decrementa canal (–)
3	03	Canal C	K1	0C	Entrada: TV
4	04	Canal D	K2	0D	Entrada: Video-Disc
5	05	Canal E	K3	0E	Entrada: Vídeo 1
6	06	Canal F	K4	0F	Entrada: Vídeo 2
7	07	Canal G	O@	1C	Liga / desliga
8	08	Canal H	V+	0A	Aumenta volume (+)
9	00	Canal I	V–	0B	Dimunui volume (–)
0	00	Canal J		48	Sleep
C–	46	Canal K		49	Mudo
C+	47	Canal L		4A	Display call
	4D	Canal M			
	4E	Canal N			
	4F	Canal O			
	50	Canal P			

Outras funções:

M@	ID	Liga/desliga tape monitor
P–	15	Reverse play (para tape-deck)
W		Espera vídeo (para laser vision player)
R+	14	Grava (para tape-deck)
R–	12	Grava mudo (para tape-deck)

REPORT (Variável de sistema, SFG-BASIC)

Formato: CALL REPORT ([<sinalizador de erros>] [,<nº marca>] [,<nº de repetições restantes>])

Função: Retorna as variáveis de sistema. Versão curta: _REPO.

<sinalizador de erros> é uma variável inteira onde apenas os 5 bits mais baixos são válidos:

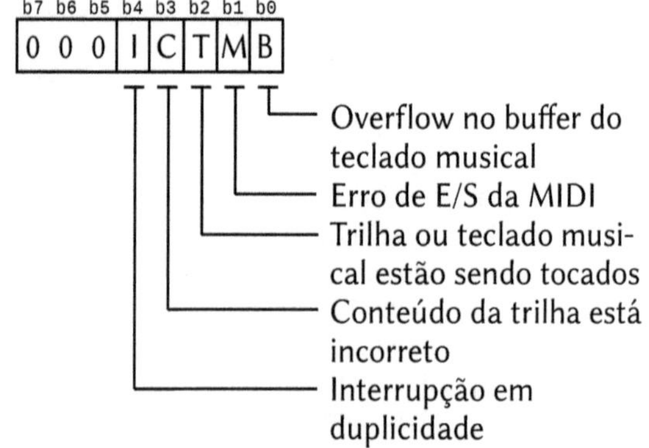

< nº marca> é uma variável inteira que retorna o número de marca da última seção reproduzida.

<nº de repetições restantes> retorna o número de vezes que o ritmo ainda será reproduzido.

RESET (comando, RMSX BASIC)

Formato: CALL RESET

Função: Reinicia o computador MSX1 ou MSX2 emulado em uma máquina Turbo R pelo emulador rMSX. É uma reinicialização a quente, como com DEFUSR=0: X=USR(0).

REW (comando, Hitachi-BASIC versão 2)

Formato: CALL REW

Função: Faz com que o leitor de dados interno do micro Hitachi MB-H2 rebobine a fita.

RHYTHM (declaração, SFG-BASIC)
Formato: CALL RHYTHM (<nº de repetições> [,<nº da marca>])
Função: Reproduz os padrões de ritmo selecionados pelo comando _SELPATTERN. Versão curta: _RHYT.
<nº de repetições> especifica o número de repetições em unidades de 1/4 de Nota.
<nº da marca> pode variar de 1 a 254. Se omitido, será usado o valor 10.

RMDIR (comando, Disk-BASIC 2nd version)
Formato: CALL RMDIR (<subdiretório>)
Função: Remove o <subdiretório> especificado.

RSTOP (declaração, SFG-BASIC)
Formato: CALL RSTOP
Função: Interrompe a reprodução do ritmo. Versão curta: _RSTO.

RTCINI (comando, Hangul-BASIC 3)
Formato: CALL RTCINI
Função: Reseta o conteúdo da SRAM do RTC para o padrão inicial correspodente ao MSX1.

RTSOFF (comando, New Modem BASIC)
Formato: CALL RTSOFF
Função: Desliga a onda transportadora (RTS = Request To Send). Esta instrução funciona apenas quando o sinal DTR (Data Terminal Ready) está ativo (CALL DTRON).

RTSON (comando, New Modem BASIC)
Formato: CALL RTSON
Função: Liga a onda transportadora (RTS = Request To Send). Esta instrução funciona apenas quando o sinal DTR (Data Terminal Ready) está ativo (CALL DTRON).

RUN (comando, Network-BASIC, QuickDisk-BASIC, X-BASIC)
Formato: CALL RUN [([<número do aluno>], [<número da linha>])] [Network-BASIC]
Função: Executa o programa BASIC que está na memória do micro de um aluno. Esta instrução está disponível apenas para o professor. <número do aluno> pode variar de 0 a 15. Se

omitido ou igual a 0, os programas de todos os micros serão executados. O programa será executado a partir da linha <número da linha>, se especificado.

Formato: CALL RUN ("[QD[n]:] <nome do arquivo> ") [QuickDisk-BASIC]

Função: Carrega um arquivo BASIC do dispositivo Quick Disk especificado na memória MSX e o executa.
QD[n] especifica o dispositivo QuickDisk que será usado. Pode variar de 0 a 7, sendo que o padrão é 0.
<nome do arquivo> deve estar no formato 8.3 caracteres.

Formato: CALL RUN [X-BASIC]

Função: Compila e executa o programa BASIC presente na memória do MSX.

SAVE (comando, DM-System2 BASIC, QuickDisk-BASIC)

Formato: CALL SAVE ("[<dispositivo>:][\<caminho>][\]<nome do arquivo>",[@]<endereço fonte>,<tamanho> [,<offset>]) [DM-System2 BASIC]

Função: Salva dados em um novo arquivo ou em algum ponto de um arquivo já existente.
<dispositivo> pode ser drive A: a H: ou COM: para micros conectados com RS232C.
<caminho> especifica o local da pasta ou arquivo.
<nome do arquivo> é o arquivo a ser salvo.
<endereço destino> é o endereço de origem dos dados. Se precedido por "@" significa VRAM.
<tamanho> especifica a quantidade de bytes a salvar.
<offset> especifica o deslocamento no arquivo destino.

Formato: CALL SAVE ("[QD[n]:]"<nome do arquivo>"[,A]) [QuickDisk-BASIC]

Função: Salva dados da memória ou um programa BASIC em um dispositivo QuickDisk. Os dados serão sempre salvos em texto ASCII. O programa BASIC pode ser salvo em texto ASCII ou tokenizado.
QD[n] especifica o dispositivo QuickDisk que será usado. Pode variar de 0 a 7, sendo que o padrão é 0.
<nome do arquivo> deve estar no formato 8.3 caracteres.
[,A], se especificado, salva o arquivo BASIC na forma de texto ASCII.

SAVE PCM (comando, MSX-Audio)
Formato: CALL SAVE PCM (<nome arquivo>, <número arq>)
Função: Salvar arquivo de áudio no disco.
<nome arquivo> – Nome do arquivo a ser gravado no disco.
<número arq> – Número do arquivo na memória de áudio. Pode variar de 0 a 15.

SCLOAD (comando, Pioneer-BASIC)
Formato: CALL SCLOAD [(<nome de arquivo>)]
Função: Carrega dados do cassete para a VRAM para apresentação na tela (disponível apenas pada Screen 2).

SCOPY (comando, Hitachi-BASIC versão 3)
Formato: CALL SCOPY (<c1> [,<c2>, <c3>, <c4> .... <c15>])
Função: Envia para a impressora uma cópia de uma tela gráfica em Screens 2, 4 ou 5 usando uma fórmula baseada nas cores selecionadas. Mesmo que CALL CSCOPY.

SCSAVE (comando, Pioneer-BASIC)
Formato: CALL SCSAVE (<nome de arquivo>, [<baud rate>])
Função: Grava dados da VRAM no cassete. <baud rate> pode ser 1 (para 1200 bauds) ou 2 (para 2400 bauds). Se não especificado, será usado o baud rate definido em SCREEN. Comando disponível apenas pada Screen 2.

SEARCH (comando, Pioneer-BASIC)
Formato: CALL SEARCH (<tipo>, { F | C }, <nº quadro ou capítulo>)
Função: Busca no Laser Vision Player o quadro ou capítulo especificados. <tipo> pode ser 0 para o LD-700 ou 1 para LD-1100. "F" busca quadro (frame) e "C" busca capítulo. <nº quadro ou capítulo> pode variar entre 0 e 54000.

SELPATTERN (declaração, SFG-BASIC)
Formato: CALL SELPATTERN (<nº do padrão>)
Função: Seleciona os padrões de ritmo para reprodução. Versão curta: _SELP.

<nº do padrão> pode variar de 1 a 8, sendo 1 a 6 os padrões da ROM e 7 e 8 os padrões definidos pelo comando _PATTERN. Os padrões da ROM são:

1 - 16 beats.	4 - Rock.
2 - Slow rock.	5 - Disco.
3 - Waltz.	6 - Swing.

SELVOICE (declaração, SFG-BASIC)

Formato: CALL SELVOICE ([<voz 1>] [,<voz 2>] ... [,<voz 8>])

Função: Seleciona até 8 vozes escolhidas dos dados carregados pelo comando _CLDVOICE e os executa. <voz x> deve corresponder ao número da voz criada pelo FM Voicing Program. Se as vozes forem definidas pelo comando _MODISNT, os números serão 49 a 56 (estes números serão usados por padrão se os parâmetros de voz forem omitidos).

SEND (comando, Network-BASIC)

Formato: CALL SEND [([<nome da unidade>:] <nome do arquivo>] [, <número do aluno>])]

Função: Envia o programa BASIC para (outros) computadores dos alunos. Esta instrução pode ser usada pelo professor e pelos alunos que foram autorizados pelo professor com CALL ENACOM. <nome da unidade> pode ser "A:" ou "B:" e <número do aluno> pode variar de 0 a 15. Se <nome do arquivo> for omitido, o programa BASIC que está na memória do micro remetente será enviado.

SENDFILE (comando, New Modem BASIC)

Formato: CALL SENDFILE(<variável string>), <variável numérica>

Função: Envia um arquivo usando um protocolo específico.

<variável string> contém o nome do arquivo a ser enviado (pode incluir o nome da unidade, se omitido, o arquivo será lido da unidade ativa atual).

<variável numérica> armazena o protocolo a ser usado:

1 - Xmodem
2 - Ymodem-1K
3 - Ymodem (permite apenas um arquivo por vez)

Ao retornar, <variável numérica> conterá o estado:

0 – Envio foi bem sucedido
1 – Sinal caiu (geralmente por conexão interrompida)
2 – Tempo limite atingido (o upload não foi iniciado)
3 – Operação abortada com CTRL+X
4 – Muitas pausas (tempos de espera)
5 – Não usado (sem efeito)
6 – Disco cheio
7 – Arquivo não encontrado
8 – Erro de gravação (disco protegido contra gravação ou não há disco)
9 – Arquivo vazio
10 – Excesso de tentativas

SEOFF (declaração, DM-System2 BASIC)
Formato: CALL SEOFF
Função: Interrompe a reprodução do efeito sonoro. Requer driver SE.

SEON (declaração, DM-System2 BASIC)
Formato: CALL SEON (<número>)
Função: Reproduz um efeito sonoro a partir de uma tabela. Requer driver SE.
<número> é o efeito sonoro a ser reproduzido. Pode variar de 0 a 255, sendo que 0 interrompe a reprodução.

SET PCM (comando, MSX-Audio)
Formato: CALL SET PCM (<número arq>, <número dispositivo>, <modo>, <parâmetro 1>, <parâmetro 2>, <freq amostragem>)
Função: Define parâmetros para os arquivos de áudio. Os parâmetros são definidos para os seguintes comandos:

CONVA	CONVP	COPY PCM
LOAD PCM	MK PCM	PLAY PCM
REC PCM	SAVE PCM	

<número arq> – Número do arquivo na memória de áudio. Pode variar de 0 a 15.

<número dispositivo> – Segue a tabela abaixo:

disp.	Nome disp.	Modo	Parâmetro 1	Parâmetro 2
0	RAM externa	0/1	–	Tamanho
5	VRAM	0/1	Endereço	Tamanho

O endereço e o tamanho são definidos em unidades de 256 bytes.

<modo> – 0 – ADPCM, 1 – PCM

<freq de amostragem> – pode variar de 1.800 a 49.716 Hz para o ADPCM e de 1.800 a 16.000 Hz para o PCM.

SETBIN (comando, DM-System2 BASIC)

Formato: CALL SETBIN (@<endereço>)

Função: Especifica o endereço inicial da tabela binária de acordo com o sistema binário.

<endereço> é o endereço inicial da tabela binária. O bit menos significativo é ignorado. É necessário o uso de "@" na frente de <endereço>, caso contrário, ocorrerá erro porque a tabela não pode ser colocada na Main RAM.

SETPLT (comando, DM-System2 BASIC)

Formato: CALL SETPLT (<endereço>)

Função: Define o endereço inicial da tabela de paletas de cores. A tabela tem 32 bytes e o endereço padrão é C0000H.

SETSE (comando, DM-System2 BASIC)

Formato: CALL SETSE (<endereço>)

Função: Define o endereço inicial da tabela de efeitos sonoros. (Requer driver SE).

<endereço> é o endereço inicial da tabela (0 a FFFFH), sendo que o valor na inicialização é C000H.

SIN (função, DM-System2 BASIC)

Formato: CALL SIN (<variável>,<ângulo>,<valor>)

Função: Retorna o seno de um ângulo. O resultado é obtido pela multiplicação do seno do ângulo por um valor numérico.

<variável> – Variável numérica que receberá o resultado.

<ângulo> – é o valor do ângulo em graus.

<valor> – Número de dois bytes (valor inteiro).

SJIS (declaração, Kanji-BASIC)

Formato: CALL SJIS (<variável string>, <caracteres Kanji>)

Função: Converte um caractere em código JIS para um valor de 4 dígitos hexadecimais.
<variável string> – Recebe os 4 dígitos hexadecimais em ASCII
<caracteres Kanji> – Cadeia de caracteres Kanji de 2 bytes onde apenas o primeiro será convertido.

SNDCMD (comando, Network-BASIC)

Formato: CALL SNDCMD (<instrução>, [<número de aluno>])

Função: Envia instruções BASIC para o computador do aluno e as executa. CHR$(13) é enviada ao final da instrução e é possível enviar várias separando-as com CHR$(13). Esta instrução está disponível apenas para o professor. <número de aluno> pode variar de 1 a 15. Versão curta: _SNDC.

SNDMAIL (comando, Network-BASIC)

Formato: CALL SNDMAIL (<número do aluno>)

Função: Envia dados da caixa de correio do professor para a caixa de correio de uma aluno. Esta instrução está disponível apenas para o professor. Caixas de correio são áreas especias de 256 bytes reservadas na NetRAM do professor e do aluno. <número do aluno> pode variar de 1 a 15. Vs curta: _SNDM.

SNDRUN (comando, Network-BASIC)

Formato: CALL SNDRUN ([[<nome da unidade>:] <nome do arquivo>] [, <número do aluno>])

Função: Envia o programa BASIC para o computador do aluno e o executa. Esta instrução está disponível apenas para o professor. Se um aluno já tiver um programa BASIC na memória, ele será apagado e o aluno receberá um novo. <nome da unidade> pode ser "A:" ou "B:" e <número do aluno> pode variar de 0 a 15. Se <nome do arquivo> for omitido, o programa BASIC que está na memória do micro remetente será enviado. Versão curta _SNDR.

SOUND (declaração, SFG-BASIC)

Formato: CALL SOUND (<nº instrumento>, <modo de controle> [,<pitch>] [,<ajuste fino>] [,<velocidade>] [,<volume>])

Função: Controla os instrumentos diretamente.
<nº instrumento> escolhe o instrumento dentre aqueles definidos pela instrução _INST.
<modo de controle> pode ser:
0 – Sem key on / key off-line
1 – Key on (a Nota é audível)
2 – Key off (a Nota está em volume zero)
<pitch> pode variar de 25 a 120.
<ajuste fino> do pitch. Pode variar de 0 a 100.
<volume> pode variar de 0 a 100, sendo 100 o volume máximo (padrão).

SPEAKEROFF (comando, New Modem BASIC)
Formato: CALL SPEAKEROFF
Função: Desliga o alto-falante.

SPEAKERON (comando, New Modem BASIC)
Formato: CALL SPEAKERON
Função: Liga o alto-falante.

SPOLOFF (comando, Printer-BASIC)
Formato: CALL SPOLOFF
Função: Desativa o spooler de impressão mas não esvazia o buffer de 32 Kbytes. Para limpar o buffer temporário, é necessário o uso de LPRINT ou LLIST.

SPOLON (comando, Printer-BASIC)
Formato: CALL SPOLON
Função: Ativa o spooler de impressão, reservando um buffer de 32 Kbytes para o mesmo.

STANBY (declaração, SFG-BASIC)
Formato: CALL STANDBY
Função: Interrompe a reprodução temporariamente. Versão curta: _STAN.

START (comando, Mega Assembler, SFG-BASIC)
Formato: CALL START [Mega Assembler]
Função: Chama o Mega Assembler inicializando as variáveis do mesmo. Para chamar o MA sem inicializar, use _ASM.

Formato: CALL START [SFG-BASIC]
Função: Retoma a reprodução interrompida por _STANDBY.
Versão curta: _STAR.

STATUS (declaração, DM-System2 BASIC)
Formato: CALL STATUS
Função: Exibe a lista dos drivers instalados para o DM-System2.

STDBY (comando, Hitachi-BASIC versão 2)
Formato: CALL STDBY
Função: Coloca o leitor de dados interno do micro Hitachi MB-H2 no modo de espera/suspensão para economizar bateria.

STOP (comando, Hitachi-BASIC, Network-BASIC, SFG-BASIC)
Formato: CALL STOP [Hitachi-BASIC 2]
Função: Interrompe o movimento da fita no leitor de dados interno do micro Hitachi MB-H2.
Formato: CALL STOP (<número do aluno>) [Network-BASIC]
Função: Interrompe o programa BASIC em execução no micro do aluno. Esta instrução está disponível apenas para o professor. <número do aluno> pode variar de 1 a 15. Se for omitido ou igual a zero, a execução será interrompida em todos os micros dos alunos.
Formato: CALL STOP (<instrumento>) [SFG-BASIC]
Função: Suspende a reprodução de um instrumento específico e, opcionalmente, a digitalização do teclado musical (quando atribuído a um instrumento em vez de uma faixa pela instrução CALL PLAY). <instrumento> deve ser um número entre 1 e 4.

STOPM (declaração, MSX-Audio, MSX-Music)
Formato: CALL STOPM
Função: Interrompe a música tocada pelo MSX-Audio ou MSX-Music.

SYMBOL (declaração, Pioneer-BASIC)
Formato: CALL SYMBOL (X, Y), CHR$(<código do caractere>), [<hor>], [<vert>], [<cor>], [<rotação>]
Função: Apresenta um caractere em Screen 2 nas coordenadas (X, Y). Os parâmetros opcionais são os seguintes:

<código do caractere> – Código ASCII do caractere
<hor> – Multiplicador de tamanho horizontal. Pode estar entre 1 e 32. Se omitido, o valor usado será 1.
<vert> – Multiplicador de tamanho vertical. Pode estar entre 1 e 24. Se omitido, o valor usado será 1.
<cor> – Código de cor de 0 a 15. Se omitido, será usada a cor definida pelo comando COLOR.
<rotação> define a rotação do caractere:
0 – Sem rotação.
1 – Rotação de 90 graus à direita.
2 – Rotação de 180 graus à direira.
3 – Rotação de 270 graus à direita.

SYNCOUT (comando, SFG-BASIC)
Formato: CALL SYNCOUT
Função: Envia um sinal de sincronização para o gravador de fita cassete. Versão curta: _SYNC.

SYSOFF (comando, DM-System2 BASIC)
Formato: CALL SYSOFF
Função: Desinstala o DM-System2 BASIC e volta para o MSX-BASIC padrão.

SYSON (comando, DM-System2 BASIC)
Formato: CALL SYSON
Função: Inicializa o DM-System2 BASIC.

SYSTEM (comando, Disk-BASIC, DM-System2 BASIC)
Formato: CALL SYSTEM [Disk-BASIC]
Função: Chama o MSXDOS.
Formato: CALL SYSTEM [("[<dispositivo>:][\<caminho>][[\]<nome de arquivo>]")] [Disk-BASIC 2]
Função: Chama o MSXDOS2, opcionalmente executando o arquivo especificado ou entrando no subdiretório.
Formato: CALL SYSTEM [DM-System2 BASIC]
Função: Desinstala o DM-System2 e volta ao MSX-BASIC padrão. Se precedido por CALL SYSOFF, desinstala o DM-System2 e chama o MSXDOS.

TABOFF (comando, Hitachi-BASIC versão 3)
Formato: CALL TABOFF
Função: Desativa o aplicativo Drawing Tablet no micro Hitachi MB-H3.

TABON (comando, Hitachi-BASIC versão 3)
Formato: CALL TABON
Função: Inicia o aplicativo Drawing Tablet no micro Hitachi MB-H3.

TALK (declaração, Network BASIC)
Formato: CALL TALK (<mensagem>, [<número micro>])
Função: Envia uma mensagem de até 56 caracteres para o professor ou outro aluno. Esta instrução está disponível apenas para os alunos. <número micro> pode variar de 1 a 15 e pode ser obtido através de CALL WHO. Se for 0, a mensagem será enviada para o professor. Se, após enviar a mensagem, <número micro> contiver 255, houve falha, se contiver 0, a mensagem foi enviada com sucesso.

TDIAL (comando, New Modem BASIC, SVI Modem BASIC)
Formato: CALL TDIAL (<variável string>), <variável numérica> [New Modem BASIC]
Função: Chama um número de telefone específico via discagem por tom. Esta instrução pode ser usada apenas em um programa Terminal. <variável de string> armazena o número de telefone a ser chamado, onde são permitidos apenas os caracteres “0 123456789-AaBbCcDd *#” (o caractere “-” corresponde a uma espera de 1 segundo). <variável numérica> retorna o estado: se for 0, o valor de entrada está correto; se for “1” não está.
Formato: CALL TDIAL(“<número telefone>”) [SVI Modem BASIC]
Função: Chama um número de telefone específico via discagem por tom. <número telefone> deve estar entre aspas e são permitidos apenas os caracteres “0 123456789AaBbCcDd ”.

TEMPER (declaração, MSX-Music e MSX-Audio)
Formato: CALL TEMPER (<n>)
Função: Define o modo bateria para o OPLL. <n> pode variar de 0 a 21, cujo significado é o seguinte:

0 – Pythograph.
1 – Mintone.
2 – Welkmeyster.
3 – Welkmeyster (ajustado).
4 – Welkmeyster (separado).
5 – Kilanbuger.
6 – Kilanbuger (ajustado).
7 – Velotte Young.
8 – Lamour .
9 – Ritmo perfeito (padrão).
10 – Ritmo puro C+ (A-).
11 – Ritmo puro Cis+ (B-).
12 – Ritmo puro D+ (H-).
13 – Ritmo puro Es+ (C-).
14 – Ritmo puro E+ (Cis-).
15 – Ritmo puro F+ (D-).
16 – Ritmo puro Fis+ (Es-).
17 – Ritmo puro G+ (E-).
18 – Ritmo puro Gis+ (F-).
19 – Ritmo puro A+ (Fis-).
20 – Ritmo puro B- (G-).
21 – Ritmo puro H- (Gis-).

TEMPO (declaração, SFG-BASIC)
Formato: CALL TEMPO (<valor de tempo>)
Função: Define o "tempo" em unidades de quartos de Nota que serão reproduzidas em um minuto. Pode variar de 0 a 200, sendo que 0 interrompe a reprodução. Versão curta: _TEMP.

TERMINAL (comando, New Modem BASIC)
Formato: CALL TERMINAL (<variável numérica>)
Função: Permite comunicar com um BBS. Quase todas as teclas pressionadas são enviadas pela linha telefônica e o que vem da linha telefônica é exibido na tela. Esta instrução pode ser usada apenas em um programa Terminal.
<variável numérica> armazena o estado:
1 – O sinal caiu (geralmente a conexão está interrompida).
5 – Foi recebido o caractere de login automático (do BBS).
11 – Foi pressionada a tecla HOME para voltar ao BASIC. Pode ser usada para voltar ao menu Terminal.
220 – Foram pressionadas GRAPH+I para voltar ao BASIC. Podem ser usadas para enviar manualmente o nome e a senha para um BBS sem login automático.

TIMER (comando, SFG-BASIC)
Formato: CALL TIMER (<período> [,<nº de marca>])
Função: Inicia e define o período do timer.
<período> é definido em unidades de 1/100 segundos e pode variar e 1 a 24.000.
<nº de marca> pode ser qualquer número entre 1 e 254. Se omitido, será usado o número 11.

TRACE OFF (comando, MSX Aid BASIC)
Formato: CALL TRACE OFF
Função: Interrompe o rastreamento de execução do programa.

TRACE ON (comando, MSX Aid BASIC)
Formato: CALL TRACE ON
Função: Inicia o rastreamento da execução do programa da mesma forma que a instrução TRON mas, sempre que a execução saltar para outra linha, envia o número da linha executada para a impressora.

TRACK (declaração, SFG-BASIC)
Formato: CALL TRACK (<nº de trilhas>)
Função: Define o número de trilhas usadas por _PHRASE ou _PLAY. <nº de trilhas> por variar de 1 a 8; se omitido será usado o valor 1. Versão curta: _TRAC.

TRANSPOSE (declaração, MSX-Music e MSX-Audio, SFG-BASIC)
Formato: CALL TRANSPOSE (<n>) [MSX Music/Audio]
Função: Muda de clave. <n> pode variar de -12 799 a +12 799, sendo que 100 unidades correspondem a meio tom. O valor padrão é 0.
Formato: CALL TRANSPOSE (<n>) [SFG-BASIC]
Função: Muda de clave. <n> pode variar de -12 a +12 em incrementos de meio tom. O valor padrão é 0.

TSTOP (comando, SFG-BASIC)
Formato: CALL TSTOP
Função: Interrompe o timer. Versão curta: _TSTO. A instrução _INIT também interrompe o timer.

TUNE (comando, SFG-BASIC)
Formato: CALL TUNE (<valor numérico>)
Função: Sintoniza o sistema FM Tone Generation com os outros instrumentos. <valor numérico> pode variar de -100 a +100, valor este que corresponde a um semitom.

UPPER (função, DM-System2 BASIC)
Formato: CALL UPPER (<variável>, <string alfanumérica>)
Função: Converte os caracteres alfabéticos da <string alfanumérica> para maiúsculas e retorna em <variável>.

USBCD (comando, RookieDrive-BASIC)
Formato: CALL USBCD ("<diretório>")
Função: Troca o diretório ativo no dispositivo USB.

USBERROR (declaração, RookieDrive-BASIC)
Formato: CALL USBERROR
Função: Exibe o código de erro armazenado sempre que uma transação USB falha por qualquer motivo. Apenas o erro da última transação USB executada fica armazenado.

USBFILES (comando, RookieDrive-BASIC)
Formato: CALL USBFILES
Função: Exibe a lista de imagens de disco que estão no diretório raiz da unidade virtual USB. A execução desta instrução coloca o disco no estado "off-line". Para voltar ao estado "on-line", use CALL INSERTDISK ou CALL REBOOT.

USBRESET (comando, RookieDrive-BASIC)
Formato: CALL USBRESET
Função: Repete o procedimento de inicialização que é realizado no momento em que uma unidade de disquete USB padrão é conectada a uma interface do Rookie Drive.

USERHYTHM (declaração, SFG-BASIC)
Formato: CALL USERHYTHM
Função: Habilita os instrumentos de ritmo (bateria) para uso. Estes instrumentos usam duas vozes FM; por isso o número de vozes disponíveis cai de 8 para 6 com o ritmo habilitado. Versão curta: _USER.

USR (comando, Nextor)
Formato: CALL USR (<endereço de execução>, [<registradores])
Função: Chama uma rotina em Assembler, opcionalmente carregando os registradores com valores específicos antes.
<endereço de execução> é o endereço inicial da rotina. Se for especificado "–1", a rotina apenas retornará sem erro (útil para detectar o Nextor no BASIC).
<registradores> é um apontador para um buffer de 12 bytes onde os valores dos registradores são especificados na sequência "F, A, C, B, E, D, L, H, IXl, IXh, IYl, Iyh".

VARLIST (comando, MSX Aid BASIC)

Formato: CALL VARLIST [(["<variável>"] [, P])]

Função: Exibe uma lista com todas as variáveis já usadas pelo programa MSX-BASIC que está na memória. Se <variável> for especificada (1 ou 2 caracteres) serão listados os números de linha com a variável em questão. Se o segundo caractere for um asterisco (*), serão consideradas todas as variáveis que começam com o primeiro caractere. Com o parâmetro P, os dados serão enviados para a impressora. Sem nenhum parâmetro, a lista completa será exibida na tela.

VCOPY (declaração, DM-System2 BASIC)

Formato: CALL VCOPY (<X0>,<Y0>)-(<X1>,<Y1>)[,<PgF>] TO
(<X2>,<Y2>-<X3>,<Y3>)[,<PgD>] [,<R>]
[ON (<X4>,<Y4>)] [,<operador lógico>]

Função: Copia uma área retangular da VRAM para outra com zoom in/out e rotação.
<X0> – Coordenada X do primeiro ponto da área fonte.
<Y0> – Coordenada Y do primeiro ponto da área fonte.
<X1> – Coordenada X do segundo ponto da área fonte.
<Y1> – Coordenada Y do segundo ponto da área fonte.
<PgF> – página fonte da VRAM
<X2> – Coordenada X do primeiro canto da área destino.
<Y2> – Coordenada Y do primeiro canto da área destino.
<X3> – Coordenada X do canto oposto da área destino.
<Y3> – Coordenada Y do canto oposto da área destino.
<PgD> – página destino da VRAM
<R> – Rotação em graus no sentido horário
<X4> – Coordenada X do eixo de rotação (X2 é padrão)
<Y4> – Coordenada Y do eixo de rotação (Y2 é padrão)
Obs.: <X> pode variar de 0 a 511 e <Y> de 0 a 1023.
<LO> é o operador lógico e pode ser [T]PSET, [T]PRESET, [T]XOR, [T]OR ou [T]AND. O padrão é PSET.

VDPWAIT (comando, DM-System2 BASIC)

Formato: CALL VDPWAIT

Função: Espera até o VDP terminar de executar o comando.

VER (declaração, Hangul-BASIC 4)

Formato: CALL VER

Função: Apresenta a versão do Hangul-BASIC.

VERIFY (comando, Disk-BASIC)
Formato: CALL VERIFY [ON | OFF]
Função: Ativa ou desativa a verificação de escrita no disco.

VIDEO (função, Pioneer-BASIC)
Formato: CALL VIDEO (<variável>)
Função: Retorna em <variável> o tipo de seleção de vídeo atualmente ativo. O valor retornado pode ser:
0 – Tela do computador (sincronização interna)
1 – Superimpose
2 – Vídeo externo

VLIST (declaração, SFG-BASIC)
Formato: CALL VLIST
Função: Apresenta a tabela de instrumentos na tela.

VMOFF (comando, DM-System2 BASIC)
Formato: CALL VMOFF [(<nº do segmento>)]
Função: Aborta a operação de macro.

VMON (comando, DM-System2 BASIC)
Formato: CALL VMON (<endereço inicial>,[<valor inicial>])
Função: Operação de macro do processamento do VDP.
<endereço inicial> especifica o início do código macro.
<valor inicial>, se especificado, faz com que a operação de macro só seja iniciada após seu armazenamento na variável de macro do VDP.

VMWAIT (comando, DM-System2 BASIC)
Formato: CALL VMWAIT
Função: Coloca o sistema em espera até a operação de macro do VDP ser concluída. CTRL+STOP podem ser usadas para sair deste comando.

VOICE (declaração, MSX-Music e MSX-Audio)
Formato: CALL VOICE ([@<n1>],[@<n2>], ... [@<n9>])
Função: Especifica os instrumentos que serão usados em cada voz.
<nx> pode variar de 0 a 63. O valor padrão é 0.

VOICE COPY (declaração, MSX-Music e MSX-Audio)

Formato: CALL VOICE COPY (@<n1>,−<n2>)

Função: Copia dados referentes aos instrumentos de/para uma variável matriz tipo DIM A%(16). <n1> é a fonte e <n2> o destino. <n1> pode variar de 0 a 63 e <n2> só pode ser 63, ou <n1> e <n2> podem ser uma variável matriz.

WAIT (comando, DM-System2 BASIC, SFG-BASIC)

Formato: CALL WAIT (<tempo>) [DM-System2 BASIC]

Função: Espera um tempo definido. Pode ser abortado por CTRL+STOP. <tempo> é definido em unidades de 1/60 segundos e pode variar de 0 a 32 767.

Formato: CALL WAIT (<nº evento>) [SFG-BASIC]

Função: Suspende a interrupção quando a melodia está sendo reproduzida. <nº evento> pode ser:

1 ~ 4 – Suspende durante a reprodução do instrumento respectivo.

5 – Suspende durante a reprodução do ritmo.

6 – Suspende até o tempo do timer zerar.

WHO (declaração, Network BASIC)

Formato: CALL WHO (<número micro>)

Função: Retorna o número do micro na rede MSX. <número micro> pode variar de 0 a 15, onde 0 é o micro do professor.

XREF (declaração, MSX Aid BASIC)

Formato: CALL XREF [([<número da linha>] [, P])]

Função: Exibe uma lista com todas as linhas vinculadas de um programa MSX-BASIC que está na memória (Instruções GOSUB, GOTO, RESUME, RESTORE, RETURN). <número da linha> é usado para limitar a lista para um número de linha especificado. Com o parâmetro P, os dados serão enviados para a impressora. Sem nenhum parâmetro, a lista completa será exibida na tela.

XY (comando, DM-System2 BASIC)

Formato: CALL XY (<coordenada X>,<coordenada Y>)

Função: Altera as coordenadas do acumulador gráfico.

YMMM (declaração, DM-System2 BASIC)

Formato: CALL YMMM (<X0>,<Y0>)-[STEP](<X1>,<Y1>) TO (<X2>,<Y2>)

Função: Executa o comando YMMM (cópia rápida em bytes na direção Y) do VDP. Disponível para as Screens 5 a 12.
<X0> – Coordenada X do primeiro ponto da área fonte.
<Y0> – Coordenada Y do primeiro ponto da área fonte.
<X1> – Coordenada X do segundo ponto da área fonte.
<Y1> – Coordenada Y do segundo ponto da área fonte.
<X2> – Coordenada X esquerda da área destino.
<Y2> – Coordenada Y superior da área destino.
STEP, se especificado, indica coordenadas relativas.
Obs.: <X> pode variar de 0 a 511 e <Y> de 0 a 1023.

3.4 – CÓDIGOS DE ERRO DO MSX-BASIC

Nº	Original Inglês	Português
01	NEXT without FOR	NEXT sem FOR
02	Syntax error	Erro de sintaxe
03	RETURN without GOSUB	RETURN sem GOSUG
04	Out of DATA	Sem 'DATA'
05	Illegal function call	Chamada ilegal de função
06	Overflow	Overflow
07	Out of memory	Falta memória
08	Undefined line number	Número de linha não definido
09	Subscript out of range	Índice fora do limite
10	Redimensioned array	Array redimensionado
11	Division by zero	Divisão por zero
12	Illegal direct	Direto ilegal
13	Type mismatch	Tipo desigual
14	Out of string space	Falta área para string
15	String too long	String muito longa
16	String formula too complex	String muito complexa
17	Can't CONTINUE	Não pode continuar
18	Undefined user function	Função de usuário não definida
19	Device I/O error	Erro de dispositivo I/O
20	Verify error	Verificar erro
21	No RESUME	Sem RESUME

22 RESUME without error	RESUME sem erro
23 Unprintable error	Erro indefinido
24 Missing operand	Falta operando
25 Line buffer overflow	Linha muito longa
26~49 Unprintable error	Erro indefinido
50 FIELD overflow	Campo maior
51 Internal error	Erro interno
52 Bad file number	Número de arquivo ruim
53 File not found	Arquivo não encontrado
54 File already open	Arquivo já aberto
55 Input past end	Fim de arquivo
56 Bad file name	Nome de arquivo ruim
57 Direct statement in file	Comando direto no arquivo
58 Sequential I/O only	Acesso sequencial somente
59 File not OPEN	Arquivo não aberto
60 Bad FAT	Erro na FAT
61 Bad file mode	Modo de arquivo errado
62 Bad drive name	Nome de drive errado
63 Bad sector	Setor com erro
64 File still open	Arquivo já aberto
65 File already exists	Arquivo já existe
66 Disk full	Disco cheio
67 Too many files	Diretório cheio
68 Disk write protected	Disco protegido contra escrita
69 Disk I/O error	Erro de I/O de disco
70 Disk offline	Sem disco
71 RENAME across disk	RENAME em discos diferentes
72 File write protected	Arq. protegido contra escrita
73 Directory already exists	Diretório já existe
74 Directory not found	Diretório não encontrado
75 RAM disk already exists	RAMDISK já existe
76 Invalid device driver *	Driver inválido
77 Invalid device or LUN *	Dispositivo ou LUN inválido
78 Invalid partition number *	Número de partição inválido
79 Partition already in use *	Partição já em uso
80~255 Unprintable error	Erro indefinido

Obs. Os códigos marcados com "*" (76 a 79) são exclusivos do Nextor.

4 - MSXDOS

NOME DO COMANDO (tipo do comando, versão do COMMAND)
Formato: Formatos válidos para o comando
Função: Forma de operação do comando

Comandos internos são comandos executados diretamente pelo COMMAND.COM, e os externos são carregados do disco.

A versão do COMMAND assinala a versão para a qual o comando está implementado. Valores separados por "–" indicam que há diferenças de sintaxe ou comportamento para versões diferentes. A seguir há uma curta descrição das versões.

1 - MSXDOS versão 1.0.
2 - MSXDOS versão 2.0 (Command até versão 2.3).
2.41 - MSXDOS versão 2.0 (Command versão 2.41).
N - NEXTOR.
K - Necessário Kanji-ROM.

4.1 – NOTAÇÕES DE FORMATO

<nome do arquivo> – Nome de arquivo na forma: A:\dir1\dir2\arquivo.ext
<nome arquivo composto> – Vários nomes de arquivos no formato acima
<caminho> – Caminho na forma: A:\dir1\dir2\
[ ] delimita parâmetro opcional.
| significa que apenas um dos itens pode ser utilizado (OR).
{ } delimita opção.

Caracteres entre parênteses após algumas opções de alguns comandos indicam a versão do COMMAND para a qual aquela opção está disponível.

Um <dispositivo> pode ser:

CON	Console (Teclado)	NUL	Nulo
CRT	Vídeo	AUX	Auxiliar
PRN	Impressora	COM	Porta serial

Ou qualquer outro que esteja instalado.

4.1.1 – Descrição das extensões de nomes de arquivos

ACC Arquivos de dados de acompanhamento do Music Creator.

APT Arquivo de dados de padrões do Studio FM.

ARC Arquivo(s) compactado(s) no formato ARC pela System Enhancement Associates (SEA). As ferramentas para extrair são UNARC.COM (v1.6) e UNP.COM (v1.0 por Pierre Gielen).

ARC Arquivo(s) compactado(s) no formato ARC russo, incompatível com o formato ARC da SEA. As ferramentas para extrair são XARC.COM (v1.01) e ARCDE.COM (v1.03).

ARJ Arquivo(s) compactado(s) no formato ARJ. As ferramentas para extrair são UNARC.COM (v1.10) e UNP.COM (v1.0 por Pierre Gielen).

ASC Texto plano (formato ASCII) que pode conter um programa ou dados BASIC.

ASM Arquivos com texto Assembler.

ASN Arquivos de atribuição para MIDI Blaster

BAS Arquivo de texto BASIC tokenizado. Podem ser executados a partir do MSX-DOS com o comando BASIC nome.bas.

BAT Arquivos em lote (texto simples) interpretados pelo MSX-DOS.

BGM Arquivo de música binário MuSICA. MuSICA é um software desenvolvido pela ASCII para criar músicas em 17 vozes com PSG, FM e SCC da Konami.

BGM Arquivo de música MSX-FAN. Não deve ser confundido com arquivos MuSICA. Músicas neste formato estavam contidas em todas as suas revistas em disco. Mais tarde um reprodutor específico foi lançado que até suportava a reprodução em MIDI.

BGM Arquivo carregável MSX-MUSIC criado pelo utilitário BIT2BGM.COM de Uwe Schröder que converte arquivos musicais Synth Saurus.

BIN Arquivo binário criado com a instrução BASIC BSAVE. Carrega com BLOAD. O cabeçalho tem um comprimento de 7 bytes (FEh + endereço inicial + endereço final + endereço de execução). Pode conter código de máquina e/ou dados.

BMP Arquivo de imagem em formato bit map. Pode ser visualizado em Screen 7 ou 8 com BMP.COM (v1.01 da SEIGA).

BOK Arquivo de imagens do MSXView.

BTM Arquivos Batch suportados por MSX-DOS 2 v.2.40 ou posterior.

CAS Imagem de programas ou dados de fita cassete. O SofaCas (PC) permite converter software em fita para arquivo CAS e também reproduzi-lo usando uma saída de som de PC ligado na entrada de cassete MSX. No MSX turbo R, podemos usar TRCAS (de Martos) para rodar CAS tocado por SofaCas.

CMP Imagem de Screen 5 compactada, incluindo paleta, criada com DD-Graph (Graphic Dot Designer).

CMP Imagem compactada, incluindo paleta, criada com GIOS (Graphical Input/Outuput System).

COM Comando contendo um executável binário no MSX-DOS. Também pode ser um arquivo executável compactado com POPCOM.COM (v1.0 por Perpermint-Star).

CPM Arquivo .COM renomeado para .CPM, para ser usado em alguns emuladores de CPM. Basta renomeá-los como .COM para poder executá-los.

DRM Arquivo para o editor de bateria do tracker First Rate Music Hall.

DAT Arquivo de configuração do Sintetizador para MIDI Blaster ou arquivo de dados para outros softwares.

DSK A imagem de disco para emuladores. É necessário uma ferramenta específica para executar ou gravar no disco normal. Pode ser executado no MSX real com SofaRunit ou usando o comando EMUFILE do Nextor.

DUA Arquivo de dados duplo Music-BOX (melodia + samples)

EDI Arquivo para o editor musical do tracker First Rate Music Hall.

EMx Imagem de disco para o emulador de disquete (HDDEMU.COM) para MSX Turbo R de Tsuyoshi. A estrutura interna é a mesma dos arquivos DSK. Os discos protegidos têm informações adicionais armazenadas em arquivos com extensão HED.

EVA Arquivo de vídeo em formato EVA.

EVG Arquivo de dados de evento do cartucho Yamaha SFG-05.

FM Arquivo MSX-MUSIC BASIC.

FMP Arquivo MSX-MUSIC BASIC.

FMS Arquivo de som Synth Saurus.

FNT Arquivo de fonte para o utilitário Scroll Power.

FON Fonte do MSXView.

G9B Bibliotecca de formatos gráficos para GFX-9000.

GE5 Sinônimo para .SC5. Veja a descrição do arquivo .SCx.

GEN Texto simples que contém o código-fonte do assembly Z80, usado com o compilador GEN80.

GIF Graphics Interchange Format. Pode ser visualizado com GIFI.COM (por Kakami Hiroyuki) e convertidos para o formato MSX com ENGIF.COM (v1.2 por Pierre Gielen). Ver também SHOWEM.COM (por Steven van Loef) e GIFDUMP.COM (por Francesco Duranti).

GLx Arquivo de imagem do Graph Saurus no mesmo formato usado pela instrução BASIC COPY.

GRA Arquivo de imagem em formato QLD. Pode ser visualizado pelo aplicativo BLS.COM (v2.00 da SEIGA).

GRP Sinônimo para .SC2. Ver a descrição do arquivo .Scx. Também pode ser uma imagem compactada para Graph Saurus.

GZ Arquivo compactado no formato GZIP. A ferramenta para extrair é o GUNZIP.COM.

HLP Arquivo de ajuda MSX-DOS 2 (texto simples).

INS Arquivo para o editor de instrumentos do tracker First Rate Music Hall.

IPS Patch para arquivo.

ISH Arquivo compactado.

JPG Arquivo de imagem compactado no formato JPEG. Alguns visualizadores podem mostrar imagens até 1024x1024: JPD.COM (v0.23 da APi), JLD.COM (v1.11 da SEIGA) ou BLS.COM (v2.00 da SEIGA). O arquivo JPEG pode ser produzido em MSX a partir de imagens SCREEN 12 com JSV.COM (v0.1 por SEIGA).

KSS Arquivo de música MSX que contém também o código do reprodutor. Use KSSPLAY.COM (por NYYRIKKI) para reproduzir.

LDR Arquivo em BASIC tokenizado, geralmente usado para carregar e executar um programa que consiste em vários arquivos BASIC.

LHA Arquivo(s) compactado(s) no formato LHA. As ferramentas para criar um arquivo LHA são LHPACK.COM (v1.03 por H.Saito) ou LHA.COM (v1.05a por Kyouju). Para extrair, use PMM.COM (v1.20 por Iita), LHARC.COM e LHEXT.COM (v1.33 por Kyouju).

LPF Arquivo Loop para o utilitário Scroll Power.

LZH Sinônimo de LHA.

MAG Arquivo de imagem Maki-chan V2 usado no PC-9801 e Sharp X68000. Visualizável com BLS.COM (v2.00 por SEIGA).

MAX Sinônimo para MAG. MSX-DOS

MBK Arquivo Samplekit para o tracker de música MoonBlaster.

MBM Arquivo de música para o tracker de música MoonBlaster.

MBS Arquivo de amostra para o tracker de música MoonBlaster.

MBV Arquivo de voz para o tracker de música MoonBlaster.

MBW Arquivo Wave para o tracker de música MoonBlaster.

MCM Arquivo de música Micro Cabin. Reproduzido por MCDRV.EXE.

MDT Arquivo de dados de música do MSX Music-System

MDX Arquivo de música em um formato do Sharp X68 000. Pode ser reproduzido por MPX2.COM (quando o driver instalado com MXDRV.COM). Os arquivos PDX opcionais são amostras PCM. Requer o cartucho YAMAHA SFG-01/05 ou o cartucho MFP PCM.

MEG Texto simples com o código-fonte em Assembly Z80 do Mega Assembler. Também usada para imagens Mega-Rom.

MEL Arquivo de dados de melodia Music-BOX.

MFM Música FM para MoonBlaster.

MGS Arquivo de música em formato desenvolvido pela AIN. Reproduzido por MGSEL.COM (quando o driver instalado com MGSDRV.COM).

MID Arquivo padrão MIDI (pode ser reproduzido usando a interface MIDI ou o software MoonSound).

MIF Arquivo de imagem compactado (MSX Image File). Pode ser visualizado por MIFVIEW.COM.

MIO Arquivo de música MIODRV. Reproduzido por MIODRV Player.

MKI Arquivo de imagem Maki-chan V1 usado no Sharp X68 000. Visualizável com BLS.COM (v2.00 por SEIGA).

MOD Arquivo Amiga MOD (pode ser tocado no MSX turbo R ou MoonSound).

MP3 Arquivo MPEG Audio Layer III. MP3s podem ser reproduzidos com o reprodutor Sunrise MP3, MPX Cartridge r1.1 da Junsoft ou SE-ONE da TMT Logic.

MPK Música Music Player K-kaz. Requer WAMPK Player.

MSx Arquivo de pontuação do Synth Saurus.

MSD Arquivo de música de origem MuSICA (MML). Também pode ser usado o compilador alternativo KINROU4 (por Masarun).

MUE Arquivo de música do HAL Music Editor.

MUS Arquivo de música FAC Soundtracker.

MUS Arquivo MML de origem MGSDRV. Precisa ser compilado em um arquivo MGS com MGSC.COM. OTOH, MGSCR.COM pode descompilar arquivos MGS de volta para a fonte MUS.

MUS Arquivo de música Studio FM (não recomendado)

MWK Sample kit para MoonSound Wave.

MWM Música para MoonBlaster (MoonSound Wave).

OPX Driver de música para o OPLL.

PAC Dump da SRAM (salvar jogos) do cartucho PAC ou FM-PAC.

PAT Arquivo de padrões do Studio FM.

PCM Arquivo samples de sons para MSX-Turbo R.

PCK Arquivo empacotado para o tracker First Rate Music Hall. Inclui 4 sons com todos os instrumentos e dados de bateria.

PCT Arquivos de página do Dynamic Publisher.

PDX Arquivo de amostra PCM opcional usado com um arquivo MDX. Reproduzido com PDXLOAD.COM da AIN.

PIC Imagem gerada pelo Phillips Video Graphics. Sinônimo de .SC8. Também é o formato de imagem específico do X68 000, sendo visualizável com BLS.COM (v2.00 por SEIGA).

PLx Arquivo de paleta de cores Graph Saurus em formato Raw (contém 8 conjuntos de paletas com dois bytes por cor 'RG' e '0B'). É um complemento para o respectivo arquivo .SRx.

PMA Arquivo(s) compactado(s) no formato PMARC. As ferramentas para criar o arquivo são PMARC.COM, PMARC2.COM (v2.0 por Sybex) e UNP.COM (v1.0 por Pierre Gielen). Extrair com PMM.COM (v1.20 por lita), PMEXE.COM (v2.0) e PMEXT.COM. O PMEXT foi portado para Windows (v1.21 por Yoshihiko Mino).

PRO Arquivo de música para o Pro-Tracker (por Tyfoon Soft).

PSG Arquivo de sample para o PSG Sampler.

RDT Arquivo de dados de ritmo do MSX Music-System.

RLT Arquivos de dados em tempo real do Music Creator.

ROM Imagem bruta de ROM.

RTM Arquivo de ritmo do Synth Saurus.

S1x Contém as linhas ímpares de uma imagem entrelaçada. Para obter mais informações, consulte o arquivo SCx.

S3M Ver arquivo MOD.

SAM Arquivo de dados de amostra Music-BOX (usado como arquivo drumkit no Music Creator)

SBM Dados de música para chips de som SCC e PSG.

SBS Dados de instrumentos para chips de som SCC e PSG.

SCx Arquivo de imagem binário Screen-x. Pode ter um arquivo .S1x complementar que conterá as linhas extras entrelaçadas para dobrar a resolução vertical. Usado por editores de imagem ou instrução BLOAD com o parâmetro ,S. Imagens SC2 podem ser visualizadas sob MSX-DOS com SC2VIEW.COM (por GDX), e arquivos SC5 para SCC com BLS.COM (por SEIGA).

SCR Imagem Screen-2 criada com Graphos III. Aarquivo executável com carregador que produz um efeito. Pode ser executado no MSX-BASIC com BLOAD ,R.

SDT Arquivo de dados de som MSX Music-System (= dados de voz)

SDT Arquivo de música SCMD para MSX feito um compilador MML para Windows. Pode ser reproduzido com SC.COM.

SEE Efeitos sonoros usados pelo "Sound Effect Editor" (Shareware por Fuzzy Logic).

SEQ Arquivos de dados de sequência do Music Creator.

SFM Arquivo de música Studio FM.

SMx Arquivo de samples do FAC Soundtracker.

SMP Arquivo de samples para Covox / SIMPL ou MSX Turbo R.

SNG Arquivo de música para o editor SCC-Musixx da Tyfoon Soft.

SPT Arquivos de dados de tempo do Music Creator.

SPT Arquivo de texto para o utilitário Scroll Power.

SRx Arquivo de imagem Graph Saurus. Requer o respectivo arquivo .PLx. Pode ser opcionalmente compactado em tempo de execução. Arquivos descompactados podem ser carregados no MSX-BASIC com um BLOAD "FILE.SRx", S, mas a paleta externa deverá ser carregada com OPEN#n.

STP Arquivos de carimbo do Dynamic Publisher. Contém uma imagem que pode ser carregada em uma página.

TLx Arquivo de blocos do Graph Saurus.

TSR Programas "Terminate and Stay Resident" para serem usados com MemMan 2.0 e superior.

TXT Arquivo de texto simples geralmente codificado em ASCII, Ank ou JIS.

VCD Arquivo de voz para o MSX Voice Recorder (HAL Laboratory).

VCD Arquivo de voz do MuSICA.

VGM Arquivo de música que suporta muitos chips de som. É reproduzido por VGMPLAY.COM (por Laurens Holst).

VOC Arquivos de dados de voz do Music Creator.

VOC Arquivo de dados de voz Studio FM.

VOG Arquivo de dados de voz Yamaha SFG-05.

WAV Arquivo de sample de som. Pode ser reproduzido com o cartucho MPX r1.1 da Junsoft.

WB Arquivo de projeto Assembler. Usado pelo assembler "The WBASS2 Z80 Assembler".

XM Ver arquivo MOD.

XPC Arquivo de patch ROM para EXECROM.COM (A&L Software).

ZIP Arquivo(s) compactado(s) em formato ZIP por compactadores de PC. A melhor ferramenta para extrair é SUZ.COM (v1.3 por Loutrax).

4.2 - DESCRIÇÃO DOS COMANDOS

ALIAS (interno, 2.41)

Formato: ALIAS [/P] [nome] [=] [valor] | /R | {/L | /S} <nome arquivo>

Função: Apresenta ou define comando alias.

[/P] pausa a listagem ao completar uma tela.
[/R] remove todos os alias definidos.
[/L] carrega um alias definido em <nome do arquivo>.
[/S] salva o alias corrente no arquivo <nome do arquivo>.
[nome] é o nome do novo comando.
[valor] é o comando ou string que será atribuída a [nome].
<nome do arquivo> é o arquivo em disco onde serão gravados ou de onde serão recuperados os alias definidos.

ASSIGN (interno ,2)

Formato: ASSIGN [d1: [d2:]]

Função: Redireciona acesso ao drive d1: para o drive d2:.

ATDIR (interno, 2)

Formato: ATDIR +|-H [/H] [/P] <nome do arquivo>

Função: Ativa/desativa atributos de diretório oculto.

[/P] pausa as mensagens de erro ao completar uma tela.
+H marca arquivo como oculto.
−H desliga o atributo de arquivo oculto, devendo obrigatoriamente ser seguido por /H.

ATTRIB (interno, 2-2.41)

Formato: ATTRIB {+|−H | +|−R | +|−S | +|−A} [/H] [/P] <nome arquivo>

Função: Altera atributos de arquivo oculto (H) somente leitura (R), arquivo de sistema (S, 24.1 somente) ou arquivado (A, 2.41 somente). "−H" deve ser usando com "/H".

[/P] pausa as mensagens de erro ao completar uma tela.

BASIC (interno, 1)
Formato: BASIC [<nome prog>]
Função: Transfere o controle ao interpretador BASIC e opcionalmente carrega e executa o programa <nome prog>.

BEEP (interno, 2.41)
Formato: BEEP
Função: Gera um beep.

BOOT (interno, 2.41)
Formato: BOOT [drive]
Função: Troca o drive de boot do MSXDOS a partir do BASIC.

BUFFERS (interno, 2)
Formato: BUFFERS [número]
Função: Apresenta ou define o número de buffers de I/O do sistema.

CD (interno, 2)
Formato: CD [[d:][caminho] | –]
CHDIR [[d:][caminho] | –]
Função: Apresenta ou troca o subdiretório corrente. Se "–" for especificado, retorna ao diretório anterior.

CDD (interno, 2.41)
Formato: CDD [[d:][caminho] | –]
Função: Apresenta ou troca o subdiretório e o drive correntes. Se "–" for especificado, retorna ao drive/diretório anterior.

CDPATH (interno, 2.41)
Formato: CDPATH [[+|–] [d:] caminho [[d:] caminho...]]]
Função: Apresenta ou define o caminho de procura.

CHDIR (interno, 2)
Formato: O mesmo que o comando CD.
Função: A mesma que o comando CD.

CHKDSK (interno, 2)
Formato: CHKDSK [d:] [/F]
Função: Checa a integridade dos arquivos no disco. Se [/F] for especificado, os arquivos não serão corrigidos; apenas a informação sobre a falha de integridade será mostrada.

CLS (interno, 2)
Formato: CLS
Função: Limpa a tela.

COLOR (interno, 2.41)
Formato: COLOR <cor frente> [<cor fundo> [<cor borda>]]
Função: Troca as cores da tela.

COMMAND2 (interno, 2)
Formato: COMMAND2 [comando]
Função: Executa um comando.

CONCAT (interno, 2-2.41)
Formato: CONCAT [/H] [/S] [/P] [/A] [/B] [/V] <arquivos fonte> <arquivos destino>
Função: Concatena todos os arquivos fonte em um único arquivo.
[/H] Arquivos ocultos também serão concatenados
[/S] Arquivos de sistema também serão concatenados (somente 2.41)
[/P] Pausa as mensagens ao completar uma tela
[/B] Concatena sem interpretação
[/A] Reverte o efeito de [/B]
[/V] Verifica arquivo concatenado criado

COPY (interno, 1-2-2.41)
Formato: COPY [/H] [/S] [/P] [/A] [/B] [/V] [/T] <arquivos fonte> <arquivos destino>
Função: Copia arquivos.
[/H] Arquivos ocultos também serão copiados (2)
[/S] Arquivos de sistema também serão copiados (2.41)
[/P] Pausa as mensagens ao completar uma tela
[/A] Faz cópia ASCII (acrescenta Ctrl+Z no fim do arquivo)
[/B] Reverte o efeito de [/A]
[/V] Verifica arquivo copiado
[/T] Altera a data e hora do arquivo copiado para a atual

CPU (interno, 2.41)
Formato: CPU [número]
Função: Apresenta ou troca a CPU para o MSX turbo R (0=Z80; 1=R800 ROM; 2=R800 DRAM).

DATE (interno, 1-2.41)
Formato: DATE [data]
Função: Apresenta ou altera a data do sistema. [data] deve estar no formato "mm-dd-aaaa" ou no formato definido p/ SET DATE.

DEL (interno, 1)
Formato: DEL [/S] [/H] [/P] <nome de arquivo composto>
ERA [/S] [/H] [/P] <nome de arquivo composto>
ERASE [/S] [/H] [/P] <nome de arquivo composto>
Função: Deleta um ou mais arquivos.
[/S] Arquivos de sistema também serão deletados (2.41)
[/H] Arquivos ocultos também serão deletados
[/P] Pausa as mensagens ao completar uma tela

DELALL (externo, N)
Formato: DELALL <letra de drive>:
Função: Formatação rápida para uma unidade de drive.

DEVINFO (externo, N)
Formato: DEVINFO <slot do driver>–[<subslot do driver>]
Função: Apresenta informações sobre dispositivos controlados pelo Nextor.

DIR (interno, 1-2-2.41)
Formato: DIR [/S] [/H] [/W] [/P] [/2] [<nome arquivo composto>]
Função: Apresenta os nomes dos arquivos do disco.
[/S] Arquivos de sistema também serão listados (2.41)
[/H] Arquivos ocultos também serão listados
[/W] Lista apenas os nomes dos arquivos
[/P] Pausa a listagem ao completar uma tela
[/2] Lista em duas colunas (2.41)

DISKCOPY (externo, 2)
Formato: DISKCOPY [d1: [d2:]] [/X]
Função: Copia um disco inteiro (d1:) para outro (d2:)
[/X] Suprime as mensagens durante a cópia

DRIVERS (externo, N)
Formato: DRIVERS
Função: Apresenta informações sobre os drivers disponíveis para o Nextor e MSXDOS.

DRVINFO (externo, N)
Formato: DRVINFO
Função: Apresenta informações sobre todas as letras de drive disponíveis.

DSKCHK (interno, 2.41)
Formato: DSKCHK [ON | OFF]
Função: Apresenta ou define o estado de checagem do disco.

ECHO (interno, 1)
Formato: ECHO [texto]
Função: Imprime um texto durante a execução de um arquivo em lote com alimentação de linha no final.

ECHOS (interno, 1)
Formato: ECHOS [texto]
Função: Imprime um texto durante a execução de um arquivo em lote sem alimentação de linha no final.

ELSE (interno, 2.41)
Formato: ELSE [comando]
Função: Execução condicional de comando. Sem o parâmetro [comando], alterna o Command Mode entre ON/OFF.

END (interno, 2.41)
Formato: END
Função: Termina um arquivo em lote (batch).

ENDIFF (interno, 2.41)
Formato: ENDIFF [comando]
Função: Aumenta um nível e restaura o Command Mode.

ERA (interno, 1)
Formato: O mesmo que o comando DEL.
Função: A mesma que o comando DEL.

ERASE (interno, 1)
Formato: O mesmo que o comando DEL.
Função: A mesma que o comando DEL.

EXIT (interno, 2)
Formato: EXIT [número]
Função: Sai do programa executado pelo comando COMMAND2. [número] é o código de erro do usuário (o padrão é 0).

FASTOUT (externo, N)
Formato: FASTOUT [ON | OFF]
Função: Liga ou desliga o a saída rápida para a rotina STROUT, ou apresenta o estado atual de STROUT.

FIXDISK (externo, 2)
Formato: FIXDISK [d:] [/S]
Função: Atualiza um disco para o formato MSXDOS2.
[/S] Atualização completa.

FORMAT (interno, 1-2.41)
Formato: FORMAT [d:] (1)
FORMAT [d: [opção [/X]]] (2.41)
Função: Formata um disco. Se [opção] for especificada, formata com essa opção, sem apresentar lista de opções. Para um MSX padrão, [opção] = 1 formata em face simples e 2 formata em face dupla.
[/X] Inicia formatação imediata, sem apresentar mensagem.

FREE (interno, 2.41)
Formato: FREE [d:]
Função: Apresenta os espaços total, livre e usado do disco.

GOSUB (interno, 2.41)
Formato: GOSUB ~label
Função: Executa uma sub-rotina dentro de um arquivo em lote (batch).

GOTO (interno, 2.41)
Formato: GOTO ~label
Função: Salta para a label dentro de um arquivo em lote (batch).

HELP (interno, 2)

Formato: HELP [<nome do arquivo>]

Função: Apresenta o arquivo de ajuda <nome do arquivo>.HLP ou lista todos se não houver argumento.

HISTORY (interno, 2.41)

Formato: HISTORY [/P]

Função: Apresenta o histórico de comandos.

[/P] Pausa o histórico ao completar uma tela

IF (interno, 2.41)

Formato: IF [NOT] EXIST [d:][<caminho>] <nome do arquivo> [THEN] <comando>

ou

IF [NOT] <expr1> == | EQ | LT | GT <expr2> [AND | OR | XOR [NOT] <expr3> == | EQ | LT | GT <expr4> [AND | OR | XOR ...]] [THEN] <comando>

Função: Executa comando se a equação dada for verdadeira.

EQ Equivalência (igualdade)
LT Menor que
GT Maior que

IFF (interno, 2.41)

Formato: IFF [NOT] EXIST [d:][<caminho>] <nome do arquivo> [THEN] <comando>

⋮

ENDIFF [<comando>]

ou

IFF [NOT] <expr1> == | EQ | LT | GT <expr2> [AND | OR | XOR [NOT] <expr3> == | EQ | LT | GT <expr4> [AND | OR | XOR ...]] [THEN] <comando>

⋮

ENDIFF [<comando>]

Função: Liga o Command Mode se a equação dada for verdadeira e desliga caso contrário.

EQ Equivalência (igualdade)
LT Menor que
GT Maior que

INKEY (interno, 2.41)
Formato: INKEY [<string>] %%<variável de ambiente>
Função: Lê o valor de uma tecla pressionada e armazena o valor lido na <variável de ambiente>.

INPUT (interno, 2.41)
Formato: INPUT [<string>] %%<variável de ambiente>
Função: Lê uma string do teclado ou dispositivo e armazena o valor lido na <variável de ambiente>.

KMODE (externo, 2-K)
Formato: KMODE [modo | OFF] [/S] [d:]
Função: Seleciona ou desliga o modo Kanji ou atualiza o boot para que instale automaticamente o Kanji driver.
[/S] Atualiza o código de inicialização do drive [d:].

LOCK (externo, N)
Formato: LOCK [<letra de drive>: [ON|OFF]]
Função: Bloqueia ou desbloqueia letras de drive, ou apresenta a lista de drives bloqueados.

MAPDRV (externo, N)
Formato: MAPDRV [/L] <drive>: <partição> | d | u [<índice disp> – <índice LUN>][<slot driver>[–<subslot driver >]]]
Função: Mapeia uma unidade de drive no sistema Nextor.
[/L] Bloqueia a unidade logo após o mapeamento
<drive> letra da unidade a ser mapeada
<partição> 0 – A unidade será mapeada a partir do setor zero absoluto do dispositivo.
1 – primeira partição primária
2 a 4 – referem a partições estendidas 2.1 a 2.4 se a partição 2 for estendida; caso contrário se referem a partições primárias.
5 em diante referem a partições estendidas.
d – a unidade padrão será mapeada
u – a unidade não será mapeada

MD (interno, 2)
Formato: MD [d:] <caminho>
MKDIR [d:] <caminho>
Função: Cria um subdiretórlo.

MEMORY (interno, 2.41)
Formato: MEMORY [/K] [/P]
Função: Apresenta informações sobre a RAM do sistema.
[/K] Apresenta em Kbytes.
[/P] Pausa as mensagens ao completar uma tela.

MKDIR (interno, 2)
Formato: O mesmo que o comando MD.
Função: A mesma que o comando MD.

MODE (interno, 1-2.41)
Formato: MODE <nº de caracteres> [<linhas>]
Função: Altera o número de caracteres por linha horizontal (1, 2 e 2.41) e o número de linhas de tela (somente 2.41).

MORE (externo, 1-2.41)
Formato: <comando> | MORE
Função: Comando de exibição. A saída do <comando> é redirecionada para o comando MORE. Ao final da tela a exibição é pausada com a mensagem MORE até uma tecla ser pressionada. <ESC> ou <N> abortam o comando.

MOVE (interno, 2)
Formato: MOVE [/H] [/P] [/S] <nome do arquivo> <caminho>
Função: Move arquivos para outra parte do disco.
[/H] Arquivos ocultos também serão movidos.
[/S] Arquivos de sistema também serão movidos (2.41).
[/P] Pausa as mensagens ao completar uma tela.

MVDIR (interno, 2)
Formato: MVDIR [/H] [/P] <nome do arquivo> <caminho>
Função: Move diretórios para outra parte do disco.
[/H] Diretórios ocultos também serão movidos.
[/P] Pausa as mensagens ao completar uma tela.

NSYSVER (externo, N)
Formato: NSYSVER <versão maior>.<versão secundária>
Função: Altera número da versão do DOS retornada pelo sistema.

PATH (interno, 2)

Formato: PATH [[+ | –] [d:]<caminho> [[d:]<caminho> ...]]]

Função: Apresenta ou define o caminho de procura para os arquivos de execução tipo .COM e .BAT.

+ Deleta os caminhos com o mesmo nome e os recria.

– Deleta os caminhos especificados.

Sem +/–, deleta todos os caminhos existentes e cria o caminho especificado.

PAUSE (interno, 2)

Formato: PAUSE [comentário]

Função: Interrompe a execução de um arquivo em lote (batch) até que uma tecla seja pressionada.

POPD (interno, 2.41)

Formato: POPD [/N]

Função: Recupera o drive e o diretório correntes.

[/N] Somente o último drive e diretório são removidos da lista

PUSHD (interno, 2.41)

Formato: PUSHD [d:] [<caminho>]

Função: Troca o diretório e drive padrão, salvando os correntes.

RAMDISK (interno, 2)

Formato: RAMDISK [=] [<tamanho>[K]] [/D]

Função: Apresenta o tamanho ou cria uma RAMDISK.

[/D] Deleta a RAMDISK existente e cria outra.

RALLOC (externo, N)

Formato: RALLOC [<letra de drive>: [ON|OFF]]

Função: Ativa ou desativa a redução de espaço de alocação para uma unidade de drive, ou apresenta a lista de drives com alocação reduzida.

RD (interno, 2)

Formato: RD [/H] [/P] <nome do arquivo>
RMDIR [/H] [/P] <nome do arquivo>

Função: Remove um ou mais subdiretórios.

[/H] Arquivos ocultos também serão movidos

[/P] Pausa as mensagens ao completar uma tela

REM (interno, 1)
Formato: REM [comentários]
Função: Insere comentários em um arquivo em lote (batch).

REN (interno, 1-2.41)
Formato: REN [/H] [/P] [/S] <nome arquivo 1> <nome arq 2>
RENAME [/H] [/P] [/S] <nome arq 1> <nome arq 2>
Função: Renomeia o arquivo <nome arq 1> com <nome arq 2>.
[/H] Arquivos ocultos também serão renomeados
[/S] Arquivos de sistema também serão renomeados (2.41)
[/P] Pausa as mensagens ao completar uma tela

RENAME (interno, 1)
Formato: O mesmo que o comando REN.
Função: A mesma que o comando REN.

RESET (interno, 2.41)
Formato: RESET
Função: Reseta o sistema.

RETURN (interno, 2.41)
Formato: RETURN [~label]
Função: Retorna de uma sub-rotina em um arquivo em lote (batch).

RMDIR (interno, 2)
Formato: O mesmo que o comando RD.
Função: A mesma que o comando RD.

RNDIR (interno, 2)
Formato: RNDIR [/H] [/P] <nome diretório 1> <nome diretório 2>
Função: Renomeia o subdiretório <nome diretório 1> com <nome diretório 2>.
[/H] Arquivos ocultos também serão renomeados.
[/P] Pausa as mensagens ao completar uma tela.

SET (interno, 2-2.41)
Formato: SET [/P] [nome] [=] [valor]
Função: Define ou apresenta itens de ambiente.

[/P] Pausa as mensagens ao completar uma tela
Os valores padrão são os seguintes:
EXPAND = ON (2.41)
SEPAR = ON (2.41)
ALIAS = ON (2.41)
REDIR = ON
LOWER = ON (2.41)
UPPER = OFF
ECHO = OFF
EXPERT = ON (2.41)
PROMPT = %_CWD%> (modificado no 2.41)
CDPATH = ; (2.41)
PATH = ;
TIME = 24
DATE = yy-mm-dd
TEMP = A:\
HELP = A:\HELP
SHELL = A:\COMMAND2.COM

SHIFT (interno, 2.41)
Formato: SHIFT [/<número>]
Função: Desloca os argumentos do arquivo em lote uma posição para a esquerda. Se /<número> for especificado, o argumento nesta posição será o primeiro a ser deslocado; argumentos anteriores não serão afetados.

THEN (interno, 2.41)
Formato: THEN [<comando>]
Função: Executa um comando (THEN é ignorado).

TIME (interno, 1)
Formato: TIME [<hora>]
Função: Apresenta ou altera a hora do sistema.

TO (interno, 2.41)
Formato: TO <parte_nome_subdirerório> [/N] [/X | F | P | L]
TO [d:] /S [/H]
TO [d:] ...
TO [d:]–n

TO [d:]\
TO [d:]<nome_diretório> /M | C [/H]
TO [d:]<nome_diretório> /D
TO [d:]<nome antigo> <nome novo> /R
TO [d:]<dir_fonte> <dir_destino> /V

Função: Troca, cria, deleta, renomeia ou remove um diretório.

[/N] Lista os diretórios contendo <parte_nome_subdir>.
[/X] Apenas nomes exatos são procurados.
[/F] Procura apenas no início no nome.
[/P] Procura por todo o nome.
[/L] Procura apenas no final do nome.
[/S] Procura todos os diretórios e cria o arquivo TO.LST.
[/H] Faz /S procurar também por arquivos ocultos e /M ou /C criarem diretório oculto.
[/M] Cria novo diretório.
[/C] Cria novo diretório e entra nele.
[/D] Remove diretório.
[/R] Renomeia diretório.
[/V] Move subdiretório.
–n Nível dos subdiretórios.
\ Vai para o diretório raiz.

TREE (interno, 2.41)

Formato: TREE [d:] [<caminho>] [/P] [/?]

Função: Apresenta a árvore de diretórios no disco.

[/P] Pausa a listagem ao completar uma tela.
[/?] Apresenta uma tela de ajuda.

TYPE (interno, 1-2.41)

Formato: TYPE [/S] [/H] [/P] [/B] <nome arquivo> [">" <dispositivo>]
TYPE <dispositivo> ">" <nome do arquivo>

Função: Apresenta dados de um arquivo ou dispositivo.

[/S] Arquivos de sistema também serão apresentados (somente 2.41).
[/H] Arquivos ocultos também serão apresentados.
[/P] Pausa a apresentação ao completar uma tela.
[/B] Desabilita a checagem de códigos de controle.

TYPEWW (externo, 1-2.41)

Formato: TYPEWW <nome do arquivo> [/S] [/H] [/B]

Função: Apresenta dados de um arquivo. Ao contrário do comando TYPE, <nome do arquivo> não pode ser ambíguo.
- [/S] Arquivos de sistema também serão apresentados (somente 2.41).
- [/H] Arquivos ocultos também serão apresentados.
- [/P] Pausa a apresentação ao completar uma tela.

UNDEL (externo, 2)
Formato: UNDEL [<nome do arquivo>]
Função: Recupera arquivos deletados.

VER (interno, 2)
Formato: VER
Função: Apresenta a versão do sistema.

VERIFY (interno, 2)
Formato: VERIFY [ON | OFF]
Função: Apresenta ou altera o estado de verificação de escrita.

VOL (interno, 2)
Formato: VOL [d:] [<nome do volume>]
Função: Apresenta ou altera o nome de volume do disco.

XCOPY (externo, 2)
Formato: XCOPY [<nome do arquivo> [<nome do arquivo>]] [/T] [/A] [/M] [/S] [/E] [/P] [/W] [/V]
Função: Copia arquivos e diretórios. As opções são:
- [/T] Altera a data do aquivo copiado para a atual
- [/A] Apenas arquivos com atributo "arquivo" setado são copiados.
- [/M] Similar a /A, mas o atributo "arquivo" é resetado após a cópia.
- [/S] Subdiretórios também são copiados.
- [/E] Faz /S criar todos os subdiretórios, mesmo vazios.
- [/P] Pausa após copiar cada arquivo.
- [/W] Pausa após copiar alguns arquivos.
- [/V] Verifica arquivos copiados.

XDIR (externo, 2)

Formato: XDIR [<nome do arquivo>] [/H]

Função: Lista todos os arquivos do subdiretório corrente, em árvore.

[/H] Arquivos ocultos também serão listados.

Z80MODE (externo, N)

Formato: Z80MODE [<slot do driver>[- <subslot do driver>]] [ON|OFF]

Função: Ativa ou desativa modo de acesso Z80 para o driver MSXDOS especificado.

4.3 - CHAMADAS PARA A BDOS

4.3.1 - Manipulação de I/O

CONIN (01H)

Função: Entrada de teclado.

Setup: Nenhum.

Retorno: A - Código do caractere do teclado.

Nota: Entrada de caractere com espera e eco na tela. As seguintes sequências de controle são checadas por esta rotina:

CTRL+C → Retorna o sistema ao nível de comandos.

CTRL+P → Liga o eco para a impressora. Tudo o que for escrito na tela sairá na impressora.

CTRL+N → Desliga o eco para a impressora.

CTRL+S → Interrompe a apresentação dos caracteres até que uma tecla seja pressionada.

CONOUT (02H)

Função: Apresenta na tela o caractere contido no registrador E. As sequências de controle descritas acima são checadas.

Entrada: E - Código do caractere.

Retorno: Nenhum.

AUXIN (03H)

Função: Entrada externa de dispositivo auxiliar (modem, por exemplo). As quatro sequências de controle são checadas.

Entrada: Nenhum.

Retorno: A - Código de caractere do dispositivo auxiliar.

AUXOUT (04H)

Função: Saída para dispositivo externo. Esta função checa as quatro sequências de controle.

Entrada: E – Código do caractere a enviar.

Retorno: Nenhum.

LSTOUT (05H)

Função: Saída de caractere para a impressora. Esta função checa as quatro sequências de controle.

Entrada: E – Código do caractere a ser enviado.

Retorno: Nenhum.

DIRIO (06H)

Função: Entrada ou saída de string. Não suporta caracteres de controle, mas checa as quatro sequências de controle.

Entrada: E – Código do caractere a ser impresso no monitor. Se for FFH, o caractere será recebido.

Retorno: Se E for FFH na entrada o código ASCII da tecla retornará em A. Se A retornar 00H, não foi pressionada nenhuma tecla.

DIRIN (07H)

Função: Lê um caractere do teclado (com espera) e imprime na tela. Esta função não suporta caracteres de controle.

Entrada: Nenhum.

Retorno: A – Código ASCII do caractere lido.

INNOE (08H)

Função: Lê um caractere do teclado (com espera) mas não imprime na tela. Esta função não suporta caracteres de controle.

Entrada: Nenhum.

Retorno: A – Código ASCII do caractere lido.

STROUT (09H)

Função: Saída de string. O caractere ASCII 24H ($) marca o final da string e não será impresso na tela. Esta função checa as quatro sequências de controle.

Entrada: DE – Endereço inicial da string a ser enviada.

Retorno: Nenhum.

BUFIN (0AH)

Função: Entrada de string. A leitura dos caracteres termina ao ser pressionada a tecla RETURN. Se o número de caracteres ultrapassar o máximo apontado por DE, estes serão ignorados e será emitido um "beep" para cada caractere extra. Esta função checa as quatro sequências de controle.

Entrada: DE deve apontar para um buffer com a seguinte estrutura:
DE+0 ⟶ número de caracteres a ler.
DE+1 ⟶ número de caracteres efetivamente lidos.
DE+2 em diante: códigos dos caracteres lidos.

Retorno: O segundo byte do buffer apontado por DE contém o número de caracteres efetivamente lidos e do terceiro byte em diante estão os códigos dos caracteres lidos.

CONST (0BH)

Função: Checa o status do teclado. Esta função checa as quatro sequências de controle.

Entrada: Nenhum.

Retorno: Se alguma tecla foi pressionada, o registrador A retorna com FFH, caso contrário, retorna com o valor 00H.

4.3.2 - Definição e leitura de parâmetros

TERM0 (00H)

Função: Reset do sistema. Quanto esta função for chamada sob o DOS, provocará a recarga do MSXDOS. Quando for chamada sob o DISK-BASIC, provocará um reset total.

Entrada: Nenhum.

Retorno: Nenhum.

CPMVER (0CH)

Função: Leitura da versão do sistema. No caso do MSX, retornará sempre o valor 0022H, indicando compatibilidade com o CP/M 2.2.

Entrada: Nenhum.

Retorno: HL - Versão do sistema

DSKRST (0DH)
Função: Reset do disco. Todos os buffers são apagados (FCB, DPB, etc.), o drive corrente será o A: e a DTA ficará em 0080H.
Entrada: Nenhum.
Retorno: Nenhum.

SELDSK (0EH)
Função: Selecionar o drive corrente. O número do drive corrente é armazenado no endereço 0004H.
Entrada: E – Número do drive (A:=00H, B:=01H, etc.).
Retorno: A – Número de drives disponíveis (1 a 8).

LOGIN (18H)
Função: Leitura dos drives conectados ao micro.
Entrada: Nenhum.
Retorno: HL – Drives conectados
H – Sempre "00000000"
L – |b7|b6|b5|b4|b3|b2|b1|b0|
drive: |H:|G:|F:|E:|D:|C:|B:|A:|
O bit conterá 0 se o drive não estiver conectado e 1 se estiver. Se B: = 1 e A: = 0 (b1=1 e b0=0), significa que há apenas um drive físico funcionando como A: e B:

CURDRV (19H)
Função: Leitura do drive corrente (atual).
Entrada: Nenhum.
Retorno: A – Número do drive corrente (A:=00H; B:=01H, etc.).

SETDTA (1AH)
Função: Seta o endereço para transferência de dados.
Entrada: DE – Endereço inicial da DTA (Disk Transfer Adress).
Retorno: Nenhum.
Nota: No reset do sistema, a DTA é setada em 0080H.

ALLOC (1BH)
Função: Leitura de informações sobre o disco.
Entrada: E – Número do drive desejado (0=corrente; 1=A:; etc.).
Retorno: A – FFH se a especificação de drive for inválida; caso contrário:

A – Número de setores lógicos por cluster;
BC – Tamanho do setor em bytes (normalmente 512);
DE – Número total de clusters no disco;
HL – Número de clusters livres (não usados);
IX – Endereço inicial do DPB na RAM;
IY – Endereço inicial da FAT na RAM.

GDATE (2AH)
Função: Retorna a data do sistema.
Entrada: Nenhum.
Retorno: HL – Ano (1980 a 2079);
D – Mês (1=janeiro, 2=fevereiro, etc.);
E – Dia do mês (1 a 31)
A – Dia da semana (0=domingo, 1=segunda, etc.).

SDATE (2BH)
Função: Modificar a data do sistema.
Entrada: HL – Ano (1980 a 2079).
D – Mês (1=janeiro, 2=fevereiro, etc.).
E – Dia do mês (1 a 31).
Retorno: A = 00H se a especificação de data for válida;
FFH se a especificação for inválida.

GTIME (2CH)
Função: Retorna a hora do sistema.
Entrada: Nenhum.
Retorno: H – Horas;
L – Minutos;
D – Segundos;
E – Centésimos de segundo.

STIME (2DH)
Função: Modificar a hora do sistema.
Entrada: H – Horas;
L – Minutos;
D – Segundos;
E – Centésimos de segundo.
Retorno: A = 00H se a especificação de hora for válida;
FFH se a especificação for inválida.

VERIFY (2EH)
Função: Verificação de escrita no disco.
Entrada: E = 0 ⟶ desativa o modo de verificação de escrita no disco.
E ≠ 0 ⟶ ativa a verificação de escrita no disco.
Retorno: Nenhum.

4.3.3 – Leitura/escrita absoluta de setores

RDABS (2FH)
Função: Leitura de setores lógicos do disco. Os setores lidos são colocados a partir da DTA.
Entrada: DE – Número do primeiro setor lógico a ler;
H – Número de setores a ler;
L – Número do drive (0=A:, 1=B:, etc.).
Retorno: A = 0 ⟶ Leitura bem-sucedida;
A ≠ 0 ⟶ Código de erro.

WRABS (30H)
Função: Escrita de setores lógicos no disco. Os dados a serem escritos no disco serão lidos na RAM a partir da DTA.
Entrada: DE – Número do primeiro setor lógico a ser escrito;
H – Número de setores a escrever;
L – Número do drive (0=A:, 1=B:, etc.).
Retorno: A = 0 ⟶ Escrita bem-sucedida;
A ≠ 0 ⟶ Código de erro.

4.3.4 – Acesso aos arquivos usando o FCB

FOPEN (0FH)
Função: Abrir arquivo (FCB).
Entrada: DE – Endereço inicial de um FCB não aberto.
Retorno: A = 0 ⟶ Operação bem-sucedida;
A ≠ 0 ⟶ Código de erro.

FCLOSE (10H)
Função: Fechar arquivo (FCB).
Entrada: DE – Endereço inicial de um FCB aberto.
Retorno: A = 0 ⟶ Operação bem-sucedida;
A ≠ 0 ⟶ Código de erro.

SFIRST (11H)

Função: Procurar o primeiro arquivo. Esta função aceita caracteres coringa (* e ?).
Entrada: DE – Endereço inicial de um FCB não aberto.
Retorno: A = 0 ⟶ Arquivo encontrado;
A ≠ 0 ⟶ Arquivo não encontrado.

SNEXT (12H)

Função: Procurar o próximo arquivo. Aceita caracteres coringa (* e ?).
Entrada: Nenhum.
Retorno: A = 0 ⟶ Arquivo encontrado;
A ≠ 0 ⟶ Arquivo não encontrado.

FDEL (13H)

Função: Apagar arquivos. Caracteres coringa (* e ?) podem ser usados.
Entrada: DE – Endereço inicial de um FCB aberto.
Retorno: A = 0 ⟶ Operação bem-sucedida;
A ≠ 0 ⟶ Código de erro.

RDSEQ (14H)

Função: Leitura sequencial.
Entrada: DE – Endereço inicial de um FCB aberto.
Bloco atual no FCB – Bloco inicial para leitura.
Registro atual no FCB – Registro inicial para leitura.
Retorno: A = 0 ⟶ Leitura bem-sucedida;
A ≠ 0 ⟶ Código de erro.

WRSEQ (15H)

Função: Escrita sequencial.
Entrada: DE – Endereço inicial de um FCB aberto.
Bloco atual no FCB – Bloco inicial para escrita.
Registro atual no FCB – Registro inicial para escrita.
128 bytes iniciais da DTA – Dados a serem escritos.
Retorno: A = 0 ⟶ Escrita bem-sucedida;
A ≠ 0 ⟶ Código de erro.

FMAKE (16H)

Função: Criar arquivos.
Entrada: DE – Endereço inicial de um FCB não aberto.
Retorno: A = 0 ⟶ Operação bem-sucedida;
A ≠ 0 ⟶ Código de erro.

FREN (17H)

Função: Renomear arquivos. O caractere coringa "?" pode ser usado para renomear vários arquivos simultaneamente.

Entrada: DE – Endereço inicial do FCB com o nome do arquivo a ser renomeado. Na primeira posição do FCB deve ser colocado o número do drive seguido do nome do arquivo a ser renomeado. A partir do 18º byte (FCB+11H) até o 28º deve ser colocado o novo nome do arquivo.

Retorno: A = 0 → Operação bem-sucedida;
A ≠ 0 → Código de erro.

RDRND (21H)

Função: Leitura aleatória. O registro lido será colocado na área indicada pela DTA e tem o tamanho fixo de 128 bytes.

Entrada: DE – Endereço inicial de um FCB aberto.
Registro aleatório no FCB – Nº do registro a ler.

Retorno: A = 0 → Leitura bem-sucedida;
A ≠ 0 → Código de erro.

WRRND (22H)

Função: Escrita aleatória.

Entrada: DE – Endereço inicial de um FCB aberto.
Registro aleatório no FCB – Nº do registro a escrever.
128 bytes a partir da DTA – Dados a serem escritos.

Retorno: A = 0 → Escrita bem-sucedida;
A ≠ 0 → Código de erro.

FSIZE (23H)

Função: Ler o tamanho do arquivo. O tamanho retorna nos três primeiros bytes no campo de tamanho do arquivo aleatório do FCB em incrementos de 128 bytes. Assim, se um arquivo contiver de 1 a 128 bytes, o valor retornado será 1; se contiver de 129 a 256 bytes, o valor será 2, e assim por diante.

Entrada: DE – Endereço inicial de um FCB aberto.

Retorno: A = 0 → Operação bem-sucedida;
A ≠ 0 → Código de erro.

SETRND (24H)

Função: Setar campo do registro aleatório.

Entrada: DE – Endereço inicial de um FCB aberto.
Bloco atual no FCB – Número do bloco desejado.
Registro atual no FCB – Número do registro desejado.

Retorno: A posição do registro atual desejada, calculada a partir do registro e bloco contidos no FCB, é colocada no campo de registro aleatório. Os três primeiros bytes registro aleatório contêm valores válidos.

WRBLK (26H)

Função: Escrita aleatória em bloco. O número do registro aleatório é automaticamente incrementado depois da escrita, e seu tamanho pode variar de 1 até 65 535 bytes.

Entrada: DE – Endereço inicial de um FCB aberto.
HL – Número de registros a serem escritos.
DTA – Dados a serem escritos.
Tamanho do registro no FCB – Tamanho dos registros a serem escritos.
Registro aleatório no FCB – Número do primeiro registro a ser escrito.

Retorno: A = 0 ⟶ Escrita bem-sucedida;
A ≠ 0 ⟶ Código de erro.

RDBLK (27H)

Função: Acesso aleatório em bloco.

Entrada: DE – Endereço inicial de um FCB aberto.
HL – Número de registros a serem lidos.
DTA – Endereço inicial para os dados lidos.
Tamanho do registro no FCB – Tamanho dos registros a serem lidos.
Registro aleatório no FCB – Número do primeiro registro a ser lido.

Retorno: A = 0 ⟶ Leitura bem-sucedida;
A ≠ 0 ⟶ Código de erro.
HL – Número de registros efetivamente lidos, caso o fim de arquivo seja atingido antes de todos os registros serem lidos.

WRZER (28H)

Função: Escrita aleatória com bytes 00H. Esta função é igual à 22H (WRRND), exceto pelo fato de preencher os registros restantes do arquivo com bytes 00H, se o registro especificado não for o último do arquivo.

Entrada: DE – Endereço inicial de um FCB aberto.
Registro aleatório no FCB – Registro a ser escrito.
128 bytes a partir da DTA – Dados a serem escritos.

Retorno: A = 0 ⟶ Escrita bem-sucedida;
A ≠ 0 ⟶ Código de erro.

4.3.5 – Funções adicionadas pelo MSXDOS2

DPARM (31H)

Função: Lê os parâmetros do disco.

Entrada: DE – Endereço inicial de um buffer de 32 bytes.
L – Número do drive (0=corrente, 1=A:, etc.).

Retorno: A – Código de erro (se for 0, não houve erro).
DE – Endereço inicial do buffer de parâmetros.

+0	Número do drive físico (1=A:, etc.)
+1~2	Tamanho setor em bytes (normalmente 512)
+3	Número de setores por cluster
+4~5	Número de setores reservados
+6	Número de FATs (normalmente 2)
+7~8	Número de entradas do diretório
+9~10	Número total de setores lógicos
+11	ID do disco
+12	Número de setores por FAT
+13~14	Primeiro setor do diretório
+15~16	Primeiro setor da área de dados
+17~18	Número máximo de clusters
+19	Dirty disk flag
+20~23	Volume ID (–1 = sem ID de volume)
+24~31	Reservado (normalmente 0)

FFIRST (40H)

Função: Procura primeira entrada no diretório.

Entrada: DE – Endereço inicial do FIB ou de uma string ASCII "drive/path/arquivo", podendo conter os caracteres coringa "?" e "*".
HL – Endereço inicial do nome de arquivo (somente quando DE apontar para o FIB).
B – Atributos para procura (igual ao do diretório).
IX – Endereço inicial de um novo FIB.
Retorno: A – Código de erro (se for 0, não houve erro).
IX – Endereço inicial do novo FIB preenchido.

FNEXT (41H)
Função: Procura próxima entrada do diretório. Esta função só deve ser usada após a função 40H. Ela aceita os caracteres coringa "?" e "*" definidos em 40H e procura todos os arquivos que tenham partes de seu nome iguais especificadas através dos caracteres coringa, um após outro.
Entrada: IX – Endereço inicial do FIB.
Retorno: A – Código de erro (se for 0, não houve erro).
IX – Endereço inicial do novo FIB preenchido.

FNEW (42H)
Função: Procura nova entrada.
Entrada: DE – Endereço inicial do FIB ou de uma string ASCII "drive/path/arquivo". Se houver caracteres coringa no nome de arquivo, eles serão substituídos por caracteres apropriados. Se o bit "diretório" estiver setado na entrada (registrador B), será criado um subdiretório. Os outros bits serão copiados.
HL – Endereço inicial de um nome de arquivo (somente se DE apontar para o FIB).
B – b0~b6 – Atributos;
b7 – Cria nova flag.
IX – Endereço inicial do novo FIB contendo o nome de arquivo padrão.
Retorno: A – Código de erro (se for 0, não houve erro)
IX – Endereço inicial do FIB preenchido com a nova entrada.

OPEN (43H)
Função: Abre arquivo handle. Se o bit "herdável" de A estiver setado, o arquivo handle deverá ser aberto por outro processo (ver função 60H).
Entrada: DE – Endereço inicial do FIB ou string ASCII "drive/path/arquivo".
A – Modo abertura:
b0=1 – Não escrita;
b1=1 – Não leitura;
b2=1 – herdável;
b3~b7 – Devem ser "0".
Retorno: A – Código de erro (se for 0, não houve erro).
B – Novo arquivo handle.

CREATE (44H)
Função: Criar arquivo handle. O arquivo criado por esta função será automaticamente aberto (função 43H)
Entrada: DE – Drive/path/arquivo ou string ASCII.
A – Modo abertura:
b0=1 – Não escrita;
b1=1 – Não leitura;
b2=1 – herdável;
b3~b7 – Devem ser "0".
B – b0~b6 = atributos;
b7 = cria nova flag.
Retorno: A – Código de erro (se for 0, não houve erro).
B – Novo arquivo handle.

CLOSE (45H)
Função: Fechar arquivo handle.
Entrada: B – Arquivo handle a fechar.
Retorno: A – Código de erro (se for 0, não houve erro).

ENSURE (46H)
Função: Proteger arquivo handle (o apontador do arquivo corrente não poderá ser modificado).
Entrada: B – Arquivo handle a ser protegido.
Retorno: A – Código de erro (se for 0, não houve erro).

DUP (47H)

Função: Duplicar arquivo handle.
Entrada: B – Arquivo handle.
Retorno: A – Código de erro (se for 0, não houve erro).
B – Novo arquivo handle.

READ (48H)

Função: Ler de um arquivo handle. As quatro sequências de controle (Ctrl+P, Ctrl+N, Ctrl+S e Ctrl+C) são checadas.
Entrada: B – Arquivo handle.
DE – Endereço inicial do buffer.
HL – Número de bytes a ler.
Retorno: A – Código de erro (se for 0, não houve erro).
HL – Número de bytes efetivamente lidos.

WRITE (49H)

Função: Escrever por um arquivo handle. Se o fim de arquivo for encontrado, ele será estendido até o valor necessário.
Entrada: B – Arquivo handle.
DE – Endereço inicial do buffer.
HL – Número de bytes a escrever.
Retorno: A – Código de erro (se for 0, não houve erro).
HL – Número de bytes efetivamente escritos.

SEEK (4AH)

Função: Mover apontador do arquivo handle.
Entrada: B – Arquivo handle.
A – Código do método:
0 – Relativo ao início do arquivo;
1 – Relativo à posição corrente;
2 – Relativo ao final do arquivo.
DE:HL – Sinalização de offset.
Retorno: A – Código de erro (se for 0, não houve erro).
DE:HL – Novo apontador de arquivo.

IOCTL (4BH)

Função: Controle para dispositivos de I/O.
Entrada: B – Arquivo handle.

A – Código de subfunção:
00H – Ler status do arquivo handle;
01H – Setar modo ASCII/binário;
02H – Testa se disposit. está pronto p/ entrada;
03H – Testa se disposit. está pronto p/ saída;
04H – Calcula tamanho da screen.
DE – Outros parâmetros.
Retorno: A – Código de erro (se for 0, não houve erro).
DE – Outros valores de retorno.
Nota: Se A for igual a 0 na entrada, então o registrador DE deve ser carregado com os seguintes parâmetros:
→ Para dispositivos:
b0=1 – Dispositivo de entrada;
b1=1 – Dispositivo de saída;
b2~b4 – Reservados;
b5=1 – Modo ASCII;
=0 – Modo binário;
b6=1 – Fim de arquivo;
b7=1 – Dispositivo (sempre 1);
b8~b15 – Reservados.
→ Para arquivos:
b0~b5 – Número do drive (0=A:, etc.);
b6=1 – Fim de arquivo;
b7=0 – Arquivo de disco (sempre 0);
b8~b15 – Reservados.

No retorno, DE apresentará os mesmos valores. Se A=1, deve ser especificado apenas o bit 5 de DE; os demais bits serão ignorados. Se A for igual a 2 ou 3, o registrador E retornará com o valor 00H se o dispositivo não estiver pronto e com FFH se estiver pronto. Se A for igual a 4, DE retornará com o valor lógico do tamanho da tela para o arquivo handle (D=número de linhas e E=número de colunas). Para disposi- tivos que não a tela, DE retornará com o valor 0000H.

HTEST (4CH)
Função: Testar arquivo handle.
Entrada: B – Arquivo handle.
DE – Apontador p/ o FIB ou p/ string "drive/path/arquivo".
Retorno: A – código de erro (se for 0, não houve erro).
B = 00H – Não é o mesmo arquivo;
FFH – É o mesmo arquivo.

DELETE (4DH)

Função: Apagar arquivo ou subdiretório. Um subdiretório só poderá ser apagado se não contiver nenhum arquivo. Se um nome de dispositivo for especificado, não retornará erro, mas o dispositivo não será "apagado".

Entrada: DE – Apontador p/ o FIB ou p/ string "drive/path/arquivo".

Retorno: A – Código de erro (se for 0, não houve erro).

RENAME (4EH)

Função: Renomear arquivo ou subdiretório.

Entrada: DE – Apontador p/ o FIB ou p/ string "drive/path/arquivo".
HL – Apontador para o novo nome em ASCII.

Retorno: A – Código de erro (se for 0, não houve erro).

MOVE (4FH)

Função: Mover arquivo ou subdiretório. Um arquivo não poderá ser movido se o arquivo handle respectivo estiver aberto. O FIB do arquivo movido não será atualizado.

Entrada: DE – Apontador p/ o FIB ou p/ string "drive/path/arquivo".
HL – Apontador para nova string path em ASCII.

ATTR (50H)

Função: Setar ou ler atributos de um arquivo. Os atributos de um arquivo não podem ser modificados se o arquivo handle correspondente estiver aberto.

Entrada: DE – Apontador p/ o FIB ou p/ string "drive/path/arquivo".
A = 0 – lê atributos;
1 – Escreve atributos.
L – Novo byte de atributos (se A = 1).

Retorno: A – Código de erro (se for 0, não houve erro).
L – Byte de atributos atual.

FTIME (51H)

Função: Ler ou setar data e hora em um arquivo.

Entrada: DE – Apontador p/ o FIB ou p/ string "drive/path/arquivo".
A = 0 – Ler data e hora;
1 – Setar data e hora.
IX – Nova hora (se A=1).
HL – Nova data (se A=1).

Retorno: A – Código de erro (se for 0, não houve erro).
DE – Hora do arquivo corrente.
HL – Data do arquivo corrente.

HDELET (52H)

Função: Apagar arquivo handle. Se houver outro arquivo handle aberto para o mesmo arquivo, esse não poderá ser apagado.
Entrada: B – Arquivo handle.
Retorno: A – Código de erro (se for 0, não houve erro).

HRENAM (53H)

Função: Renomear arquivo handle. O arquivo não poderá ser renomeado se houver outro arquivo handle aberto para o mesmo arquivo. Esta função é idêntica à função 4EH, exceto pelo fato do registrador HL não poder apontar para um FIB.
Entrada: B – Arquivo handle.
HL – Novo nome de arquivo em ASCII.
Retorno: A – Código de erro (se for 0, não houve erro).

HMOVE (54H)

Função: Mover arquivo handle. O arquivo não poderá ser movido se houver outro arquivo handle aberto para o mesmo arquivo. Esta função é idêntica à função 4FH, exceto pelo fato do registrador HL não poder apontar para um FIB.
Entrada: B – Arquivo handle.
HL – Nova path em ASCII.
Retorno: A – Código de erro (se for 0, não houve erro).

HATTR (55H)

Função: Ler ou setar atributos do arquivo handle. O byte de atributos não poderá ser modificado se houver outro arquivo handle aberto para o mesmo arquivo.
Entrada: B – arquivo handle.
A – 0 = ler atributos; 1 = setar atributos.
L – novo byte de atributos (se A=1).
Retorno: A – código de erro (se for 0, não houve erro).
L – Byte de atributos corrente.

HFTIME (56H)

Função: Ler ou alterar hora e data do arquivo handle. Se houver outro arquivo handle aberto para o mesmo arquivo, a data e a hora não poderão ser modificadas. Esta função é idêntica à função 51H, exceto pelo fato de não haver apontador; somente o arquivo handle.

Entrada: B – Arquivo handle.
A – 0 = ler data e hora; 1 = setar data e hora.
IX – Nova hora (se A=1).
HL – Nova data (se A=1).

Retorno: A – Código de erro (se for 0, não houve erro).
DE – Hora corrente do arquivo.
HL – Data corrente do arquivo.

GETDTA (57H)

Função: Ler o endereço da DTA (Disk Transfer Area).
Entrada: Nenhum.
Retorno: DE – Endereço inicial da DTA.

GETVFY (58H)

Função: Ler flag de verificação de escrita.
Entrada: Nenhum.
Retorno: B – 0 = verificação de escrita desativada;
1 = verificação de escrita ativada.

GETCD (59H)

Função: Ler diretório ou subdiretório corrente.

Entrada: B – número do drive (0=corrente; 1=A:, etc.).
DE – endereço inicial de um buffer de 64 bytes.

Retorno: A – código de erro (se for 0, não houve erro).
DE – aponta para o buffer preenchido. Não são incluídos o nome do drive e o caractere "\". Se não houver diretó- rio corrente, o buffer será preenchido com bytes 00H.

CHDIR (5AH)

Função: Trocar o subdiretório corrente.
Entrada: DE – String ASCII "drive/path/nome".
Retorno: A – Código de erro (se for 0, não houve erro).

PARSE (5BH)

Função: Analisa pathname (nome do caminho).

Entrada: B – Flag do nome do volume (bit 4).
bit4 = 0 ⟶ string "drive/path/arquivo".
1 ⟶ string "drive/volume".
DE – String ASCII para análise.

Retorno: A – Código de erro (se for 0, não houve erro).
DE – Apontador para o caractere de finalização.
HL – Apontador para o início do último item.
B – Flags de análise.
b0=1 se algum caractere apontar para outro drive;
b1=1 se algum diretório path for especificado;
b2=1 se nome de drive for especificado;
b3=1 se arquivo mestre for especificado no último item;
b4=1 se extensão do nome do arquivo for especificada no último item;
b5=1 se o último item for ambíguo;
b6=1 se o último item for "." ou "..";
b7=1 se o último item for "..".
C – drive lógico (1=A:, etc.).

Nota: Como exemplo, para a string "A:\XYZ\P.Q /F", DE apontará para o espaço em branco antes de "/F" e HL apontará para "P".

PFILE (5CH)

Função: Analisar nome do arquivo.

Entrada: DE – string ASCII a ser analisada, sem especificação de drive. Podem ser usados caracteres coringa (? e *).
HL – apontador para um buffer de 11 bytes.

Retorno: A – sempre 00H.
DE – apontador para o caractere final.
HL – apontador para o buffer preenchido.
B – flags de análise. Os valores são idênticos aos da função 5BH, exceto que os bits 0, 1 e 2 sempre serão 0.

CHKCHR (5DH)

Função: Checa caractere. Caracteres de 16 bits também são checados.

Entrada: D – Flags do caractere.
b0=1 para suprimir o caractere. Neste caso, o caractere retornado em E será sempre o mesmo.
b1=1 se for o primeiro byte de um caractere de 16 bits;

b2=1 se for o segundo byte de um caractere de 16 bits;
b3=1 nome do volume ou, preferencialmente, nome de arquivo;
b4=1 caractere de arquivo/volume não válido;
b5~b7 são reservados (sempre 0).
E – Caractere a ser checado.

Retorno: A – Sempre 00H.
D – Flags atualizadas do caractere.
E – Caractere checado.

WPATH (5EH)

Função: Ler string path completa, sem especificação de drive e caractere "\". Para maior confiabilidade, chamar primeiro a função 40H ou 41H e depois chamar WPATH duas vezes, já que outras funções podem alterar os dados.

Entrada: DE – Apontador para um buffer de 64 bytes.

Retorno: A – Código de erro (se for 0, não houve erro).
DE – Buffer preenchido com a string path completa.
HL – Apontador para o início do último item.

FLUSH (5FH)

Função: Descarregar buffers de disco.

Entrada: B – Especificação de drive (0=corrente; 1=A:, etc. Se for FFH, descarrega todos os drives).
D = 00H – Somente descarregar;
FFH – Descarregar e invalidar.

Retorno: A – Código de erro (se for 0, não houve erro).

FORK (60H)

Função: Ramificar arquivos em árvore.

Entrada: Nenhum.

Retorno: A – código de erro (se for 0, não houve erro).
B – ID do processo de ramificação.

Nota: Novos arquivos handle são criados e os arquivos handle correntes que estão abertos no modo herdá vel (ver função 43H) são copiados para os novos arquivos handle. Os arquivos handle padrão (00H~05H) são copiados impreterivelmente. Pelo fato de haver uma cópia dos arquivos handle originais, se algum deles for fechado, poderá ser reaberto sem problemas.

JOIN (61H)

Função: Reunir arquivos em árvore. Esta função retorna para o arquivo handle original o arquivo handle que foi copiado pela função anterior.

Entrada: B – ID do processo de ramificação (ou 0).

Retorno: A – Código de erro (se for 0, não houve erro).
B – Código de erro primário do ramo.
C – Código de erro secundário do ramo.

Nota: O arquivo copiado é automaticamente fechado e o arquivo handle original é reativado. Se o registrador B for 00H na Entrada, uma reinicialização parcial do sistema é feita: todos os arquivos handle copiados são fechados e os arquivos handle originais são reativados. Se esta função for chamada pelo endereço F37DH, os registradores B e C não retornarão o código de erro. Ver a função 62H.

TERM (62H)

Função: Finalizar com código de erro.

Entrada: B – Código de erro para finalização.

Retorno: Nenhum.

Nota: A operação desta função é diferente conforme o endereço de chamada (0005H para MSXDOS ou F37DH para DISK-BASIC). Se for chamada por 0005H, a rotina de saída deve ser definida pela função 63H com o código de erro especificado (0 no caso de código de erro secundário) e se não houver rotina de saída definida pelo usuário, o sistema fará um salto para o endereço 0000H, provocando uma partida a quente do DOS. O interpretador de comandos somente imprimirá a mensagem de erro na tela somente se esta estiver entre 20H e FFH. Se esta função for chamada por F37DH, o controle será passado para o Interpretador BASIC que imprimirá a mensagem de erro.

DEFAB (63H)

Função: Definir rotina de abortamento (saída). Somente disponível se for chamada por 0005H.

Entrada: DE – Endereço inicial da rotina de abortamento; o endereço padrão é 0000H.

Retorno: A – Sempre 00H.

DEFER (64H)

Função: Definir rotina do usuário para erro de disco.
Entrada: DE – Endereço inicial da rotina de erro de disco. O valor padrão é 0000H.
Retorno: A – Sempre 00H.
Nota: A especificação dos parâmetros e resultados da rotina criada são os seguintes:
Entrada: A – Código de erro;
B – Número do drive físico;
C – b0=1 se for erro de escrita;
b1=1 se ignorar o erro (não recomendado);
b2=1 se for sugerida abortagem automática;
b3=1 se o número do setor é válido;
DE – Número do setor do disco (se b3 de C for 1).
Retorno: A = 0 – Chama rotina de erro do sistema;
1 – Aborta;
2 – Tenta novamente;
3 – Ignora.

ERROR (65H)

Função: Pegar código de erro antecipadamente para prevenir o tipo de erro que poderá ocorrer na próxima chamada de função.
Entrada: Nenhum.
Retorno: A – Sempre 00H.
B – Código de erro da função.

EXPLN (66H)

Função: Retornar mensagem do código de erro.
Entrada: B – Código de erro.
DE – Apontador para um buffer de 64 bytes.
Retorno: A – Sempre 00H.
B – Código de erro ou 00H.
DE – Buffer preenchido com a mensagem de erro no formato ASCII.

FORMAT (67H)

Função: Formatar um disco.
Setup: B – número do drive (0=corrente; 1=A:, etc.).

A = 00H – Retorna mensagem de escolha;
01H~09H – Formata com esta escolha;
0AH~0DH – Ilegal;
FEH – Atualiza parâmetros para MSXDOS2;
FFH – Atualização total para MDXDOS2.
HL – Apontador para o buffer (se A = 1~9).
DE – Tamanho do buffer (se A = 1~9).
Retorno: A – Código de erro (se for 0, não houve erro).
B – Slot da mensagem escolhida (só se A=0 na entrada).
HL – Endereço da mensagem escolhida (só se A=0).

RAMD (68H)
Função: Criar ou apagar a ramdisk no drive "H:".
Entrada: B = 00H – Apaga a ramdisk;
01H~FEH – Cria nova ramdisk com xxH segmentos lógicos de 16K.
FFH – Retorna tamanho da ramdisk em segmentos de 16K.
Retorno: A – Código de erro (se for 0, não houve erro).
B – Tamanho da ramdisk.

BUFFER (69H)
Função: Alocar buffers (cada um tem 16K).
Entrada: B – 0 = retorna número de buffers alocados;
1 a 20 (01H a 14H) = aloca o nº especificado de buffers;
21 ou mais (mais que 15H) = inválido.
Retorno: A – Código de erro (se for 0, não houve erro).
B – Número total de buffers alocados.

ASSIGN (6AH)
Função: Atribuir drive lógico a um drive físico.
Entrada: B – Número do drive lógico (1=A:, 2=B:, etc.).
0 – Cancela todas as atribuições (para D = 0);
1 a 7 – Atribui/cancela drive lógico respectivo.
D – Número do drive físico (1=A:, 2=B:, etc.):
0 – Cancela atribuição (para B = 1 a 7);
1 a 7 – Atribui drive físico respectivo;
FFH – Apenas retorna drive lógico em D.
Retorno: A – Código de erro (se for 0, não houve erro).
D – Número do drive físico.

GENV (6BH)

Função: Ler item externo.

Entrada: HL – Apontador para nome string em ASCII.
DE – Apontador do buffer para string de valor.
B – Tamanho do buffer. Se o buffer for pequeno, o valor de retorno será truncado e terminado em 00H. Um buffer de 255 bytes sempre será suficiente.

Retorno: A – Código de erro (se for 0, não houve erro).
DE – Apontador para o buffer preenchido.

SENV (6CH)

Função: Setar item externo.

Entrada: HL – Apontador para o nome em ASCII.
DE – Apontador para a string de valor a ser setado. Deve ter até 255 caracteres e ser terminado em 00H. Se a string for nula, o item externo será removido.

Retorno: A – Código de erro (se for 0, não houve erro).

FENV (6DH)

Função: Procurar item externo.

Entrada: DE – Número do item externo.
HL – Apontador do buffer para o nome em ASCII.

Retorno: A – Código de erro (se for 0, não houve erro).
HL – Apontador para o buffer preenchido, cujo fim é marcado com um byte 00H.

DSKCHK (6EH)

Função: Ativar ou desativar checagem do disco. Quando a checagem estiver ativa, o sistema recarregará o boot, a FAT, o FIB, o FCB, etc. Do disco toda vez que este for trocado.

Entrada: A = 00H – Ler valor de checagem do disco;
01H – Setar valor de checagem do disco.
B = 00H – Ativa (se A=01H);
01H – Desativa (se A=01H).

Retorno: A – Código de erro (se for 0, não houve erro).
B – valor de checagem do disco corrente.

DOSVER (6FH)

Função: Ler o número da versão do MSXDOS. Os valores retornados nos registradores BC e DE estarão em BCD. Assim, se a versão for 2.34, por exemplo, o valor retornado será 0234H. Para compatibilidade com o MSXDOS1 verifique primeiro se houve algum erro (A≠0).

Entrada: Nenhum.

Retorno: A – Código de erro (se for 0, não houve erro).
BC – Versão do DOS Kernel.
DE – Versão do MSXDOS2.SYS.

REDIR (70H)

Função: Ler ou setar o estado de redirecionamento. O efeito desta função é temporário, no caso de A=01H e B=00H na entrada.

Entrada: A = 00H – ler estado de redirecionamento;
01H – setar estado de redirecionamento.
B – Novo estado:
b0 – Entrada padrão.
b1 – Saída padrão.

4.3.6 - Funções adicionadas pelo NEXTOR

FOUT (71H)

Função: Ativa ou desativar o modo STROUT rápido. Quando ativado, apenas os primeiros 511 caracteres serão impressos.

Entrada: A – 00H = Obter o modo STROUT rápido;
01H = Definir modo STROUT rápido.
B – 00H = Desabilitar (apenas se A = 01H);
FFH = Habilitar (somente se A = 01H).

Saída: A – Código de erro (se for 0, não houve erro).
B – Modo STROUT rápido atual.

ZSTROUT (72H)

Função: Imprimir uma string terminada em zero. Esta função é afetada pelo modo STROUT rápido.

Entrada: DE – Endereço da string.

Saída: A = 0 (nunca retorna um erro).

RDDRV (73H)

Função: Ler os setores absolutos da unidade. Esta função é capaz de ler setores independentemente do sistema de arquivos visualizado na unidade (FAT12, FAT16 ou um sistema de arquivos desconhecido), e mesmo quando não há nenhum sistema de arquivos. Os setores lidos serão colocados a partir da DTA do disco atual.

Entrada: A – Número da unidade (0 = A:, 1=B:, etc.).
B – Número de setores para ler.
HL:DE – Número do setor.

Saída: A – Código de erro (se for 0, não houve erro).

WRDRV (74h)

Função: Gravar setores absolutos no disco. Esta função grava setores independentemente do sistema de arquivos na unidade (FAT12, FAT16 ou um sistema de arquivos desconhecido), e também quando não há nenhum sistema de arquivos. Os setores serão gravados a partir da DTA do disco atual.

Entrada: A – Número da unidade (0 = A:, 1=B:, etc.).
B – Número de setores para ler.
HL:DE – Número do setor.

Saída: A – Código de erro (se for 0, não houve erro).

RALLOC (75H)

Função: Obter ou definir vetor de modo de informação de alocação reduzida. O vetor atribui um bit para cada drive; o bit 0 de L é para A:, o bit 1 de L é para B:, etc. Este bit é 1 se o modo de alocação reduzida estiver atualmente habilitado (ao obter o vetor) ou a ser habilitado (ao definir o vetor) para o inversor, 0 quando o modo está desabilitado ou a ser desabilitado.

Entrada: A = 00H – Obter vetor atual;
01H – Definir vetor.
HL – Novo vetor (apenas se A = 01H).

Saída: A – 0 (nunca retorna um erro).
HL – Vetor atual.

DSPACE (76H)

Função: Obter informações de espaço em disco. O valor extra em BC será diferente de zero apenas quando a unidade de alocação mínima da unidade não for um número inteiro em Kbytes.

Entrada: E – número da unidade (0 = padrão, 1 = A :, etc)
A = 00H – Obter espaço livre;
01H – Obter espaço total.
Saída: A – Código de erro (se for 0, não houve erro).
HL:DE – Espaço em Kbytes.
BC – Espaço extra em bytes.

LOCK (77H)

Função: Bloquear / desbloquear uma unidade ou obter o estado de bloqueio de uma unidade. Quando uma unidade está bloqueada, o Nextor presumirá que a mídia nessa unidade nunca será alterada e, portanto, nunca solicitará ao driver associado o status de alteração da mídia; resultando assim em um aumento geral na velocidade de acesso à mídia. Isso é útil ao usar dispositivos removíveis como o dispositivo de armazenamento principal.
Entrada: E – unidade física (0 = A :, 1 = B :, etc).
A = 00H – Obter status de bloqueio;
01H – Definir status de bloqueio.
B = 00H – Desbloquear unidade (apenas se A = 01H);
FFH – Travar unidade (somente se A = 01H).
Saída: A – Código de erro (se for 0, não houve erro).
B – Estado de bloqueio atual, igual ao da entrada.

GDRVR (78H)

Função: Obter informações sobre um driver de dispositivo.
Entrada: A – Índice do driver (0 para especificar slot e segmento).
D – Número do segmento do driver, FFH para drivers na. ROM (apenas se A = 0).
HL – Ponteiro para buffer de dados de 64 bytes.
Saída: A – Código de erro (se for 0, não houve erro).
HL – Aponta para buffer preenchido com dados do driver.
+0: Número do slot do driver.
+1: Número do segmento do driver, FFh se o driver estiver embutido em um Nextor ou ROM Kernel MSX-DOS (sempre FFH na versão atual).
+2: Número de letras de unidade atribuídas a este driver no momento da inicialização.

+3: Primeira letra de unidade atribuída a este driver no momento da inicialização (A: = 0, etc). Não utilizado se nenhuma unidade for atribuída no momento da inicialização.
+4: Sinalizadores do driver:
bit 7: 1 ⟶ Driver do Nextor.
0 ⟶ Driver MSX-DOS (embutido na ROM do Kernel MSX-DOS).
bits 6-3: Não utilizados, sempre "0000".
bit 2: 1 ⟶ Driver implementa rotina DRV_CONFIG.
bit 1: Não utilizado, sempre zero.
bit 0: 1 ⟶ Driver baseado em dispositivo.
0 ⟶ Driver baseado em unidade.
+5: Número da versão principal do driver.
+6: Número da versão secundária do driver.
+7: Número de revisão do driver.
+8: Nome do driver, justificado à esquerda, completado com espaços (32 bytes).
+40 ~ +63: Reservado (sempre zero).

GDLI (79H)
Função: Obter informações sobre uma letra de unidade.
Entrada: A – Unidade física (0 = A :, 1 = B :, etc).
HL – Ponteiro para buffer de dados de 64 bytes.
Saída: A – Código de erro (se for 0, não houve erro).
HL – Aponta para buffer preenchido.
+0: Status da unidade:
0 – Não atribuído
1 – Atribuído a um dispositivo de armazenamento conectado a um driver Nextor ou MSX-DOS.
2 – Não utilizado.
3 – Um arquivo é montado na unidade.
4 – Atribuído ao disco RAM (todos os outros campos serão zero).
+1: Número do slot do driver.
+2: Número do segmento do driver (FFH se o driver estiver embutido no Kernel Nextor ou DOS).
+3: Número relativo da unidade dentro do driver (para drivers baseados em unidade apenas FFH se driver for baseado em dispositivo).

+4: Índice de dispositivo (apenas para drivers baseados em dispositivo; 0 para drivers MSX-DOS).
+5: Índice de unidade lógica (apenas para drivers baseados em dispositivo; 0 para drivers MSX-DOS).
+6 ~ +9: Número do primeiro setor do dispositivo (apenas para drivers baseados em dispositivo; se for driver MSX-DOS retornará 0).
+10 ~ +63: Reservado (sempre zero).
Se um arquivo for montado na unidade, as informações retornadas no buffer de terão a seguinte forma:
+1: Unidade onde o arquivo montado está localizado (0 = A:, 1 = B:, etc)
+2: bit 0 → 0 – Leitura e gravação; 1 – Só leitura.
+3: Sempre 0.
+4: Nome do arquivo em formato de impressão (até 12 caracteres, mais um zero de terminação).

GPART (7AH)
Função: Obter informações sobre uma partição de dispositivo. Apenas para drivers baseados em dispositivo.
Entrada: A – Número do slot do driver.
B – Nº do segmento do driver, FFH p/ drivers na ROM.
D – Índice do dispositivo.
E – Índice de unidade lógica.
H – Número da partição primária (1 a 4).
H:7 = 0 – Obter informações sobre a partição;
1 – Obter o número do setor do dispositivo que contém a entrada da tabela de partição.
L – Número de partição estendida (0 para uma entrada na tabela de partição primária).
Saída: A – Código de erro (se for 0, não houve erro).
→ Se as informações da partição forem solicitadas:
B – Código do tipo de partição:
0 – Nenhum (a partição especificada não existe).
1 – FAT12.
4 – FAT16, menor que 32 MB (obsoleto).
5 – Estendido (manipula mais de 4 partições).
6 – FAT16 (CHS).
14 – FAT16 (LBA).
C – Byte de status da partição.

HL:DE – Número inicial do setor absoluto da partição.
IX:IY – Tamanho da partição em setores.
→ Se o número do setor da entrada da tabela de partição for solicitado:
HL:DE – Número do setor do dispositivo que contém a entrada da tabela de partição.

CDRVR (7BH)
Função: Chamar uma rotina em um driver de dispositivo. Esta função funciona no modo MSX-DOS 1.
Entrada: A – Número do slot do driver.
B – Nº do segmento do driver, FFH p/ drivers na ROM.
DE – Endereço de rotina.
HL – Apontador para um buffer de 8 bytes com os valores de entrada. A ordem dos registradores no buffer deve ser a seguinte: F, A, C, B, E, D, L, H.
Saída: A – Código de erro (se for 0, não houve erro).
BC, DE, HL – Resultados da rotina.
IX – Valor de AF retornado pela rotina.

MAPDRV (7CH)
Função: Mapear uma letra de unidade para um driver de dispositivo
Entrada: A – unidade física (0 = A :, 1 = B :, etc)
B – Ação a realizar:
0 – Remover o mapeamento da unidade
1 – Mapear a unidade para seu estado padrão
2 – Mapear a unidade usando dados de mapeamento específicos
3 – Montar um arquivo na unidade
HL – Se B=2:
Endereço de um buffer de 8 bytes com dados de mapeamento com a seguinte estrutura:
+0 – Número do slot do driver
+1 – Número do segmento do driver (FFH se o driver estiver embutido em uma ROM do Kernel Nextor)
+2 – Número do dispositivo
+3 – Número da unidade lógica
+4 ~ +7 – Setor inicial
Se B=3:
Endereço de nome de arquivo ou FIB.

D – Tipo de montagem de arquivo (se B = 3)
0: Automático (somente leitura se o arquivo tiver esse atributo definido, leitura e gravação de outra forma)
1: Somente leitura

Saída: A – Código de erro (se for 0, não houve erro).

Z80MODE (7DH)

Função: Habilitar ou desabilitar o acesso do Z80 para um driver. Esta função funciona apenas em micros MSX Turbo R.

Entrada: A – Número do slot do driver
B = 00H – Obter modo de acesso Z80 atual
01H – Definir modo de acesso Z80
D = 00H – Desabilitar o modo de acesso Z80 (Se B=01H).
FFH – Habilitar modo de acesso Z80 (Se B=01H).

Saída: A – Código de erro (se for 0, não houve erro).
D – Modo de acesso Z80 atual para o driver especificado (igual ao da entrada).

GETCLUS (7EH)

Função: Obter informações para um cluster em uma unidade FAT.

Entrada: A – Número da unidade (0 = padrão, 1 = A: etc.).
DE – Número do cluster.
HL – Apontador para um buffer de 16 bytes.

Saída: A – Código de erro (se for 0, não houve erro).
HL – Apontador para o buffer preenchido:
+0 – Setor da FAT com a entrada do cluster (2 bytes).
+2 – Offset no setor FAT c/ entrada do cluster (0-511).
+4 – Primeiro setor de dados ao ref. ao cluster(4 bytes).
+8 – Valor da entrada FAT para o cluster (2 bytes).
+10: – Tamanho de um cluster em setores (1 byte).
+11: – Sinalizadores (1 byte):
bit 0 = 1 se a unidade for FAT12.
bit 1 = 1 se a unidade for FAT16.
bit 2 = 1 se a entrada FAT para o cluster for uma entrada ímpar (apenas FAT12).
bit 3 = 1 se o cluster é o último de um arquivo.
bit 4 = 1 se o cluster estiver livre.
bits 5-7: Não utilizados, sempre zero.
+12 ~ +15: Não utilizados, sempre zero.

O valor da entrada FAT para o cluster tem os seguintes significados:
0 → cluster livre.
0FF8H–0FFFH p/ FAT12 e FFF8H-FFFFH p/ FAT16 →
→ cluster é o último de um arquivo.
Outro valor → número do próximo cluster onde os dados para um arquivo continuam.

4.4 – CÓDIGOS DE ERRO DO MSXDOS

Nº	Original inglês	Português
50	FIELD overflow	Campo maior
51	Internal error	Erro interno
52	Bad file number	Número de arquivo inválido
53	File not found	Arquivo não encontrado
54	File open	Arquivo aberto
55	End of file	Fim de arquivo
56	Bad file name	Nome de arquivo ruim
57	Direct statement in file	Comando direto no arquivo
58	Sequential I/O only	Somente acesso sequencial
59	File not OPEN	Arquivo não aberto
60	Disk error	Erro de disco
61	Bad file mode	Modo de arquivo errado
62	Bad drive name	Nome de drive errado
63	Bad sector	Setor com erro
64	File still open	Arquivo já aberto
65	File already exists	Arquivo já existe
66	Disk full	Disco cheio
67	Too many files	Diretório cheio
68	Write protected disk	Disco protegido contra escrita
69	Disk I/O error	Erro de I/O em disco
70	Disk offline	Sem disco
71	RENAME across disk	RENAME em discos diferentes

4.5 - CÓDIGOS DE ERRO DO MSXDOS2

4.5.1 - Erros de Disco

Nº	Original inglês	Português
FFH	Incompatible disk	Disco incompatível
FEH	Write error	Erro de escrita
FDH	Disk error	Erro de disco
FCH	Not ready	Não pronto
FBH	Verify error	Verificar erro
FAH	Data error	Erro de dados
F9H	Sector not found	Setor não encontrado
F8H	Write protected disk	Disco protegido contra escrita
F7H	Unfomatted disk	Disco não formatado
F6H	Not a DOS disk	Disco não DOS
F5H	Wrong disk	Disco errado
F4H	Wrong disk for file	Disco errado para arquivo
F3H	Seek error	Erro de procura
F2H	Bad file allocation table	Tabela de alocação de arquivos inválida
F1H	No message	Sem mensagem
F0H	Cannot format this drive	Este drive não pode ser formatado

4.5.2 - Erros das Funções do MSXDOS

DFH	Internal error	Erro interno
DEH	Not enough memory	Memória insuficiente
DDH	-	
DCH	Invalid MSX-DOS call	Chamada inválida do MSXDOS
DBH	Invalid drive	Drive inválido
DAH	Invalid filename	Nome de arquivo inválido
D9H	Invalid pathname	Nome da path inválido
D8H	Pathname too long	Nome da path muito longo
D7H	File not found	Arquivo não encontrado
D6H	Directory not found	Diretório não encontrado
D5H	Root directory full	Diretório raiz cheio
D4H	Disk full	Disco cheio
D3H	Duplicate filename	Nome de arquivo duplicado

D2H	Invalid directory move	Movimentação de diretório inválida
D1H	Read only file	Arquivo somente de leitura
D0H	Directory not empty	Diretório não vazio
CFH	Invalid attributes	Atributos inválidos
CEH	Invalid . or .. operation	Operação com . ou .. inválida
CDH	System file exists	Arquivo de sistema existe
CCH	Directory exists	Diretório existe
CBH	File exists	Arquivo existe
CAH	File already in use	Arquivo já em uso
C9H	Cannot transfer above 64K	Não pode tranferir mais de 64K
C8H	File allocation error	Erro de alocação de arquivo
C7H	End of file	Fim de arquivo
C6H	File access violation	Violação de acesso ao arquivo
C5H	Invalid process id	Processo ID inválido
C4H	No spare file handles	Não há arquivos handle disponíveis
C3H	Invalid file handle	Arquivo handle inválido
C2H	File handle not open	Arquivo handle não aberto
C1H	Invalid device operation	Operação de dispositivo inválida
C0H	Invalid environment string	String inválida
BFH	Environment string too long	String muito longa
BEH	Invalid date	Data inválida
BDH	Invalid time	Hora inválida
BCH	RAM disk already exists	RAMDISK já existe
BBH	RAM disk does not exist	RAMDISK não existe
BAH	File handle has been deleted	Arquivo handle foi deletado
B9H	Internal error	Erro interno
B8H	Invalid sub-function number	Número de subfunção inválido

4.5.3 – Erros Adicionados pelo Nextor

B6H	Invalid device driver	Driver de dispositivo incorreto
B5H	Invalid device or LUN	Dispositivo ou LUN inválido
B4H	Invalid partition number	Número de partição inválido
B3H	Partition is already in use	Partição já em uso
B2H	File is mounted	Arquivo está montado
B1H	Bad file size	Tamanho de arquivo incorreto
B0H	Invalid cluster number	Número de cluster inválido

4.5.4 - Erros de Término de Programas

9FH	Ctrl-STOP pressed	CTRL+STOP pressionadas
9EH	Ctrl-C pressed	CTRL+C pressionadas
9DH	Disk operarion aborted	Operação de disco abortada
9CH	Error on standard output	Erro na saída padrão
9BH	Error on standard input	Erro na entrada padrão

4.5.5 - Erros de Comando

8FH	Wrong version off COMMAND	Versão errada do COMMAND
8EH	Unrecognized command	Comando não reconhecido
8DH	Command too long	Comando muito longo
8CH	Internal error	Erro interno
8BH	Invalid parameter	Parâmetro inválido
8AH	Too many parameters	Excesso de parâmetros
89H	Missing parameter	Falta parâmetro
88H	Invalid option	Opção inválida
87H	Invalid number	Número inválido
86H	File for HELP not found	Arquivo HELP não encontrado
85H	Wrong version of MSX-DOS	Versão errada do MSXDOS
84H	Cannot concatenate destination file	Arquivo de destino não pode ser concatenado
83H	Cannot create destination file	Arquivo de destino não pode ser criado
82H	File cannot be copied onto itself	Arquivo não pode ser copiado nele mesmo
81H	Cannot overwrite previous destination file	Arquivo de destino não pode ser previamente escrito

5 - SYMBOS

5.1 - ROTINAS DO KERNEL

5.1.1 - Kernel Restarts

RST 08H (MSGSLP) - Message_Sleep_And_Receive

Descrição: Verifica se há uma nova mensagem de outro processo. Se não houver mensagem, o processo será colocado em modo de espera, até que uma mensagem esteja disponível.

Entrada: IXl - ID do processo do receptor (o seu).
IXh - ID do processo do remetente ou -1 para verificar mensagens de qualquer processo.
IY - Apontador para buffer de mensagem (14 bytes).

Saída: IXl - 0 → Nenhuma mensagem disponível;
1 → Mensagem recebida).
IXh - ID do processo remetente (se IXl = 1).

Registradores: AF, BC, DE, HL.

RST 10H (MSGSND) - Message_Send

Descrição: Envia uma mensagem para outro processo. Se a fila de mensagens estiver cheia ou o receptor não existir, ela não será enviada. A mensagem deve estar entre C000H e FFFFH e pode ter um tamanho máximo de 14 bytes.

Entrada: IXl - ID do processo do remetente (seu próprio)
IXh - ID do processo do receptor
IY - Apontador para a mensagem (1-14 bytes)

Saída: IXl - 0 → A fila de mensagens está cheia,
1 → Mensagem enviada com sucesso,
2 → Processo receptor não existe

Registradores: AF, BC, DE, HL.

RST 18H (MSGGET) - Message_Receive

Descrição: Verifica se há uma nova mensagem de outro processo. O buffer de mensagem deve ter um tamanho de 14 bytes e ser sempre colocado entre C000H e FFFFH.

Entrada: IXl - ID do processo do receptor (o seu)
IXh - ID do processo do remetente ou -1 para verificar mensagens de qualquer processo.
IY - Apontador para buffer de mensagem (14 bytes)

Saída: IXl - 0 → Nenhuma mensagem disponível;
1 → Mensagem recebida).
IXh - ID do processo remetente (se IXl = 1).
Registradores: AF, BC, DE, HL.

RST 20H (BNKSCL) - Banking_SlowCall
Descrição: Chama uma rotina, que é colocada no primeiro banco de RAM. Todos os registradores serão transferidos sem modificações de e para a rotina. O endereço da rotina deve ser especificado logo após o comando RST.
Entrada: (SP + 0) - Endereço de destino.
AF, BC, DE, HL, IX, IY - Regs para a rotina de destino.
Saída: AF, BC, DE, HL, IX, IY - Regs da rotina de destino.
Registradores: -

RST 28H (BNKFCL) - Banking_FastCall
Descrição: Chama uma rotina, que é colocada no primeiro banco RAM. DE, IX e IY serão transferidos sem modificações de e para a rotina. É mais rápida do que RST 20H (BNKSCL).
Entrada: HL - Endereço de destino.
DE, IX, IY - Registradores para a rotina de destino.
Saída: DE, IX, IY - Registradores da rotina de destino.
Registradores: AF, BC, HL.

RST 30H (MTSOFT) - Multitasking_SoftInterrupt
Descrição: Libera o tempo de CPU para o sistema. O processo que chamou essa função é marcado como "ocioso".
Entrada: -
Saída: -
Registradores: -

RST 38H (MTHARD) - Multitasking_HardInterrupt
Descrição: Entrada do manipulador de interrupção de hardware, que é chamada 50, 60 ou 300 vezes por segundo, dependendo do computador. Não deve ser chamada pelo usuário.
Entrada: -
Saída: -
Registradores: -

5.1.2 – Comandos do Kernel (Gerenciamento Multitarefa)

Os comandos do Kernel são acionados por meio de uma mensagem, que deve ser enviada com RST 10H (MSGSND) para o processo do Kernel, que sempre tem o ID 1.

ID: 001 (MSC_KRL_MTADDP) – Multitasking_Add_Process_Command

Descrição: Adiciona um novo processo com uma determinada prioridade e o inicia imediatamente. Os processos de aplicação geralmente serão iniciados com a prioridade 4. A pilha deve sempre ser colocada entre C000H e FFFFH (Área de transferência da RAM), com a seguinte estrutura:

```
    ds 128            ; buffer de pilha
stack_pointer:
    dw 0              ; valor inicial p/ IY
    dw 0              ; valor inicial p/ IX
    dw 0              ; valor inicial p/ HL
    dw 0              ; valor inicial p/ DE
    dw 0              ; valor inicial p/ BC
    dw 0              ; valor inicial p/ AF
    dw process_start  ; end. início processo
process_id db 0       ; Kernel escr. ID aqui
```

Biblioteca: SyKernel_MTADDP

Mensagem: 00 1B 001.
01 1W Endereço da pilha.
03 1B Prioridade (1 – Mais alta, 7 – Mais baixa).
04 1B Banco de RAM (0~15).

Resposta: Consulte MSR_KRL_MTADDP.

ID: 002 (MSC_KRL_MTDELP) – Multitasking_Delete_Process_Command

Descrição: Interrompe um processo existente e o exclui.

Biblioteca: SyKernel_MTDELP.

Mensagem: 00 1B 002.
01 1B ID do processo.

Resposta: Consulte MSR_KRL_MTDELP.

ID: 003 (MSC_KRL_MTADDT) – Multitasking_Add_Timer_Command

Descrição: Adiciona um novo timer e o inicia imediatamente. Os timers serão chamados 50 ou 60 vezes por segundo, dependendo da frequência do VSYNC da tela.

Biblioteca: SyKernel_MTADDT.
Mensagem: 00 1B 003.
01 1W Endereço da pilha.
04 1B Banco da RAM (0~15).
Resposta: Consulte MSR_KRL_MTADDT.

ID: 004 (MSC_KRL_MTDELT) – Multitasking_Delete_Timer_Command
Descrição: Interrompe um timer existente e o exclui.
Biblioteca: SyKernel_MTDELT.
Mensagem: 00 1B 004.
01 1B ID do timer.
Resposta: Consulte MSR_KRL_MTDELT.

ID: 005 (MSC_KRL_MTSLPP) – Multitasking_Sleep_Process_Command
Descrição: Coloca um processo existente no modo de hibernação.
Biblioteca: SyKernel_MTSLPP.
Mensagem: 00 1B 005.
01 1B ID do processo.
Resposta: Consulte MSR_KRL_MTSLPP.

ID: 006 (MSC_KRL_MTWAKP) –
– Multitasking_WakeUp_Process_Command
Descrição: Acorda um processo que estava adormecido.
Biblioteca: SyKernel_MTWAKP.
Mensagem: 00 1B 006.
01 1B ID do processo.
Resposta: Consulte MSR_KRL_MTWAKP.

ID: 007 (MSC_KRL_TMADDT) – Timer_Add_Counter_Command
Descrição: Adiciona um contador para um processo. É preciso reservar um byte em qualquer lugar da memória, que será incrementado a cada [P5]/50 ou [P5]/60 segundos.
Biblioteca: SyKernel_TMADDT
Mensagem: 00 1B 007
01 1W Endereço do byte do contador.
03 1B Byte contador do banco de RAM (0~15).
04 1B ID do Processo.
05 1B Velocidade (contador inc. cada x/50, x/60 seg.)
Resposta: Consulte MSR_KRL_TMADDT

ID: 008 (MSC_KRL_TMDELT) - Timer_Delete_Counter_Command

Descrição: Interrompe o contador especificado.
Biblioteca: SyKernel_TMDELT.
Mensagem: 00 1B 008.
01 1W Endereço do byte do contador.
03 1B Byte contador do banco de RAM (0~15).
Resposta: Consulte MSR_KRL_TMDELT.

ID: 009 (MSC_KRL_TMDELP) -
- Timer_Delete_AllProcessCounters_Command

Descrição: Interrompe todos os contadores de um processo.
Biblioteca: SyKernel_TMDELP.
Mensagem: 00 1B 009.
01 1B ID do processo.
Resposta: Consulte MSR_KRL_TMDELP.

ID: 010 (MSC_KRL_MTPRIO) -
- Multitasking_Process_Priority_Command

Descrição: Altera a prioridade de um processo. Um processo pode alterar sua própria prioridade.
Biblioteca: SyKernel_MTPRIO.
Mensagem: 00 1B 010.
01 1B ID do processo.
01 1B Nova Prioridade (1 - Mais alta, 7 - Mais baixa).
Resposta: Consulte MSR_KRL_MTPRIO.

5.1.3 - Respostas do Kernel (Gerenciamento Multitarefa)

As respostas do Kernel vêm na forma de mensagens, que devem ser recebida com RST 18H (MSGSND) ou RST 08H (MSGSLP) do processo do Kernel, que sempre tem o ID 1.

ID: 129 (MSR_KRL_MTADDP) - Multitasking_Add_Process_Response

Descrição: O Kernel envia esta mensagem após tentar adicionar um novo processo (consulte MSC_KRL_MTADDP). Novos processos não devem ser adicionados antes de receber esta mensagem.
Mensagem: 00 1B 129.
01 1B estado de erro (0 - Sucesso, 1 - Falha).
02 1B ID do Processo (se P1 = 0).

ID: 130 (MSR_KRL_MTDELP) – Multitasking_Delete_Process_Response
Descrição: O Kernel envia esta mensagem após excluir um processo existente (consulte MSC_KRL_MTDELP).
Mensagem: 00 1B 130.

ID: 131 (MSR_KRL_MTADDT) – Multitasking_Add_Timer_Response
Descrição: O Kernel envia esta mensagem após tentar adicionar um novo timer (consulte MSC_KRL_MTADDT). Novos timers não devem ser adicionados até receber esta mensagem.
Mensagem: 00 1B 131.
01 1B estado de erro (0 – Sucesso, 1 – Falha).
02 1B ID do temporizador (se P1 = 0).

ID: 132 (MSR_KRL_MTDELT) – Multitasking_Delete_Timer_Response
Descrição: O Kernel envia esta mensagem após excluir um timer existente (consulte MSC_KRL_MTDELT).
Mensagem: 00 1B 132.

ID: 133 (MSR_KRL_MTSLPP) – Multitasking_Sleep_Process_Response
Descrição: O Kernel envia esta mensagem após colocar um processo em hibernação (consulte MSC_KRL_MTSLPP).
Mensagem: 00 1B 133.

ID: 134 (MSR_KRL_MTWAKP) – – Multitasking_WakeUp_Process_Response
Descrição: O Kernel envia esta mensagem após acordar um processo (consulte MSC_KRL_MTWAKP).
Mensagem: 00 1B 134.

ID: 135 (MSR_KRL_TMADDT) – Timer_Add_Counter_Response
Descrição: O Kernel envia esta mensagem após tentar adicionar um novo contador (consulte MSC_KRL_TMADDT).
Mensagem: 00 1B 135.
01 1B estado de erro (0 – Sucesso, 1 – Falha).

ID: 136 (MSR_KRL_TMDELT) – Timer_Delete_Counter_Response
Descrição: O Kernel envia esta mensagem após deletar um contador (consulte MSC_KRL_TMDELT).
Mensagem: 00 1B 136.

ID: 137 (MSR_KRL_TMDELP) -
- Timer_Delete_AllProcessCounters_Response

Descrição: O Kernel envia esta mensagem após excluir todos os contadores de um processo (consulte MSC_KRL_TMDELP).

Mensagem: 00 1B 137.

ID: 138 (MSR_KRL_MTPRIO) -
- Multitasking_Process_Priority_Response

Descrição: O Kernel envia esta mensagem após alterar a prioridade de um processo (consulte MSC_KRL_MTPRIO).

Mensagem: 00 1B 138.

5.1.4 - Funções do Kernel (Gerenciamento de Memória)

Todas as funções de memória do Kernel devem ser chamadas com RST 20H (BNKSCL) ou RST 28H (BNKFCL). Muitas funções só podem ser chamadas uma vez ao mesmo tempo, então elas são protegidas com um mecanismo de sinalização. O processo de chamada será alterado para o modo inativo, enquanto a função estiver trabalhando para outro processo.

MEMSUM (8100H) - Memory_Summary

Descrição: Retorna o tamanho total da memória (= D * 65 536 + 65 536) e a quantidade de bytes (= E * 65 536 + IX) que ainda estão disponíveis.

Como chamar: ld hl, 8100H : rst 28H

Entrada: -

Saída: E, IX - Memória livre em bytes.
D - Número de bancos de 64K de RAM estendida.

Registradores: A, BC, IY.

MEMINF (8121H) - Memory_Information

Descrição: Pesquisa a maior área livre dentro de um banco de 64K. Se o Banco RAM (A - 0) não for especificado, o sistema pesquisará a maior área dentro de toda a memória.

Como chamar: rst 20H : dw 8121H

Entrada: A - Banco RAM (1~15, 0 significa qualquer banco)
E - tipo de memória:
0 → Total (área de código).
1 → Dentro de um bloco de 16K (área de dados).
2 → Dentro do último bloco de 16K (área de transferência).

Saída: BC – Comprimento da maior área livre.
A, HL – Memória livre total em bytes.
Registradores: F, DE

MEMGET (8118H) – Memory_Get

Descrição: Reserva memória em qualquer banco ou em um banco especial de RAM. Se o tipo de memória for 1, ele será reservada dentro de um bloco de 16K; se for 2, dentro do último bloco de 16k (área de transferência).
Como chamar: rst 20H : dw 8118H
Entrada: A – Banco RAM (1~15, 0 significa qualquer banco).
E – Tipo de memória:
0 ⟶ total (área de código).
1 ⟶ dentro de um bloco de 16K (área de dados).
2 ⟶ dentro do último bloco de 16K (área de transferência).
BC – Comprimento em bytes.
Saída: A – Banco RAM (1~15).
HL – Endereço.
CY – Estado de erro (CY=1 ⟶ Memória livre insuficiente).
Registradores: BC, DE.

MEMFRE (811BH) – Memory_Free

Descrição: Libera a memória especificada.
Como chamar: rst 20H : dw 811BH
Entrada: A – Banco RAM (1~15).
HL – Endereço.
BC – Comprimento em bytes.
Saída: –
Registradores: AF, BC, E, HL.

MEMSIZ (811EH) – Memory_Resize

Descrição: Altera o tamanho de uma área de memória reservada. Sempre funcionará se o novo comprimento for menor que o anterior. Se o usuário já iniciou outros aplicativos, há poucas chances de aumentar uma área de memória reservada existente.
Como chamar: rst 20H : dw 811EH

Entrada: A - Banco RAM (1~15).
HL - Endereço.
BC - Comprimento antigo em bytes.
DE - Novo comprimento em bytes.
Saída: CY - Estado de erro (CY=1 -> memória livre insuficiente).
Registradores: AF, BC, DE, HL.

5.1.5 - Funções do Kernel (Bancos de Memória)

BNKRWD (8124H) - Banking_ReadWord
Descrição: Lê uma palavra de um endereço em qualquer Banco RAM.
Como chamar: rst 20H : dw 8124H
Entrada: A - Banco RAM (0~15).
HL - Endereço.
Resultado: BC - Conteúdo de A, HL.
HL - Endereço + 2.
Registradores: -

BNKWWD (8127H) - Banking_WriteWord
Descrição: Grava uma palavra em um endereço em qualquer Banco RAM.
Como chamar: rst 20H : dw 8127H
Entrada: A - Banco RAM (0~15).
HL - Endereço.
BC - Word.
Saída: HL - Endereço + 2.
Registradores: BC.

BNKRBT (812AH) - Banking_ReadByte
Descrição: lê um byte de um endereço em qualquer Banco RAM.
Como chamar: rst 20H : dw 812AH
Entrada: A - Banco RAM (0~15).
HL - Endereço.
Saída: B - Conteúdo de A, HL.
HL - Endereço + 1.
Registradores: -

BNKWBT (812DH) - Banking_WriteByte
Descrição: grava um byte em um endereço em qualquer Banco RAM.
Como chamar: rst 20H : dw 812DH

Entrada: A - Banco RAM (0~15).
HL - Endereço.
B - Byte.
Saída: HL - Endereço + 1.
Registradores: BC.

BNKCOP (8130H) – Banking_Copy
Descrição: Copia uma área de memória de um endereço em qualquer Banco RAM para qualquer outro lugar na memória. O nibble baixo do registro A (bit 0-3) especifica o banco fonte e o nibble alto (bit 4-7) o banco de destino.
Como chamar: rst 20H : dw 8130H
Entrada: A - bit0–3: Banco RAM de origem (0~15).
bit4–7: Banco de memória RAM de destino (0~15).
HL - Endereço de origem.
DE - Endereço de destino.
BC - Comprimento.
Saída: -
Registradores: AF, BC, DE, HL.

BNKGET (8133H) – Banking_GetBank
Descrição: Devolve o número do Banco RAM onde está o processo rodando.
Como chamar: rst 20H : dw 8133H.
Entrada: -
Saída: A - Banco RAM (1~15).
Registradores: F.

BNK16C (8142H) – Banking_Call_Application16KRoutine
Descrição: Permite executar uma rotina de aplicativo no primeiro banco de RAM. A rotina deve ser colocada em um banco de 16K que será alterado para 4000H–7FFFH antes da rotina ser chamada.
Como chamar: ld hl, 8142H : rst 28H
Entrada: IX - Apontador para estrutura de dados (deve estar entre C000H~FFFFH):
00 1B Banco de memória RAM da rotina (0~15).
01 1W Endereço de rotina.
03 1W Endereço da pilha temporária.
DE, IY - Serão entregues sem modificações para a rotina.

Saída: DE, IX, IY – Retornarão sem modificações pela rotina.
Registradores: AF, BC, HL.

BNKCLL (FF03H) – Banking_Interbank_Call
Descrição: Alterna para uma rotina em outro banco de memória RAM de 64K. Assim é possível ter áreas de código em vários bancos de 64K e alternar facilmente entre eles.
Como chamar: call FF03H
Entrada: IX – Endereço de rotina.
B – Banco de RAM da rotina (0~15).
IY – Endereço da pilha de rotinas.
DE, HL – Será entregue sem modificações para a rotina.
Saída: –
Registradores: AF, BC, IY

BNKRET (FF00H) – Banking_Interbank_Return
Descrição: Retorna de uma rotina dentro de outro banco de 64K para o chamador no banco principal. Consulte BNKCLL.
Como chamar: jp FF00H
Entrada: C, DE, HL, IX – Serão entregues sem modificações para o chamador.
Saída: –
Registradores: AF, B, IY.

5.1.6 – Funções do Kernel (Diversas)

MTGCNT (8109H) – Multitasking_GetCounter
Descrição: Devolve o contador do sistema (= IY * 65 536 + IX) e o contador do processo ocioso. O contador do sistema é incrementado 50 ou 60 vezes por segundo. O processo ocioso aumenta seu contador a cada 64 microssegundos, quando possui o tempo de CPU. Com esses dois contadores, pode ser calculado o uso da CPU da seguinte forma: CPU_usage – 100% * (idle_counter_NEW – idle_counter_OLD) / ((system_counter_NEW – system_counter_OLD) * 312).
Como chamar: ld hl, 8109H : RST 28H
Entrada: –
Saída: IY, IX – Contador do sistema.
DE – Contador ocioso.
Registradores: –

5.2 - GERENCIADOR DA ÁREA DE TRABALHO

O gerenciador de área de trabalho é responsável por todas as ações que ocorrem na tela de vídeo. Os comandos do gerenciador são acionados por meio de uma mensagem, que deve ser enviada com RST 10H (MSGSND) para o processo do gerenciador, que sempre tem o ID 2.

ID: 032 (MSC_DSK_WINOPN) - Window_Open_Command

Descrição: Abre uma nova janela. O registro de dados deve ser colocado na área de transferência (entre C000H e FFFFH).
Biblioteca: SyDesktop_WINOPN.
Mensagem: 00 1B 032.
01 1B Banco RAM do registro de dados da janela (0~8).
02 1W Endereço de registro de dados de janela (C000H~FFFFH).
Resposta: Consulte MSR_DSK_WOPNER e MSR_DSK_WOPNOK.

ID: 033 (MSC_DSK_WINMEN) - Window_Redraw_Menu_Command

Descrição: Redesenha a barra de menu de uma janela. Só funciona se a janela estiver em foco.
Biblioteca: SyDesktop_WINMEN.
Mensagem: 00 1B 033.
01 1B ID da janela.

ID: 034 (MSC_DSK_WININH) - Window_Redraw_Content_Command

Descrição: Redesenha um, todos ou um número especificado de controles dentro do conteúdo da janela. É idêntico a MSC_DSK_WINDIN, com a exceção de que só funciona se a janela estiver em foco.
Biblioteca: SyDesktop_WININH.
Mensagem: 00 1B 034.
01 1B ID da janela.
02 1B -1 ⟶ ID de controle ou nº negativo de controles
000~239 ⟶ O controle com o ID especificado será redesenhado.
240~254 ⟶ Redesenha os controles −P2 a partir do controle P3. Por exemplo, se P2 for −3 (253) e P3 for 5, os controles 5, 6 e 7 serão redesenhados.
255 ⟶ Redesenha todos os controles dentro da janela atual.

→ Se P2 estiver entre 240 e 254:
03 1B ID do primeiro controle a ser redesenhado.

ID: 035 (MSC_DSK_WINTOL) – Window_Redraw_Toolbar_Command
Descrição: Redesenha um, todos ou um número especificado de controles dentro da barra de ferramentas da janela. Só funciona se a janela estiver em foco.
Biblioteca: SyDesktop_WINTOL
Mensagem: 00 1B 035.
01 1B ID da janela.
02 1B -1 → ID de controle ou nº negativo de controles
000~239 → O controle com o ID especificado será redesenhado.
240~254 → Redesenha os controles –P2 a partir do controle P3. Por exemplo, se P2 for –3 (253) e P3 for 5, os controles 5, 6 e 7 serão redesenhados.
255 → Redesenha todos os controles dentro da janela atual.
→ Se P2 estiver entre 240 e 254:
03 1B ID do primeiro controle a ser redesenhado.

ID: 036 (MSC_DSK_WINTIT) – Window_Redraw_Title_Command
Descrição: Redesenha a barra de título de uma janela. Só funciona se a janela estiver em foco.
Biblioteca: SyDesktop_WINTIT
Mensagem: 00 1B 036
01 1B ID da janela.

ID: 037 (MSC_DSK_WINSTA) – Window_Redraw_Statusbar_Command
Descrição: Redesenha a barra de estado de uma janela. Só funciona se a janela estiver em foco.
Biblioteca: SyDesktop_WINSTA.
Mensagem: 00 1B 037.
01 1B ID da janela.

ID: 038 (MSC_DSK_WINMVX) – Window_Set_ContentX_Command
Descrição: Se o tamanho do conteúdo da janela for maior do que a parte visível, este comando permite definir o deslocamento horizontal. Só funciona se a janela estiver em foco.

Biblioteca: SyDesktop_WINMVX.
Mensagem: 00 1B 038.
01 1B ID da janela.
02 1W Novo deslocamento X do conteúdo da janela.

ID: 039 (MSC_DSK_WINMVY) – Window_Set_ContentY_Command
Biblioteca: SyDesktop_WINMVY
Descrição: Se o tamanho do conteúdo da janela for maior do que a parte visível, este comando permite definir o deslocamento vertical. Só funciona se a janela estiver em foco.
Mensagem: 00 1B 039.
01 1B ID da janela.
02 1W Novo deslocamento Y do conteúdo da janela.

ID: 040 (MSC_DSK_WINTOP) – Window_Focus_Command
Descrição: Leva a janela para a posição frontal na tela. Sempre funciona.
Biblioteca: SyDesktop_WINTOP.
Mensagem: 00 1B 040.
01 1B ID da janela.

ID: 041 (MSC_DSK_WINMAX) – Window_Size_Maximize_Command
Descrição: Maximiza uma janela. Uma janela maximizada não pode ser movida para outra posição da tela. Este comando só funciona se a janela estiver minimizada ou restaurada.
Biblioteca: SyDesktop_WINMAX.
Mensagem: 00 1B 041.
01 1B ID da janela.

ID: 042 (MSC_DSK_WINMIN) – Window_Size_Minimize_Command
Descrição: Minimiza uma janela. Ele vai desaparecer da tela só pode ser acessada pelo usuário através da barra de tarefas. Só funciona se a janela estiver maximizada ou restaurada.
Biblioteca: SyDesktop_WINMIN.
Mensagem: 00 1B 042.
01 1B ID da janela.

ID: 043 (MSC_DSK_WINMID) – Window_Size_Restore_Command
Descrição: Restaura a janela ou o tamanho da janela. Só funciona se a janela estiver maximizada ou minimizada.

Biblioteca: SyDesktop_WINMID
Mensagem: 00 1B 043
01 1B ID da janela.

ID: 044 (MSC_DSK_WINMOV) - Window_Set_Position_Command
Descrição: Move a janela para outra posição na tela. Só funciona se a janela não estiver maximizada.
Biblioteca: SyDesktop_WINMOV.
Mensagem: 00 1B 044.
01 1B ID da janela.
02 1W Nova posição X da janela.
04 1W Nova posição Y da janela.

ID: 045 (MSC_DSK_WINSIZ) - Window_Set_Size_Command
Descrição: Redimensiona uma janela. O tamanho sempre se refere ao conteúdo visível da janela, não à janela inteira, incluindo o controle elementos. Este comando sempre funciona.
Biblioteca: SyDesktop_WINSIZ.
Mensagem: 00 1B 045.
01 1B ID da janela.
02 1W Nova largura da janela.
04 1W Nova altura da janela.

ID: 046 (MSC_DSK_WINCLS) - Window_Close_Command
Descrição: Fecha a janela. Sempre funciona.
Biblioteca: SyDesktop_WINCLS.
Mensagem: 00 1B 046.
01 1B ID da janela.

ID: 047 (MSC_DSK_WINDIN) -
- Window_Redraw_ContentExtended_Command
Biblioteca: SyDesktop_WINDIN
Descrição: Redesenha um, todos ou um número especificado de controles dentro do conteúdo da janela. Este comando é idêntico ao MSC_DSK_WININH, com a exceção de que sempre funciona, mas com menor velocidade.
Mensagem: 00 1B 047.
01 1B ID da janela.

02 1B ID de controle, -1 (todos) ou número negativo de controle.
000~239 → O controle com o ID especificado será redesenhado.
240~254 → Redesenha os controles -P2 a partir do controle P3. Por exemplo, se P2 for -3 (253) e P3 for 5, os controles 5, 6 e 7 serão redesenhados.
255 → Redesenha todos os controles dentro da janela atual.
→ Se P2 estiver entre 240 e 254:
03 1B ID do primeiro controle a ser redesenhado.

ID: 048 (MSC_DSK_DSKSRV) - Desktop_Service_Command

Descrição: Por favor, leia a descrição do serviço "Gerenciador da Área de Trabalho" para mais informações.
Biblioteca: Consultar SERVIÇOS DO GERENCIADOR DA ÁREA DE TRABALHO.
Mensagem: 00 1B 048.
01 1B ID do serviço.
02~05 Veja a descrição do serviço "Gerenciador da Área de Trabalho".
Resposta: Consultar MSR_DSK_DSKSRV.

ID: 049 (MSC_DSK_WINSLD) - Window_Redraw_Slider_Command

Descrição: Redesenha os dois controles deslizantes da janela, com os quais o usuário pode rolar o conteúdo. Só funciona se a janela estiver em foco
Biblioteca: SyDesktop_WINSLD.
Mensagem: 00 1B 049.
01 1B ID da janela.

ID: 050 (MSC_DSK_WINPIN) -
- Window_Redraw_ContentÁrea_Command

Descrição: Este comando funciona como MSC_DSK_WINDIN, mas atualiza apenas uma área especificada dentro do conteúdo da janela. Para mais informações, consulte MSC_DSK_WINDIN e MSC_DSK_WININH. Este comando sempre funciona.

Biblioteca: SyDesktop_WINPIN
Mensagem: 00 1B 050
01 1B ID da janela.
02 1B ID de controle, -1 (todos) ou número negativo de controle.
000~239 → O controle com o ID especificado será redesenhado.
240~254 → Redesenha os controles -P2 a partir do controle P3. Por exemplo, se P2 for -3 (253) e P3 for 5, os controles 5, 6 e 7 serão redesenhados.
255 → Redesenha todos os controles dentro da janela atual.
04 1W Início da área X dentro do conteúdo da janela.
06 1W Início da área Y (vertical).
08 1W Largura X da área (horizontal).
10 1W Altura Y da área (vertical).
→ Se P2 estiver entre 240 e 254:
03 1B ID do primeiro controle que deve ser redesenhado.

ID: 051 (MSC_DSK_WINSIN) -
- Window_Redraw_SubControl_Command

Descrição: Este comando funciona como MSC_DSK_WINDIN, mas atualiza apenas um subcontrole dentro de uma coleção de controles (não suporta o redesenho de vários subcontroles). Consultar MSC_DSK_WINDIN. Este comando sempre funciona.
Biblioteca: SyDesktop_WINSIN.
Mensagem: 00 1B 051.
01 1B ID da janela.
02 1B ID de coleta de controle.
03 1B ID do subcontrole dentro da coleção de controles.

5.2.1 - Respostas do Gerenciador da Área de Trabalho

ID: 160 (MSR_DSK_WOPNER) - Window_OpenError_Response
Descrição: Não foi possível abrir a janela, pois o número máximo de janelas (32) já foi alcançado.
Mensagem: 00 1B 160.

ID: 161 (MSR_DSK_WOPNOK) – Window_OpenOK_Response

Descrição: A janela foi aberta. O gerenciador de área de trabalho retorna o ID respectivo, que será necessário para todos os comandos relativos à nova janela

Mensagem: 00 1B 161.
04 1B ID da janela.

ID: 162 (MSR_DSK_WCLICK) – Window_UserAction_Response

Descrição: O gerenciador de área de trabalho envia esta mensagem para o aplicativo, se o usuário fizer uma interação com a janela ou com os controles da mesma.

Mensagem: 00 1B 162.
01 1B ID da janela.
02 1B Tipo de ação:
05 – O botão Fechar foi clicado ou ALT + F4 foi pressionado (DSK_ACT_CLOSE).
06 – A entrada do menu foi clicada (DSK_ACT_MENU). P8 conterá o valor de entrada do menu.
14 – Um controle do conteúdo da janela foi clicado e/ou modificado com o teclado ou mouse (DSK_ACT_CONTENT). P8 conterá o valor de controle e P4/6 a posição do mouse, se o usuário o usou.
15 – Um controle da barra de ferramentas da janela foi clicado e/ou modificado com o teclado ou mouse (DSK_ACT_TOOLBAR). P8 conterá o valor de controle e P4/6 a posição do mouse, se o usuário o usou.
16 – O usuário pressionou alguma tecla sem modificar nenhum controle (DSK_ACT_KEY). P4 conterá o código ASCII.
→ se P2 for 14 ou 15:
03 1B Subespecificação de ação:
00 – O botão esquerdo do mouse foi clicado (DSK_SUB_MLCLICK).
01 – O botão direito do mouse foi clicado (DSK_SUB_MRCLICK).
02 – O botão esquerdo do mouse clicado duas vezes (DSK_SUB_MDCLICK).

03 – O botão central do mouse foi clicado (DSK_SUB_MMCLICK).
07 – Uma tecla foi pressionada (DSK_SUB_KEY)
→ Se P2 for 14 ou 15 e P3 estiver entre 0 e 3:
04 1W Posição X do mouse de (dentro do conteúdo da janela / barra de ferramentas).
06 1W Posição Y do mouse.
→ se P2 for 14 ou 15 e P3 for 7, ou se P2 for 16:
04 1B Código ASCII da tecla pressionada.
→ Se P2 for 6, 14 ou 15:
08 1W Valor de entrada do menu ou valor de controle.

ID: 163 (MSR_DSK_DSKSRV) – Desktop_Service_Response
Descrição: Por favor, leia a descrição do serviço gerenciador de área de trabalho para mais informações.
Mensagem: 00 1B 163.
01 1B ID do serviço.
02~05 Consultar a descrição do serviço do gerenciador de área de trabalho.

ID: 164 (MSR_DSK_WFOCUS) – Window_Focus_Response
Descrição: O gerenciador de área de trabalho envia esta mensagem para o aplicativo se o estado do foco de uma janela mudou.
Mensagem: 00 1B 164.
01 1B ID da janela.
02 1B Estado:
0 – A janela perdeu posição de foco.
1 – A janela recebeu posição de foco.

ID: 165 (MSR_DSK_CFOCUS) – Control_Focus_Response
Descrição: O gerenciador de área de trabalho envia esta mensagem para o aplicativo, se outro controle dentro de uma janela obtiver o foco. O ID de controle não é seu número dentro do grupo de controle (começando com 1).
Mensagem: 00 1B 165.
01 1B ID da janela.
02 1B ID do novo controle de foco (começando com 1).
03 1B Razão para mudança de foco:
0 – O usuário clicou no controle com o mouse ou usou a roda do mouse.
1 – O usuário pressionou a tecla TAB.

ID: 166 (MSR_DSK_WRESIZ) – Window_Resize_Response

Descrição: O gerenciador de área de trabalho envia esta mensagem para o aplicativo se o usuário redimensionar a janela. A mensagem também será enviada, se a janela for maximizada ou restaurada.

Mensagem: 00 1B 166
01 1B ID da janela.

ID: 167 (MSR_DSK_WSCROL) – Window_Scroll_Response

Descrição: O gerenciador de área de trabalho envia esta mensagem para o aplicativo se o usuário rolar o conteúdo da janela (com as barras de rolagem, com os botões de seta ou com a roda do mouse).

Mensagem: 00 1B 167.
01 1B ID da janela.

5.2.2 – Serviços do Gerenciador da Área de Trabalho

ID: 001 (DSK_SRV_MODGET) – DesktopService_ScreenModeGet

Descrição: Retorna a resolução da tela atual e o número de possíveis cores.

Biblioteca: SyDesktop_MODGET

Mensagem: 00 1B 048
01 1B 001

Resposta: 00 1B 163
01 1B 001
02 1B Modo de tela (depende da plataforma).

PCW	0 – 720 x 255, 2 cores (modo padrão PCW)
CPC:	1 – 320 x 200, 4 cores (modo padrão CPC)
	2 – 640 x 200, 2 cores
EP:	1 – 320 x 200, 4 cores (modo padrão EP)
	2 – 640 x 200, 2 cores
MSX:	5 – 256 x 212, 16 cores
	6 – 512 x 212, 4 cores
	7 – 512 x 212, 16 cores (padrão MSX)
G9K:	8 – 384 x 240, 16 cores
	9 – 512 x 212, 16 cores (padrão G9K)
	10 – 768 x 240, 16 cores
	11 – 1024x 212, 16 cores

→ Se G9K:
03 1B Largura da área de trabalho virtual:
0 – Sem área de trabalho virtual.
1 – 512.
2 – 1000.

ID: 002 (DSK_SRV_MODSET) – DesktopService_ScreenModeSet
Descrição: Define a resolução da tela e o número de cores possíveis.
Biblioteca: SyDesktop_MODSET.
Mensagem: 00 1B 048
01 1B 002
02 1B Modo de tela (bit0~6). Os modos disponíveis dependem da plataforma do computador.
PCW 0 – 720 x 255, 2 cores (modo padrão PCW)
CPC: 1 – 320 x 200, 4 cores (modo padrão CPC)
2 – 640 x 200, 2 cores
EP: 1 – 320 x 200, 4 cores (modo padrão EP)
2 – 640 x 200, 2 cores
MSX: 5 – 256 x 212, 16 cores
6 – 512 x 212, 4 cores
7 – 512 x 212, 16 cores (padrão MSX)
G9K: 8 – 384 x 240, 16 cores
9 – 512 x 212, 16 cores (padrão G9K)
10 – 768 x 240, 16 cores
11 – 1024x 212, 16 cores
→ Se G9K:
03 1B Largura da área de trabalho virtual:
0 – Sem área de trabalho virtual.
1 – 512.
2 – 1000.
Resposta: Nenhuma.

ID: 003 (DSK_SRV_COLGET) – DesktopService_ColourGet
Descrição: Retorna a definição de uma cor. Observe que o intervalo sempre será de 4096.
Biblioteca: SyDesktop_COLGET.
Mensagem: 00 1B 048.
01 1B 003.
02 1B Número da cor (0~15).

Resposta: 00 1B 163.
01 1B 003.
02 1B Número da cor (0~15).
03 1B bit0–3: componente azul (0~15).
bit4–7: componente verde (0~15).
04 1B bit0–3: componente vermelho (0~15).

ID: 004 (DSK_SRV_COLSET) – DesktopService_ColourSet
Descrição: Define uma cor. O intervalo sempre será de 4096.
Biblioteca: SyDesktop_COLSET.
Mensagem: 00 1B 048.
01 1B 004.
02 1B Número da cor (0~15).
03 1B bit0–3: componente azul (0~15).
bit4–7: componente verde (0~15).
04 1B bit0–3: componente vermelho (0~15).
Resposta: Nenhuma.

ID: 008 (DSK_SRV_DSKBGR) – DesktopService_RedrawBackground
Descrição: Reinicializa e redesenha o plano de fundo da área de trabalho.
Biblioteca: SyDesktop_DSKBGR.
Mensagem: 00 1B 048.
01 1B 008.
Resposta: Nenhuma.

ID: 009 (DSK_SRV_DSKPLT) – DesktopService_RedrawComplete
Descrição: Reinicializa o plano de fundo da área de trabalho e redesenha toda a tela. O fundo, a barra de tarefas e todas as janelas serão atualizadas.
Biblioteca: SyDesktop_DSKPLT
Mensagem: 00 1B 048.
01 1B 009.
Resposta: Nenhuma.

5.2.3 – Funções do Gerenciador da Área de Trabalho

BUFPUT (814EH) – Clipboard_Put
Descrição: Copia os dados para a área de transferência. Se a área de transferência já contiver dados contidos, eles serão excluídos antes da cópia.

Como chamar: rst 20H : dw 814EH

Entrada: IX – Endereço dos dados de origem.
E – Banco de RAM de dados de origem (0~15).
IY – Comprimento dos dados de origem.
D – Tipo da fonte de dados:
1 – Texto.
2 – Gráfico (estendido).
3 – Lista de itens (* formato ainda não definido *).
4 – Atalho do ícone da área de trabalho.

Saída: CY – Estado de erro (0 – Ok, 1 – Memória cheia)

Registradores: AF, BC, DE, HL.

BUFGET (8151H) – Clipboard_Get

Descrição: Copia dados da área de transferência para a área de memória de destino. Isso só será feito se a área de transferência contiver dados do tipo solicitado e se os dados dentro da área de transferência não forem maiores do que a área de destino.

Como chamar: rst 20H : dw 8151H

Entrada: IX – Endereço de destino
E – Banco de memória RAM de destino (0~15)
IY – Comprimento máximo da área de destino
D – Tipo de dados necessários

Saída: CY = 0 → Dados copiados.
IY – Comprimento dos dados copiados.
CY = 1 → Erro na cópia.
A = 0 → Área de transferência vazia.
1 → Tipo incorreto de dados.
2 → Os dados são muito grandes.

Registradores: AF, BC, DE, HL .

BUFSTA (8154H) – Clipboard_Status

Descrição: Lê o estado da área de transferência (tipo de dados e tamanho). O endereço e o banco de RAM também são retornados, mas o aplicativo não deve acessá-los diretamente pois podem ser alterados por outros processos.

Como chamar: rst 20H : dw 8154H

Entrada: –

Saída: D – Tipo de dados (0 – Área de transferência está vazia)
IY – Comprimento de dados
IX – Endereço de dados
E – Banco de dados RAM (0~15)
Registradores: –

5.2.4 – Registros de Gerenciamento da Área de Trabalho

5.2.4.1 – Janela de Registro de Dados

00 1B Estado: 0 – Fechado. 1 – Normal.
2 – Maximizado. 3 – Minimizado.
+128 ⟶ Janela centralizada (resetado após a abertura).

01 1B bit0: Exibir ícone de aplicativo de 8x8 pontos (na borda superior esquerda).
bit1: Janela redimensionável.
bit2: Botão de fechamento da tela.
bit3: Barra de ferramentas de exibição (abaixo da barra de menu).
bit4: Exibir barra de título.
bit5: Exibir barra de menu (abaixo da barra de título).
bit6: Barra de estado de exibição (na parte inferior da janela).
bit7: Usado internamente (definido como 0).

02 1B bit0: Ajustar o tamanho X do conteúdo da janela para o tamanho X da janela.
bit1: Ajustar o tamanho Y do conteúdo da janela para o tamanho Y da janela.
bit2: A janela não será exibida na barra de tarefas.
bit3: A janela não é móvel.
bit4: A janela é uma janela modal: outras janelas, que apontam para ela (ver byte 51), não podem obter a posição de foco.
bit5: Reservado (definido como 0).
bit6: Usado internamente (definido como 0).
bit7: Usado internamente (definido como 0).

03 1B ID de processo do proprietário do Windows.

04 2W Posição X/Y, se a janela não estiver maximizada.

08 2W Tamanho X/Y, se a janela não estiver maximizada.

12 2W Deslocamento X/Y do conteúdo da janela exibida.
16 2W Tamanho X/Y total do conteúdo da janela.
20 2W Tamanho X/Y mínimo possível da janela.
24 2W Tamanho X/Y máximo possível da janela.
28 1W Endereço do ícone do aplicativo (objeto gráfico).
30 1W Endereço do texto da linha de título (terminado por 0).
32 1W Endereço do texto da linha de estado (terminado por 0).
34 1W Endereço do "MENU DATA RECORD".
36 1W Endereço do REGISTRO DE DADOS DO GRUPO DE CONTROLE do conteúdo da janela.
38 1W Endereço do REGISTRO DE DADOS DO GRUPO DE CONTROLE do conteúdo da barra de ferramentas.
40 1W Altura da barra de ferramentas.
42 9B Reservado (usado durante o tempo de execução).
51 1B "0" ou número da janela modal + 1
52 140B Reservado (usado durante o tempo de execução).

5.2.4.2 – Registro de Dados do Grupo de Controle

00 1B Número de controles (deve ser > 0). O plano de fundo também deve ser preenchido.
01 1B ID de processo do proprietário do grupo de controle
02 1W Endereço do CONTROL DATA RECORDS
04 1W Endereço da posição / tamanho REGRA DE CÁLCULO DADOS REGISTRO ("0" significa "não recálcular").
06 2B Não usado, definido como "0".
08 1B Objeto para clicar, quando o usuário pressionar RETURN (1~255; 0 – Não definido). Funciona apenas para o conteúdo da janela, não para a barra de ferramentas).
09 1B Objeto para clicar, quando o usuário pressionar ESC (1~255; 0 – Não definido). Funciona apenas para o conteúdo da janela, não para a barra de ferramentas).
10 4B Reservado, definido como "0".
14 1B Objeto de foco (1~255, 0 – Sem foco em qualquer objeto). Apenas para o conteúdo da janela.
15 1B Não usado, definido como "0".

5.2.4.3 – Registros dos Dados de Controle

[Número de controles] * [

00 1W (ID de controle) / (valor). Isso será enviado para o aplicativo se o usuário clicar ou modificar o controle

02 1B TIPO DE CONTROLE. Os IDs estão entre 0 e 63 (IDs > 63 serão ignorados). Se o bit6 ou 7 for setado, o objeto ficará oculto. Para mostrá-lo novamente, os dois bits devem ser levados a "00".

03 1B Número do banco, onde o registro de dados de controle estendido está localizado (0~15). "–1" significa que o controle está no mesmo banco da janela.

04 1W Parâmetro para especificar as propriedades de controle ou, se se uma palavra (dois bytes) não for suficiente, pode ser um Apontador para o registro de dados de controle estendido.

06 2W Posição X/Y do controle (relacionado à borda superior esquerda do conteúdo ou barra de ferramentas). Se a janela estiver usando uma REGRA DE CÁLCULO DE REGISTRO DE DADOS, pode ser escrito "0" aqui.

10 2W Tamanho X/Y do controle (relacionado à borda superior esquerda do conteúdo ou barra de ferramentas). Se a janela estiver usando uma REGRA DE CÁLCULO DE REGISTRO DE DADOS, pode ser escrito "0" aqui.

14 2B Não usado, definido como "0".

]

5.2.4.4 – Registro de Dados de Regra de Cálculo

00 1W Posição X (parte estática).
02 1B Multiplicador de tamanho X da janela.
03 1B Divisor de tamanho X da janela.
04 1W Posição Y (parte estática).
06 1B Multiplicador de tamanho Y da janela.
07 1B Divisor de tamanho Y da janela.
08 1W Tamanho X (parte estática).
10 1B Multiplicador de tamanho X da janela.
12 1B Divisor de tamanho X da janela.
13 1W Tamanho Y (parte estática).
14 1B Multiplicador de tamanho Y da janela.
15 1B Divisor de tamanho Y da janela.

O cálculo é:
[posição ou tamanho] - parte_estática + tamanho_da_janela * multiplicador / divisor

5.3 - TIPOS DE CONTROLE

5.3.1 - Pintura

ID: 00 (PLF) - paint_area
Descrição: Preenche uma área com uma cor especificada.
Parâmetro: bit0–3: Caneta.
bit7: 0 → 4 cores indexado, 1 → 16 cores.
Registro de dados: -
Tamanho: Não limitado.

ID: 01 (PLT) - paint_text
Descrição: Plota um texto com a fonte padrão do sistema com 4 ou 16 cores para plano de fundo e de frente. O bit5 do byte3 pode ser usado para aumentar o desempenho no MSX. Se o fundo já estiver preenchido com a cor de fundi, este bit pode ser setado para acelerar a saída de texto.
Parâmetro: Apontador para registro de dados.
Registro de dados: 00 1W Endereço de texto (terminado por 0)
03 1B bit0–1: Alinhamento:
0 → Esq, 1 → Dir, 2 → Centro.
bit5: Se 1, não preparar fundo (só MSX).
bit7: 0 → 4 cores indexado.
1 → 16 cores.
→ Se modo de 4 cores:
02 1B bit0–1: Papel; bit2–3: Caneta.
bit7: Se 1, preencher fundo.
→ Se modo de 16 cores:
02 1B bit0–3: Papel; bit4–7: Caneta.
03 1B bit6: Se 1, preencher fundo.
Tamanho: A largura não é limitada, mas a altura deve ser igual à altura da fonte atual. Se o texto for maior do que a largura do controle, este só será cortado se a opção "preencher fundo" estiver ativada.

ID: 02 (PLR) – paint_frame

Descrição: Desenha um quadro. Opcionalmente, a área interna pode ser preenchida.

Parâmetro: bit7: 0 → 4 cores indexado, 1 → 16 cores.
bit6: Se 1, preencher a área dentro do quadro.
→ Se modo de 4 cores:
bit4–5: Caneta de área dentro do quadro (usado apenas se bit6 = 1).
bit0–1: Caneta da linha superior e esquerda.
bit2–3: Caneta da linha inferior e direita.
→ Se modo de 16 cores:
bit0–3: Caneta de área dentro do quadro (usado apenas, se bit6 = 1).
bit8–11: Caneta da linha superior e esquerda.
bit12–15: Caneta da linha inferior e direita.

Registro de dados: –

Tamanho: Igual ou maior que 3x3.

ID: 03 (PLX) – paint_frame_with_title

Descrição: Desenha um quadro com um título de texto. As linhas têm uma distância de 3 pontos até a borda do controle. A área interna do quadro não será preenchido.

Parâmetro: Apontador para o registro de dados.

Registro de dados: 00 1W Endereço de texto (terminado por 0)
02 1B bit7: 0 → 4 cores indexado, 1 → 16 cores.
→ Se modo de 4 cores:
02 1B bit0–1: Papel do texto indexado.
bit2–3: Caneta de texto e linha indexadas.
→ se o modo de 16 cores:
02 1B bit0–3: Caneta de linha.
03 1B bit0–3: Papel de texto.
bit4–7: Caneta de texto.

Tamanho: Igual ou maior que 16x16.

ID: 04 (PLP) – paint_progress

Descrição: Traça uma barra de progresso. O segundo byte do parâmetro especifica o progresso em passos de 1/255.

Parâmetro: bit0–1: Cor indexada da linha superior e esquerda.
bit2–3: Cor indexada da linha inferior e direita.
bit4–5: Cor indexada da área preenchida do quadro.
bit6–7: Cor indexada da área vazia dentro do quadro.
bit8–15: Progresso (0 - 0%, 255 - 100%)

Registro de dados: -

Tamanho: Igual ou maior que 3x3

ID: 05 (PLA) - paint_text_with_alternative_font

Descrição: Plota um texto com uma fonte alternativa. A fonte deve ser colocada na mesma área de 16K e banco de RAM do texto. Para a descrição de como uma fonte é armazenada na memória, consulte "FONTES" abaixo.

Parâmetro: Apontador para registro de dados.

Registro de dados:

00	1W	Endereço de texto (terminado por 0)
02	1B	bit0–1: Papel (no modo 4 cores). bit2–3: Caneta (no modo 4 cores). bit0–3: Papel (no modo 16 cores). bit4–7: Caneta (no modo 16 cores).
03	1B	bit0–1: Alinhamento: 0 → Esq, 1 → Dir, 2 → Centro. bit7: 0 → 4 cores, 1 → 16 cores.
04	1W	Endereço da fonte.

Tamanho: A largura não é limitada, mas a altura deve ser igual à altura da fonte atual; se o texto for maior do que a largura do controle, só será cortado, se a opção "preencher fundo" estiver ativada

ID: 06 (PLC) - paint_text_with_control_codes

Descrição: Plota um texto, que pode incluir códigos de controle (0~31). Os seguintes códigos de controle são atualmente aceitos:

- 00 - Fim do texto
- 01 - Define a cor do texto (bit0–3 → Papel, bit4–7 → caneta)
- 02 - Define a fonte. Parâmetro: 1 palavra de 2 bytes (endereço da fonte; deve ser colocado na mesma área de 16K e banco de RAM que o texto. Se o endereço for -1, a fonte padrão será usada).

03 – Ativa o modo sublinhado.
04 – Desliga o modo sublinhado.
05 – Insere espaço adicional entre o caractere atual e o próximo. Parâmetro: 1 byte (quantidade de pontos).
06 a 07 – Ainda não suportado (será ignorado).
08 a 11 – Pula os próximos bytes ((código–8)*2+1 bytes).
12 a 31 – Insere espaço adicional entre o caractere atual e o próximo (código-8 pontos).

Parâmetro: Apontador para registro de dados.

Registro de dados:
00 1W Endereço de texto (terminado por 0).
02 1W Número máximo de bytes (códigos de controle incluídos).
04 1W Endereço da fonte (–1 ⟶ Padrão).
06 1B bit0–3: Papel, bit4–7: Caneta.
07 1B bit0: Se 1, sublinhado.

Tamanho: Não limitado.

5.3.2 – Gráficos

ID: 08 (ICN) – graphic_simple

Descrição: Plota um gráfico. O controle deve ter o mesmo tamanho do gráfico.

Parâmetro: Endereço gráfico.

Registro de dados: –

Tamanho: Igual ao objeto gráfico.

ID: 09 (ICT) – graphic_with_text

Descrição: Plota um gráfico com uma ou duas linhas de texto abaixo. É usado para exibir ícones. Quando há um 0 em vez de um endereço de texto, a linha ficará vazia. O gráfico em si deve ter um tamanho de 24x24.

Parâmetro: Apontador para registro de dados.

Registro de dados:
00 1W Endereço do gráfico (gráfico padrão) ou do cabeçalho gráfico (gráfico estendido).
02 1W "0" ou endereço de texto para a linha 1 (terminado por 0).
04 1W "0" ou endereço de texto para linha 2 (terminado por 0)

06 1B bit4: 0 → Gráfico Padrão, 1 → Estendido.
bit5: 0 → 4 cores indexadas, 1 → 16 cores.
bit6: "1", se opções estendidas
bit7: "1", se o ícone pode ser movido pelo usuário

→ Se modo de texto de 4 cores:
06 1B bit0-1: Papel, bit2-3: Caneta.

→ Se modo de texto de 16 cores:
07 1B bit0-3: Papel, bit4-7: Caneta.

→ se opções estendidas:
08 1B bit0: "1", se este ícone pode ser marcado.
bit1: "1", se este ícone estiver marcado.

Tamanho: 48x40.

ID: 10 (ICX) - graphic_extended
Descrição: Plota um gráfico com um cabeçalho estendido. O controle deve ter o mesmo tamanho do gráfico.
Parâmetro: Endereço do cabeçalho gráfico
Registro de dados: -
Tamanho: Igual ao do objeto gráfico.

5.3.3 - Botões

ID: 16 (BTN) - button_simple
Descrição: Plota um botão com um texto centralizado dentro. A cor indexada 2 é usada para o fundo, a cor indexada 1 para o texto e linhas direita / inferior, e a cor indexada 3 para as linhas esquerda / superior.
Parâmetro: Endereço de texto (terminado por 0).
Registro de dados: -
Tamanho: A largura não é limitada, mas a altura deve ser sempre 12.

ID: 17 (BTC) - button_check
Descrição: Plota uma caixa de seleção seguida por uma linha de texto. O byte de estado contém 1, se a caixa estiver marcada, caso contrário, contém 0.
Parâmetro: Apontador para registro de dados
Registro de dados: 00 1W Endereço do byte de estado (este byte pode ser 0 ou 1).
02 1W Endereço do texto (terminado por 0).

04 1B bit0–1: Papel de texto indexado,
bit2–3: Caneta de texto indexado.

Tamanho: A largura não é limitada, mas a altura deve ser sempre 8.

ID: 18 (BTR) – button_radio

Descrição: Plota um botão de opção seguido por uma linha de texto. Se o byte global de estado tiver o mesmo valor que o próprio estado, o botão de opção está marcado. O buffer de coordenadas armazena as coordenadas do botão de opção selecionado de 4 bytes e deve conter "-1, -1, -1, -1" no início. Os botões de opção são conectados entre si e devem apontar para o mesmo byte de estado global e mesmo buffer de coordenadas.

Parâmetro: Apontador para registro de dados.

Registro de dados:
00 1W Endereço do byte de estado global.
02 1W Endereço do texto (terminado por 0).
04 1B bit0–1: Papel de texto indexado,
bit2–3: Caneta de texto indexado.
05 1B Valor do próprio estado.
06 1W Apontador para um buffer de coordenadas globais de 4 bytes.

Tamanho: A largura não é limitada, mas a altura deve ser sempre 8.

ID: 19 (BTP) – button_hidden

Descrição: Define a área na qual o usuário pode clicar. Nada é exibido.

Parâmetro: –

Registro de dados: –

Tamanho: Não limitado.

ID: 20 (BTT) – button_tabs

Descrição: Plota uma linha de tabulação. Se a largura for definida como -1, o sistema irá calcular a largura necessária e sobrescreverá -1 com o valor correto.

Parâmetro: Apontador para registro de dados.

Registro de dados:
00 1B Número de guias.
01 1B bit0–1: Papel indexado.
bit2–3: Caneta indexada.
bit4–5: Cor indexada das linhas esquerda / superior.
bit6–7: Cor indexada das linhas direita / inferior.

02 1B Guia selecionada.
03 1W Endereço de texto do título da guia "1" (terminado por 0).
05 1B -1 ou largura do título da guia "1".
06 1W Endereço de texto do título da guia "2" (terminado por 0).
08 1B -1 ou largura do título da guia "2"
⋮ ⋮
?? 1W Endereço de texto do título da guia "n" (terminado por 0).
?? 1B -1 ou largura do título da guia "n"

Tamanho: A largura não é limitada, mas a altura deve ser sempre 11.

5.3.4 - Diversos

ID: 24 (SLD) - slider_simple

Descrição: Plota um controle deslizante. Pode ser usado para controlar um valor ou para mover dentro de uma janela ou lista.

Parâmetro: Apontador para registro de dados

Registro de dados:
00 1B bit0: 0 → Alinhamento vert., 1 → horiz.
bit1: 0 → Controle de valor,
1 → Controle de seção da janela.
bit7: Reservado para uso interno.
01 1B Não usado, definido como 0.
02 1W Valor / posição atual
04 1W Valor / posição máxima (0~máximo)
06 1B Aumento de valor, se o usuário clicar no botão para baixo / para a esquerda.
07 1B Diminuição do valor, se o usuário clicar no botão para cima / para a direita.

Tamanho: Dependendo do alinhamento, um componente tem um mínimo de 24 pontos; o outro deve ser sempre 8.

ID: 25 (SUP) - Control_collection

Descrição: Representa uma coleção de subcontroles. Uma coleção de controle não pode conter outra coleção de controles.

Parâmetro: Apontador para registro de dados.

Registro de dados:
00 1W Apontador de para registro de dados do grupo de subcontrole.

02 1W Largura total da área de coleta do controle.
04 1W Altura total da área de coleta do controle.
06 1W Deslocamento X atual.
08 1W Deslocamento Y atual.
10 1B bit0: "1", se o controle deslizante X deve ser aplicado
bit1: "1", se o controle deslizante Y deve ser aplicado

Tamanho: Se os controles deslizantes estiverem ativados, o tamanho deve ser maior que 32x32; não há outras limitações.

5.3.5 – Entrada de Texto

ID: 32 (TXL) – textinput_line

Descrição: Plota uma linha de entrada de texto. O usuário pode usar várias funções-chave para editar o texto (veja abaixo), bem como um menu de contexto, que abre com um clique direito do mouse. Se o usuário modificou o texto, o bit7 do byte 12 do registro de dados será setado em 1.
Funções principais de edição:
SHIFT + LEFT / RIGHT: (des)selecionar partes do texto.
CTRL + LEFT / RIGHT: pula palavra esquerda / direita.
CTRL + UP / DOWN: pula para o início / fim da linha.
CTRL + A: seleciona o texto completo.
CTRL + C: copiar o texto selecionado.
CTRL + X: cortar texto selecionado (copiar e excluir).
CTRL + V: colar o texto copiado.

Parâmetro: Apontador para registro de dados

Registro de dados: 00 1W Endereço de texto. Pode estar em qualquer lugar dentro de um segmento de 16K da área de dados.
02 1W Primeiro caractere apresentado.
04 1W Posição do cursor.
06 1W Número de caracteres selecionados: 0 → Sem seleção, <0 → o cursor é colocado no final da seleção, >0 → o cursor é colocado no início da seleção.
08 1W comprimento do texto atual.

10 1W Comprimento máximo de texto possível, sem incluir o 0 do final do texto.
12 1B bit0: = "1", se for senha (todos os caracteres aparecerão como '*') .
bit1: Texto é somente leitura.
bit2: Usar cores alternativas.
bit7: ="1", se o texto foi modificado.
→ Se forem usadas cores alternativas:
13 1B bit0–3: Papel de texto.
bit4–7: Caneta de texto.
14 1B bit0–3: Caneta linha superior e esquerda.
bit4–7: Caneta da linha inferior e direita.

Tamanho: A largura não é limitada, mas a altura deve ser sempre 12.

ID: 33 (TXB) – textinput_box

Descrição: Plota uma caixa de entrada de texto. O usuário pode usar várias funções para editar o texto (são iguais às do comando anterior ID:32 TXL), bem como um menu de contexto, que abre com um clique direito do mouse. Se o usuário modificou o texto, o bit7 do byte 12 do registro de dados será setado 1. Os dados do registro contém várias variáveis internas usadas que não devem ser modificado pelo aplicativo. Na inicialização, todos as variáveis internas devem ser definidas como 0.

Parâmetro: Apontador para registro de dados.

Registro de dados: 00 1W Endereço de texto. Pode estar em qualquer lugar dentro de um segmento de 16K da área de dados.
02 1W Não usado.
04 1W Posição do cursor (dentro do texto completo)
06 1W Número de caracteres selecionados: 0 → Sem seleção, <0 → o cursor é colocado no final da seleção, >0 → o cursor é colocado no início da seleção.
08 1W Comprimento do texto atual.
10 1W Comprimento máximo de texto possível, sem incluir o 0 do final do texto.

12	1B	bit1: Texto é somente leitura. bit2: Usar cores alternativas. bit3: Usar fonte alternativa. bit7: = "1", se o texto foi modificado.
13	1B	bit0–3: Papel de texto, bit4–7: Caneta de texto. (somente ao usar cores alternativas)
14	1B	Não usado.
15	1W	Endereço de fonte de (somente se usar fonte alternativa)
17	1B	Reservado, definido como 0.
18	1W	Número atual de linhas.
20	1W	Largura máxima de uma linha em pontos para quebra de linha (-1 = ilimitado).
22	1W	Número máximo total de linhas.
24	1W	Usado internamente. Tamanho X da área visível. (-8 = forçar reformatação).
26	1W	Usado internamente. Tamanho Y da área visível.
28	1W	Endereço do registro de dados.
30	1W	Usado internamente. Tamanho X total.
32	1W	Usado internamente. Tamanho Y total.
34	1W	Usado internamente. Deslocamento X da área visível.
36	1W	Usado internamente. Deslocamento Y da área visível.
38	1B	bit0: quebra de linha (0 ⟶ Na borda da janela, 1 – Na posição máxima de pixel, ver byte 20). bit1: Deve sempre ser "1".
39	1B	Largura da tabulação: (1~255; 0 ⟶ Sem tabulação).
40	4B	Buffer de mensagens para comandos de controle adicionais.
44	4B	Reservado, definido como 0.
48	[Número máximo de linhas]W	Tabela de tamanho de linhas. Esta tabela contém uma palavra de 2 bytes para cada

linha com o tamanho em caracteres; que também pode incluir códigos de retorno de carro / alimentação de linha (CR + LF) no fim de uma linha. O bit15 será "1" se uma linha contiver os códigos CR + LF.

Comandos: O controle da caixa de entrada de texto suporta funções adicionais, que podem ser acessadas enviando códigos de teclado especiais para o controle, enquanto este tiver posição de foco. Os seguintes comandos estão disponíveis:

29 – Obtém a posição do cursor.
Saída: (buffer + 0) → coluna (começando em 0).
(buffer + 2) → linha (começando em 0).

30 – O texto foi modificado; este comando força o controle a reformatar e atualizar o texto.

31 – Define a posição do cursor e a seleção do texto; a área visível de entrada de texto será rolada para a nova posição, se necessário
Entrada: (buffer + 0) → Nova posição do cursor.
(buffer + 2) → Novo número de caracteres selecionados.

5.3.6 - Listas

ID: 40 (LST) - list_title

Descrição: Plota a linha de título de uma lista.

Parâmetro: Apontador para registro de dados.

Registro de dados:

00	1W	Número de linhas.
02	1W	Primeira linha exibida da lista.
04	1W	Apontador para o registro de dados do conteúdo da lista.
06	2B	Não usado, definido como 0.
08	1B	Número de colunas (1-64).
09	1B	bit0–5: Índice da coluna classificada. bit6: Lista de classificação no início. bit7: Ordem de classificação: 0 → crescente, 1 → decrescente.
10	1W	Apontador para registro de dados das colunas.
12	1W	Última linha clicada.

14 1B bit0: =1, se o controle deslizante da lista for exibido
bit1: =1, se multisseleções são possíveis.
15 1B Não usado, definido como.

Registro da coluna: [Número de colunas] * [
00 1B bit0–1: Alinhamento:
(0 → Esq., 1 → Dir., 2 → Centro)
bit2–3: Tipo:
0 → Texto, 1 → gráfico,
2 → N° 16 bits, 3 → N° 32 bits
01 1B Não usado, definido como 0.
02 1W Largura desta coluna em pontos.
04 1W Endereço de texto do título (term. por 0)
06 2B Não usado, definido como 0.
]

Registro da lista: [Número de linhas] * [
1W bit0–12 → Valor desta linha
bit13 → Cor da primeira linha
(1 - Alternativa)
bit14 → =0, é usado internamente para "atualizar seleção"
bit15 → =1, se esta linha estiver marcada
[Número de colunas] *
1W texto / endereço de dados ou valor para esta célula
]

Tamanho: A largura não é limitada, mas a altura deve ser sempre 10.

ID: 41 (LSI) – list_content

Descrição: Plota a própria lista sem o título.
Parâmetro: Apontador para registro de dados.
Registro de dados: (ver ID 40).
Tamanho: A largura deve ser igual ou maior que 11 e a altura deve ser igual ou maior que 16.

ID: 42 (LSP) – list_dropdown

Descrição: Traça uma lista suspensa. Apenas uma linha da lista será exibido. Se o usuário clicar neste controle, a lista aparecerá e o usuário poderá escolher uma das entradas.

Parâmetro: Apontador para registro de dados
Registro de dados: (ver ID 40)
12 1W Última linha clicada (Sempre representa a linha selecionada).
14 1B bit0: =1, se o controle deslizante da lista for exibido. Deve ser "1", se a lista tiver mais de 10 entradas.
bit1: Sempre "0" (sem multisseleção)
Tamanho: A largura deve ser igual ou maior que 11 e a altura deve sempre ser 10.

ID: 43 (LSC) – list_complete
Descrição: Plota o título da lista e a própria lista juntos. É a combinação de ID 40 e ID 41.
Parâmetro: Apontador para registro de dados
Registro de dados: (ver ID 40)
Tamanho: A largura deve ser igual ou maior que 11 e a altura deve ser igual ou maior que 26.

5.3.7 – Menus PullDown

00 1W Número de entradas
[Número de entradas] * [
00 1W bit0: =1, se a entrada do menu estiver ativa. As entradas desativadas não podem ser clicadas pelo usuário e aparecerão em uma cor diferente.
bit1: =1, se houver marca de seleção atrás da entrada.
bit2: =1, se a entrada abrir um submenu.
bit3: =1, se não houver nenhuma entrada, mas uma linha separadora.
02 1W Endereço de texto (terminado por 0). Se o bit3 da palavra anterior for "1", deve ser usado "0" aqui.
04 1W Valor, se a entrada for clicável, ou endereço do registro de dados do submenu, se o bit2 da primeira palavra estiver definido.
06 1W Reservado, definido como 0.
]

5.4 - GRÁFICOS

5.4.1 - Gráficos padrão

Um gráfico padrão SymbOS tem 4 cores e pode ter um tamanho máximo de 255x255. Cada objeto gráfico começa com um cabeçalho de 3 bytes:

00	1B	bit0–6: Largura do gráfico em bytes.
		bit7: Tipo de codificação (0 - CPC, 1 - MSX)
01	1B	Largura do gráfico em pontos.
02	1B	Altura do gráfico em pontos.

Logo após o cabeçalho deve estar o tamanho (largura_em_bytes * altura_em_pontos). Cada gráfico é armazenado em linhas como os sprites. Os pontos devem ser codificados no formato CPC (Modo 1). Gráficos em um sistema MSX serão automaticamente convertidos para o formato MSX, quando forem exibidos a primeira vez. O bit 7 do byte 0 do cabeçalho contém o formato de codificação atual. Observe que não é permitido armazenar um gráfico original no formato MSX, uma vez que o sistema CPC não é capaz de lidar com esses gráficos! A seguir está uma descrição do formato gráfico do CPC. Cada byte contém 4 pontos:

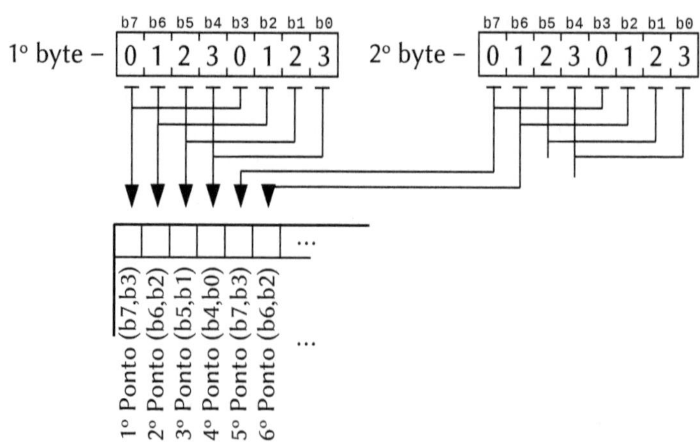

Apenas aplicativos, que precisam modificar um gráfico após ele ter sido exibido na primeira vez devem se preocupar com o tipo de codificação e com o formato MSX.

5.4.2 - Gráficos com cabeçalho estendido

Como a largura de um gráfico é limitada a 255 pontos, não seria possível armazenar uma tela completa (como 320 x 200 no modo CPC 1) em um único bloco. A tela precisa ser dividida em duas partes (por exemplo, 2 x 160 x 200), o que a torna muito difícil escrever rotinas de modificação gráfica.

Os gráficos estendidos não têm essa limitação e também permitem mais de 4 cores. Eles só podem ser usados para o ID de controle 10, "graphic_extended". Um gráfico pode ser armazenado em uma única peça com largura de até 1020 pontos. O controle "graphic_extended" então é capaz de exibir uma parte de um grande armazenamento linear gráfico.

A estrutura do cabeçalho estendido é a seguinte:

00 1B Largura do gráfico completo em bytes (deve ser um valor par!)
01 1B Largura da área gráfica, que deve ser exibida, em pixel
02 1B Altura da área gráfica, que deve ser exibida, em pixel
03 1W Endereço dos dados gráficos, incluindo o deslocamento da área
05 1W Endereço do byte de informação de codificação (este byte deve ser SEMPRE colocado imediatamente antes dos dados gráficos).
07 1W Tamanho do gráfico completo
?? 1B Informação de codificação
bit0–1: Codificação de cor (0 → CPC, 1 → MSX)
bit2–3: Profundidade de cor (0 → 4 cores, 1 → 16 cores)
Apenas os dois valores iniciais a seguir são permitidos:
0 → 4 cores, formato CPC; um sistema MSX irá converter o gráfico para o formato MSX, quando for mostrado pela primeira vez.
5 → 16 cores, formato MSX; um sistema CPC e PCW irá processar o gráfico completo para 4 cores (formato CPC), quando for exibido pela primeira vez
??+1 x dados gráficos

O gráfico em si ("graphic_data") é armazenado em um único bloco na memória (sem cabeçalho). Então temos dois cabeçalhos ("graphic_ header_for_area_1" e "graphic_header_for_area_2") que estão apon-tando para duas áreas diferentes do gráfico completo. Como pode ser visto, ainda são necessários dois controles para exibir o gráfico, mas os dados em si não precisam ser divididos.

5.4.3 – Fontes

Uma fonte define a aparência dos caracteres usados para imprimir textos no SymbOS. Uma fonte começa com um cabeçalho simples de 2 bytes, seguido pela máscara de bits dos caracteres. Seu formato é o seguinte:

00	1B	Altura de cada caractere em pontos (1~15, padrão: 8).
00	1B	Primeiro caractere da fonte (0~255).
00	1B	Largura do primeiro caractere em pontos.
01	1B	Máscara de bits da 1ª linha do primeiro caractere.
02	1B	Máscara de bits da 2ª linha do primeiro caractere.
⋮		
15	1B	Máscara de bits da 15ª linha do primeiro caractere.
16	1B	Largura do segundo caractere em pontos.
17	1B	Máscara de bits da 1ª linha do segundo caractere.
⋮		

5.5 – GERENCIADOR DE SISTEMA

Os comandos do gerenciador de sistema são acionados por meio de uma mensagem, que deve ser enviada com RST 10H (MSGSND) para o processo do gerenciador do sistema. O processo do gerenciador de sistema sempre tem o ID 3.

5.5.1 – Gerenciamento de Aplicativos

ID: 016 (MSC_SYS_PRGRUN) – Program_Run_Command

Descrição:	Carrega e inicia um aplicativo ou abre um documento com um tipo conhecido carregando primeiro o aplicativo associado. Se o Bit 7 de P3 for "0", o sistema abrirá uma caixa de mensagem caso ocorra algum erro durante o processo de carregamento.
Biblioteca:	SySystem_PRGRUN

Mensagem: 00 1B 016
01 1W Endereço do caminho e nome do arquivo.
03 1B bit0–3: Caminho do arquivo e número do banco RAM (0~15)
bit7: Sinalizador, se a mensagem de erro do sistema deve ser suprimida.

Resposta: Ver MSR_SYS_PRGRUN.

ID: 144 (MSR_SYS_PRGRUN) – Program_Run_Response

Descrição: O gerenciador do sistema envia esta mensagem após carregar um aplicativo ou depois de abrir um documento associado. Se a operação for bem-sucedida, o ID do aplicativo e o ID do processo serão colocados em P8 e P9. Se fahar, P8 conterá o código de erro do gerenciador de arquivos.

Mensagem: 00 1B 144.
01 1B Estado:
0 – OK.
1 – Arquivo não existe.
2 – O arquivo não é um executável e seu tipo não é associado a um aplicativo.
3 – Erro ao carregar (P8 contém código de erro).
4 – Memória cheia.
→ Se o estado for 0:
08 1B ID do aplicativo.
09 1B ID do processo (o processo principal de aplicativos).
→ Se o estado for 3:
08 1B Código de erro do gerenciador de arquivos.

ID: 017 (MSC_SYS_PRGEND) – Program_End_Command

Descrição: Para um aplicativo e libera todos os recursos usados pelo mesmo. Este comando não libera memória ou interrompe processos, temporizadores ou janelas fechadas que não estão registradas para o aplicativo. Esses recursos devem, primeiro, ser liberados pelo próprio aplicativo.

Biblioteca: SySystem_PRGEND.

Mensagem: 00 1B 017
01 1B ID do aplicativo

Resposta: O gerenciador do sistema não envia mensagem de resposta.

ID: 020 (MSC_SYS_PRGSTA) – Program_Run_Dialogue_Command

Descrição: Abre a caixa de diálogo "Executar". O usuário pode então selecionar uma aplicação ou documento.

Mensagem: 00 1B 020.

Resposta: O gerenciador do sistema não envia mensagem de resposta.

ID: 024 (MSC_SYS_PRGSET) – Program_Run_ControlPanel_Command

Descrição: Inicia o aplicativo do painel de controle ou um de seus dois sub módulos.

Mensagem: 00 1B 024.
01 1B Submódulo do painel de controle:
0 – Janela principal.
1 – Configurações de exibição.
2 – Configurações de hora e data.

Resposta: O gerenciador do sistema não envia mensagem de resposta.

ID: 025 (MSC_SYS_PRGTSK) – Program_Run_TaskManager_Command

Descrição: Inicia o aplicativo gerenciador de tarefas.

Mensagem: 00 1B 025.

Resposta: O gerenciador do sistema não envia mensagem de resposta.

ID: 030 (MSC_SYS_PRGSRV) – Program_SharedService_Command

Descrição: Encontra, inicia e libera serviços compartilhados.

Mensagem: 00 1B 030.
04 1B Tipo de comando
0 – Aplicativo de pesquisa ou serviço compartilhado.
1 – Pesquisar, iniciar e usar serviço compartilhado.
2 – Liberar serviço compartilhado.
→ Se P4 for 0 ou 1:
01 1W Endereço da string de 12 bytes do ID do aplicativo.
→ Se P4 for 0 ou 1:
03 1B Banco RAM (0~15) da string de 12 bytes de ID do aplicativo.
→ Se P4 for 2:
03 1B ID do aplicativo de serviço compartilhado.

Resposta: Consulte MSR_SYS_PRGSRV.

ID: 158 (MSR_SYS_PRGSRV) – Program_SharedService_Response

Descrição: O tipo de comando 0 ("pesquisar") retornará 5 (não encontrado) ou 0 (OK). No último caso, você encontrará o aplicativo e o ID do processo em P8 e P9. O tipo de comando 1 ("pesquisar, iniciar e usar") retornará 0 (OK) se os serviços compartilhados foram encontrados ou carregados com sucesso. Caso contrário, retornará um código de erro de carregamento de 1, 2, 3 ou 4, que é idêntico ao de MSR_SYS_PRGRUN. O tipo de comando 2 ("liberação") sempre retornará 0 (OK).

Mensagem: 00 1B 158.
01 1B Estado:
0 – OK.
5 – Aplicativo ou serviço compartilhado não encontrado (só ocorre no tipo de comando 0).
1-4 – Erro ao iniciar o serviço compartilhado; mesmos códigos de MSR_SYS_PRGRUN.
→ Se o tipo de comando for 0 ou 1 e o estado for 0:
08 1B ID do aplicativo de serviço compartilhado.
09 1B ID do processo (processo principal de aplicativos).
→ Se o estado do resultado for 3:
08 1B Código de erro do gerenciador de arquivos.

5.5.2 – Comandos do Gerenciador de Sistema

O gerenciador do sistema não enviará mensagens de resposta após o processamento dos comandos abaixo.

ID: 018 (MSC_SYS_SYSWNX) –
– System_Dialogue_NextWindow_Command

Descrição: Abre a caixa de diálogo para alterar a janela atual. Nas próximas a janela será pré-selecionada. ESTE COMANDO AINDA NÃO FOI IMPLEMENTADO.

Mensagem: 00 1B 018.

ID: 019 (MSC_SYS_SYSWPR) –
– System_Dialogue_PreviousWindow_Command

Descrição: Abre a caixa de diálogo para alterar a janela atual. A janela anterior é pré-selecionada. ESTE COMANDO AINDA NÃO FOI IMPLEMENTADO.

Mensagem: 00 1B 019.

ID: 021 (MSC_SYS_SYSSEC) – System_Dialogue_SystemSecurity_Command

Descrição: Abre a caixa de diálogo "Segurança SymbOS".

Mensagem: 00 1B 021.

ID: 022 (MSC_SYS_SYSQIT) – System_Dialogue_ShutDown_Command

Descrição: Abre a caixa de diálogo "desligar".

Mensagem: 00 1B 022.

ID: 023 (MSC_SYS_SYSOFF) – System_ShutDown_Command

Descrição: Reinicia o computador.

Mensagem: 00 1B 023.

ID: 028 (MSC_SYS_SYSCFG) – System_Configuration_Command

Descrição: Carrega ou salva a configuração ou reinicializa o fundo da área de trabalho ou a proteção de tela.

Mensagem: 00 1B 028.
01 1B Tipo de ação
0 → Recarregar configuração.
1 → Salvar configuração atual.
2 → Recarregar ou reinicializar a imagem de fundo da área de trabalho.
3 → Recarregar ou reinicializar a proteção de tela.

5.5.3 – Serviços de Diálogo

ID: 029 (MSC_SYS_SYSWRN) – Dialogue_Infobox_Command

Descrição: Abre uma caixa de informação, aviso ou confirmação e exibe três linhas de texto e até três botões de clique. Se o bit 7 de P4 for "1", pode ser especificado um símbolo próprio, que será mostrado à esquerda do texto. Se este bit for "0", será exibido um "!" (símbolo de advertência). Se o bit 6 de P4 for "1", a janela será aberta como um modal, e você receberá uma mensagem com o número da janela (consulte MSR_SYS_SYSWRN). Os dados de conteúdo devem sempre ser colocados na área de transferência de RAM (C000H~FFFFH).

Biblioteca: SySystem_SYSWRN.

Mensagem: 00 1B 029.

01 1W Endereço de dados de conteúdo
03 1B Banco de dados de conteúdo (0~15).
04 1B bit0–2: Número de botões (1~3).
1 ⟶ Botão "OK".
2 ⟶ Botões "Sim", "Não".
3 ⟶ Botões "Sim", "Não", "Cancelar".
bit3–5: Texto do título
0 ⟶ Padrão (bit7 = 0 ⟶ "Erro!"
1 ⟶ "Informação").
1 ⟶ "Erro!".
2 ⟶ "Informação".
3 ⟶ "Aviso".
4 ⟶ "Confirmação".
bit6: =1, se a janela deve ser janela modal.
bit7: Tipo de caixa:
0 ⟶ Padrão (símbolo de aviso [!]).
1 ⟶ Informação (o próprio símbolo será usado).

Dados de conteúdo:
00 1W Endereço da 1ª linha de texto
02 1W 4 * [caneta da 1ª linha de texto] + 2
04 1W Endereço da 2ª linha de texto
06 1W 4 * [caneta da 2ª linha de texto] + 2
08 1W Endereço da 3ª linha de texto
10 1W 4 * [caneta da 3ª linha de texto] + 2
⟶ Se o bit 7 de P4 bit for 1:
12 1W Endereço de do símbolo (formato gráfico do SymbOS: 24x24px 4col)

Resposta: Consulte MSR_SYS_SYSWRN

ID: 157 (MSR_SYS_SYSWRN) – Dialogue_Infobox_Response

Descrição: O gerenciador do sistema envia de volta esta mensagem para o aplicativo, quando uma infobox deve ser aberta ou se o usuário clicou em um dos botões.

Mensagem: 00 1B 157.
01 1B Tipo de mensagem:
0 ⟶ A infobox está sendo usada atualmente por outro aplicativo. Só pode ser aberto uma por vez, se não for uma mensagem de informação (um botão, não uma janela modal). A

outra infobox deve ser fechada antes que possa ser aberta novamente pelo aplicativo.
1 → A infobox foi aberta com sucesso como janela modal. Esta mensagem não será enviada para infoboxes não modais.
2 → O usuário clicou em "OK".
3 → O usuário clicou em "Sim".
4 → O usuário clicou em "Não".
5 → O usuário clicou em "Cancelar" ou no botão "Fechar".

→ Se P1 for 1:

02 1B Número da janela da caixa de informações + 1. O aplicativo deve armazenar este número como o ID da janela modal da sua própria janela, para que a infobox seja tratada como janela modal da janela do aplicativo. Quando aberta, a janela do aplicativo não obtém posição de foco.

ID: 031 (MSC_SYS_SELOPN) – Dialogue_FileSelector_Command

Descrição: Abre a caixa de diálogo de seleção de arquivo. O usuário pode então se mover através da estrutura de diretório, mudar a unidade e pesquisar/selecionar um arquivo ou diretório para abrir ou salvar. A máscara de arquivo/caminho/string de nome (260 bytes) deve ser sempre colocado na área de transferência (C000H~FFFFH).

Biblioteca: SySystem_SELOPN

Mensagem: 00 1B 031.

06 1B bit0–3: Máscara de arquivo, caminho e nome do banco de RAM (0~15).
bit6 = 1, se "abrir" (0) ou "salvar" (1).
bit7 = 1, se seleção de arquivo (0) ou diretório (1).

07 1B Filtro de Atributo:
bit0 = 1 → Não mostrar arquivos somente leitura.
bit1 = 1 → Não mostra arquivos ocultos.
bit2 = 1 → Não mostra arquivos de sistema.
bit3 = 1 → Não mostra entradas de ID de volume.
bit4 = 1 → Não mostra diretórios.
bit5 = 1 → Não mostrar arquivos de arquivo.

08 1W Máscara de arquivo, caminho e endereço de nome (C000H- FFFFH).

00 3B Filtro de extensão de arquivo (por exemplo, "*")
03 1B 0.
04 256B Caminho e nome de arquivo.
10 1W Número máximo de entradas de diretório.
12 1W Tamanho máximo do buffer de dados do diretório.

Resposta: Ver MSR_SYS_SELOPN.

ID: 159 (MSR_SYS_SELOPN) - Dialogue_FileSelector_Response

Descrição: O gerenciador do sistema envia esta mensagem para o aplicativo quando uma caixa de diálogo de seleção de arquivo deve ser aberta. Se a abertura for bem-sucedida, o aplicativo receberá primeiro uma mensagem tipo "-1" e, após o usuário escolher o arquivo ou abortar, uma mensagem do tipo 0 ou 1. Se a abertura falhar, o aplicativo receberá diretamente mensagens do tipo 2, 3 ou 4.

Mensagem: 00 1B 159.
01 1B Tipo de mensagem

0 → O usuário escolheu um arquivo ou diretório e fechou o diálogo com "OK". O nome e o caminho completo do arquivo e pode ser encontrado no buffer de caminho de arquivo da aplicação.

1 → O usuário abortou a seleção do arquivo. O conteúdo do buffer do caminho de arquivo do aplicativo permanece inalterado.

2 → A caixa de diálogo de seleção de arquivo está sendo usada por outro aplicativo. O usuário deve fechar a caixa de diálogo antes de poder ser aberta novamente pela aplicação.

3 → Memória cheia. Não havia memória suficiente disponível para o buffer de diretório e/ou lista de estrutura de dados.

4 → Sem janela disponível. O gerenciador de área de trabalho não conseguiu abrir uma nova janela para o diálogo, pois o número máximo de janelas (32) já foi alcançado.

-1 → O diálogo foi aberto com sucesso e o usuário está fazendo sua seleção de arquivo agora.

→ Se P1 for -1:

02 1B Número da janela da caixa de informações + 1. O aplicativo deve armazenar este número como o ID da janela modal da sua própria janela, para que a infobox seja tratada como janela modal da janela do aplicativo. Quando aberta, a janela do aplicativo não obtém posição de foco.

5.5.4 – Funções do Gerenciador de Sistema

As funções do gerenciador do sistema devem ser chamadas com RST 28H (BNKFCL).

SYSINF (8103H) – System_Information

Descrição: Esta função é usada principalmente pelo gerenciador de tarefas e pelo aplicativo do painel de controle. Os tipos de solicitação 0–2 ainda não estão documentados.

Como chamar: ld hl, 8103H : rst 28H

Entrada: E – Tipo de solicitação:

0 → Obter informações gerais.

1 → Obter informações do aplicativo.

2 → Obter informações da tarefa.

3 → Carregar configuração do dispositivo de armazenamento de massa (8 * 16 bytes). Para uma descrição da estrutura de dados, consulte "Dados de configuração / Área central / armazenamento de massa".

IX – Endereço de destino (deve ser colocado dentro da área de transferência da RAM).

Saída: –

4 → Salvar configuração do dispositivo de armazenamento de massa (8 * 16 bytes). Para uma descrição da estrutura de dados, consulte "Dados de configuração / Área central / armazenamento de massa".

IX – Endereço de origem (deve ser colocado dentro da área de transferência da RAM).

Saída: –

5 → Carregar uma parte da configuração da área central para a memória de aplicativos. Para uma descrição da estrutura de dados, consulte "Dados de Configuração / Área Central".

D – Número de bytes

IX – Endereço de destino (área de transferência)

IY – Deslocamento de origem (a partir do byte 163 [= caminho do sistema] na área central).

Saída: –

6 → Salvar uma parte da configuração da área central a partir da memória dos aplicativos.

D – Número de bytes

IX – Endereço de origem (área de transferência de memória RAM)

IY – Deslocamento de destino (a partir do byte 163 [= caminho do sistema] na área central).

7 → Obter endereço de memória de configuração.

Saída: DE – Endereço da área central (incluindo cabeçalho de 6 bytes; Banco de RAM "0").

IX – Endereço da área de dados.

IYl – Banco de memória RAM da área de dados (0~8).

8 → Obter endereço de memória de string de fonte e versão. O endereço da fonte é sempre colocado no banco de RAM "0" e a string da versão é colocada no mesmo banco RAM da área de dados.

Saída: DE – Endereço da fonte (Banco RAM 0).

IX – Comprimento da fonte (= cabeçalho de 2 bytes + 98 * 16 bytes de bitmaps de caracteres).

IY – Endereço da informação da versão, que tem 32 bytes:

00	1B	Versão principal.
01	1B	Versão menor.
02	30B	String de versão (terminada em 0).

Registradores: AF, BC, HL.

5.6 - GERENCIADOR DE ARQUIVOS E DISPOSITIVOS

O processo do gerenciador de sistema sempre tem o ID 3. Observe que no SymbOS todos os textos devem terminar com 0 byte.

5.6.1 - Mensagens do Gerenciador de Arquivos

ID: 026 (MSC_SYS_SYSFIL) - System_Filemanager_Command
Descrição: Um aplicativo deve enviar esta mensagem ao gerenciador do sistema (ID de processo 3) para chamar uma função gerenciador de arquivos.
Mensagem: 00 1B 026.
01 1B ID da função de gerenciador de arquivos.
02 1W Entrada para AF.
04 1W Entrada para BC.
06 1W Entrada para DE.
08 1W Entrada para HL.
10 1W Entrada para IX.
12 1W Entrada para IY.

ID: 154 (MSR_SYS_SYSFIL) - System_Filemanager_Response
Descrição: O gerenciador do sistema envia esta mensagem de volta para o aplicativo após a função de gerenciador de arquivos ter sido chamada.
Mensagem: 00 1B 154.
01 1B ID da função de gerenciador de arquivos.
02 1W Saída para AF.
04 1W Saída para BC.
06 1W Saída para DE.
08 1W Saída para HL.
10 1W Saída para IX.
12 1W Saída para IY.

5.6.2 - Códigos de Erro

000 - Dispositivo não existe.
001 - OK.
002 - Dispositivo não inicializado.
003 - A mídia está danificada.
004 - Partição não existe.

005 – Mídia ou partição não suportada.
006 – Erro durante a leitura / gravação do setor.
007 – Erro ao posicionar.
008 – Abortar durante o acesso ao volume.
009 – Erro de volume desconhecido.
010 – Nenhum manipulador de arquivos gratuito.
011 – Dispositivo não existe.
012 – Caminho não existe.
013 – Arquivo não existe.
014 – Acesso proibido.
015 – Caminho ou nome de arquivo inválido.
016 – Manipulador de arquivo não existe.
017 – Slot do dispositivo já ocupado.
018 – Erro na organização do arquivo.
019 – Nome de destino inválido.
020 – Arquivo / caminho já existe.
021 – Código de subcomando errado.
022 – Atributo errado.
023 – Diretório cheio.
024 – Mídia completa.
025 – A mídia está protegida contra gravação.
026 – O dispositivo não está pronto.
027 – O diretório não está vazio.
028 – Dispositivo de destino inválido.
029 – Não compatível com o sistema de arquivos.
030 – Dispositivo não compatível.
031 – O arquivo é somente leitura.
032 – Canal do dispositivo não disponível.
033 – O destino não é um diretório.
034 – O destino não é um arquivo.
255 – Erro Indefinido.

5.6.3 – Funções do Dispositivo de Armazenamento de Massa

ID: 000 (STOINI) – Storage_Init

Descrição: Remove todos os dispositivos de armazenamento de massa.
Entrada: –
Saída: –
Registradores: BC, DE, HL.

ID: 001 (STONEW) – Storage_New

Descrição: Adiciona um novo dispositivo de armazenamento de massa.

Entrada: A – Dispositivo (0~7)
C – Sub drive
DE – Endereço do driver
L – Sinalizador de mídia removível (1 ⟶ Removível)
B – Letra da unidade (A~Z)
IX – Nome do dispositivo (11 caracteres)

Saída: CY – Estado de erro (0 – Ok, 1 – Erro; A – Código de erro)

Registradores: AF, BC, DE, HL, IX, IY

ID: 002 (STORLD) – Storage_Reload

Descrição: Recarrega um dispositivo de armazenamento de massa, se seu estado de "mídia removível" está ativado. O formato e o tipo de sistema de arquivos serão carregados novamente.

Entrada: A – Dispositivo (0~7).

Saída: CY – Estado de erro (0 – Ok, 1 – Erro; A – Código de erro).

Registradores: AF, BC, DE, HL, IX, IY.

ID: 003 (STODEL) – Storage_Delete

Descrição: Remove um dispositivo de armazenamento de massa existente.

Entrada: A – Dispositivo (0~7).

Saída: CY – Estado de erro (0 – Ok, 1 – Erro; A – Código de erro).

Registradores: AF, BC, DE, HL.

ID: 004 (STOINP) – Storage_ReadSector

Descrição: Lê um setor de um dispositivo de armazenamento de massa (sem banco de memória).

Entrada: A – Dispositivo (0~7).
IY, IX – Número do primeiro setor.
B – Número de setores.
DE – Endereço de destino.

Saída: CY – Estado de erro (0 – Ok, 1 – Erro; A – Código de erro).

Registradores: AF, BC, DE, HL, IX, IY.

ID: 005 (STOOUT) – Storage_WriteSector

Descrição: Grava um setor em um dispositivo de armazenamento de massa (sem banco de memória).

Entrada: A – Dispositivo (0~7).
IY, IX – Número do primeiro setor.
B – Número de setores.
DE – Endereço de origem.

Saída: CY – Estado de erro (0 – Ok, 1 – Erro; A – Código de erro).

Registradores: AF, BC, DE, HL, IX, IY.

ID: 006 (STOACT) – Storage_Activate

Descrição: Carrega o formato e o tipo de sistema de arquivos de um armazenamento de massa dispositivo.

Entrada: A – Dispositivo (0~7).

Saída: CY – Estado de erro (0 – Ok, 1 – Erro; A – Código de erro).

Registradores: AF, BC, DE, HL, IX, IY.

ID: 007 (STOINF) – Storage_Information

Descrição: Retorna informações sobre um dispositivo de armazenamento de massa.

Entrada: A – Dispositivo (0~7).

Saída: A – Tipo:
00 → Dispositivo não existe.
01 → Dispositivo está pronto.
02 → Dispositivo não inicializado.
03 → Dispositivo está corrompido.

B – Mídia:
01 → Disquete lado único (Amsdos, PCW).
02 → Disco flexível lado duplo (FAT12).
08 → RAMDISK (* ainda não suportado *).
16 → HD IDE ou cartão CF (FAT12, 16 ou 32).

C – Sistema de arquivos:
01 → Dados Amsdos.
02 → Sistema Amsdos.
03 → PCW 180K.
16 → FAT12.
17 → FAT16.
18 → FAT32.

D - Setores por cluster.
IY, IX - Número total de clusters.
Registradores: E, HL

ID: 008 (STOTRN) - Storage_DataTransfer
Descrição: Lê ou grava vários setores (512 bytes) de / para o dispositivo de armazenamento de massa. O primeiro setor da partição do dispositivo é o "0".
Entrada: A - Dispositivo (0~7).
IY, IX - Número do primeiro setor.
B - Número de setores.
C - Direção (0 - leitura, 1 - gravação).
HL - Endereço de origem / destino.
E - Banco de memória RAM de origem / destino (0~15).
Saída: CY - Estado de erro (0 - Ok, 1 - Erro; A - Código de erro).
Registradores: AF, BC, DE, HL, IX, IY.

5.6.4 - Funções de Gerenciamento de Arquivos

ID: 016 (FILINI) - File_Init
Descrição: Inicializa todo o gerenciador de arquivos.
Entrada: -
Saída: -
Registradores: AF, BC, DE, HL.

ID: 017 (FILNEW) - File_New
Descrição: Cria um novo arquivo e o abre para acesso de leitura / gravação. Se o arquivo já existia, ele será esvaziado primeiro. A operação será abortada, se o arquivo existente for somente leitura ou um subdiretório. Para obter informações adicionais, consulte 018 (FILOPN).
Biblioteca: SyFile_FILNEW.
Entrada: IXh - Caminho do arquivo e nome do Banco RAM (0~15).
HL - Caminho do arquivo e endereço do nome.
A - Atributos:
bit0 = 1 → Somente leitura.
bit1 = 1 → Oculto.
bit2 = 1 → Sistema.
bit5 = 1 → Arquivo.

Saída: A – ID do manipulador de arquivos.
CY – Estado de erro (0 – Ok, 1 – Erro; A – Código de erro).
Registradores: F, BC, DE, HL, IX, IY.

ID: 018 (FILOPN) – File_Open
Descrição: Abre um arquivo existente para leitura / gravação. Podem ser abertos até 7 arquivos diferentes ao mesmo tempo.
Biblioteca: SyFile_FILOPN.
Entrada: IXh – Caminho do arquivo e nome do Banco RAM (0~15).
HL – Caminho do arquivo e endereço do nome.
Saída: A – ID do manipulador de arquivos.
CY – Estado de erro (0 – Ok, 1 – Erro; A – Código de erro).
Registradores: F, BC, DE, HL, IX, IY.

ID: 019 (FILCLO) – File_Close
Descrição: Fecha um arquivo aberto. Se houver dados não escritos no buffer, eles serão gravados no disco imediatamente. Este comando fecha um arquivo em qualquer caso, mesmo que tenha ocorrido erro.
Biblioteca: SyFile_FILCLO.
Entrada: A – ID do manipulador de arquivos.
Saída: CY – Estado de erro (0 – Ok, 1 – Erro; A – Código de erro).
Registradores: AF, BC, DE, HL, IX, IY.

ID: 020 (FILINP) – File_Input
Descrição: Lê uma quantidade especificada de bytes de um arquivo aberto. Em seguida, o apontador do arquivo será movido para o byte seguinte ao último byte lido. Assim, é possível ler vários blocos com tamanhos diferentes de um arquivo aberto.
Biblioteca: SyFile_FILINP.
Entrada: A – ID do manipulador de arquivos.
HL – Endereço de destino.
E – Banco de memória RAM de destino (0~15).
BC – Número de bytes a ler.
Saída BC – Número de bytes efetivamente lidos.
Z = 1 ⟶ Todos os bytes solicitados foram lidos.
0 ⟶ O fim do arquivo foi alcançado, e menos. bytes que os solicitados foram lidos (verif. BC).

CY – Estado de erro (0 – Ok, 1 – Erro; A – Código de erro).
Registradores: AF, DE, HL, IX, IY.

ID: 021 (FILOUT) – File_Output

Descrição: Grava uma quantidade especificada de bytes em um arquivo aberto. Em seguida, o apontador do arquivo será movido para o byte seguinte ao último byte escrito. Se o apontador do arquivo estiver em algum lugar no meio do arquivo antes desta operação, os dados neste local serão sobrescritos.

Biblioteca: SyFile_FILOUT.

Entrada: A – ID do manipulador de arquivos.
HL – Endereço de origem.
E – Banco de RAM de origem (0~15).
BC – Número de bytes a escrever.

Saída: BC – Número de bytes efetivamente escritos.
A = 0 ⟶ Todos os bytes foram gravados.
1 ⟶ O dispositivo está cheio, e menos bytes foram escritos (verifique BC).
CY – Estado de erro (0 – Ok, 1 – Erro; A – Código de erro)

Registradores: AF, DE, HL, IX, IY.

ID: 022 (FILPOI) – File_Pointer

Descrição: Move o apontador do arquivo para outra posição. O valor relativo é especificado em IY e IX. IY é o valor mais significativo e IX é o menos (deslocamento = 65 536 * IY + IX).

Biblioteca: SyFile_FILPOI

Entrada: A – ID do manipulador de arquivos.
IY, IX – Deslocamento.
C – Ponto de referência:
0 ⟶ Início do arquivo (deslocamento sem sinal).
1 ⟶ Posição atual do apontador (o deslocamento é sinalizado).
2 ⟶ Fim do arquivo (o deslocamento é sinalizado).

Saída: IY, IX – Nova posição absoluta do apontador.
CY – Estado de erro (0 – Ok, 1 – Erro; A – Código de erro).

Registradores: AF, BC, DE, HL.

ID: 023 (FILF2T) - File_Decode_Timestamp

Descrição: Decodifica o carimbo de data / hora do arquivo, que é usado pelo sistema de arquivos.

Biblioteca: SyFile_FILF2T.

Entrada: BC - Código de tempo:
bit 0-4 ⟶ Segundo / 2.
bit 5-10 ⟶ Minuto.
bit 11-15 ⟶ Hora.
DE - Código de data:
bit 0-4 ⟶ Dia (começando em 1).
bit 5-8 ⟶ Mês (começando em 1).
bit 9-15 ⟶ Ano - 1980.

Saída: A - Segundo.
B - Minuto.
C - Hora.
D - Dia (começando em 1).
E - Mês (começando em 1).
HL - Ano.

Registradores: F.

ID: 024 (FILT2F) - File_Encode_Timestamp

Descrição: Codifica o carimbo de data / hora do arquivo, que é usado pelo sistema de arquivos.

Biblioteca: SyFile_FILT2F

Entrada: A - Segundo.
B - Minuto.
C - Hora.
D - Dia (começando em 1).
E - Mês (começando em 1).
HL - Ano.

Saída: BC - Código de hora (ver FILF2T).
DE - Código de data (ver FILF2T).

Registradores: AF, HL, IX, IY.

ID: 025 (FILLIN) - File_LineInput

Descrição: Lê uma linha de texto de um arquivo aberto. Uma linha de texto é terminada por um único byte 13, um único byte 10, uma combinação de 13+10, uma combinação de 10+13 ou por um único byte 26 (código de "fim de arquivo").

Biblioteca: SyFile_FILLIN.
Entrada: A - ID do manipulador de arquivos.
HL - Endereço do buffer de destino (o tamanho deve ser de 255 bytes).
E - Banco de memória RAM do buffer de destino (0~15).
Saída: C - Número de bytes lidos (0-254; sem terminador).
B - =1, se o final da linha / arquivo for alcançado; ou 0, caso contrário.
Z = 0 → 1 ou mais bytes foram carregados.
1 → Fim de arquivo atingido, nada foi carregado.
CY - Estado de erro (0 – Ok, 1 - Erro; A - Código de erro).
Registradores: AF, DE, HL, IX, IY.

5.6.5 – Funções de Gerenciamento de Diretório

As funções de gerenciamento de diretório permitem mostrar e editar o conteúdo de um diretório. A barra normal ("/", Unix, Linux) pode ser usada no lugar da barra invertida ("\", Microsoft).

ID: 032 (DIRDEV) - Directory_Device
Descrição: Seleciona a unidade atual. Como os aplicativos são executados em um ambiente multitarefa, outros aplicativos podem alterar a unidade novamente.
Biblioteca: SyFile_DIRDEV
Entrada: A - Letra do drive ("A"~"Z").
Saída: CY - Estado de erro (0 – Ok, 1 - Erro; A - Código de erro).
Registradores: AF, BC, DE, HL, IX, IY.

ID: 033 (DIRPTH) - Directory_Path
Descrição: Seleciona o caminho para a unidade atual. Como os aplicativos são executados em um ambiente multitarefa, outros aplicativos podem alterar o caminho novamente.
Biblioteca: SyFile_DIRPTH.
Entrada: IXh - Banco de RAM do caminho do arquivo (0~15).
HL - Endereço do caminho do arquivo.
Saída: CY - Estado de erro (0 – Ok, 1 - Erro; A - Código de erro).
Registradores: AF, BC, DE, HL, IX, IY.

ID: 034 (DIRPRS) – Directory_Property_Set

Descrição: Altera uma propriedade de um arquivo ou diretório. Podem ser alterados os atributos, a hora de criação e a hora de modificação.

Biblioteca: SyFile_DIRPRS

Entrada: IXh – Caminho do arquivo e nome do Banco RAM (0~15)
HL – Caminho do arquivo e endereço do nome
A – Tipo de propriedade:
0 – Atributo.
C – Código de atributo:
bit0=1 → Somente leitura.
bit1=1 → Oculto.
bit2=1 → Sistema.
bit5=1 → Arquivo.
1 – Data/hora de modificação.
BC – Código de hora, DE – Código de data.
2 – Data/hora de criação.
BC – Código de tempo, DE – Código de data.
BC, DE – Veja acima.

Saída: CY – Estado de erro (0 – Ok, 1 – Erro; A – Código de erro).

Registradores: AF, BC, DE, HL, IX, IY

ID: 035 (DIRPRR) – Directory_Property_Get

Descrição: Lê uma propriedade de um arquivo ou diretório. Para obter mais informações sobre o código de hora e data, consulte 023 (FILF2T).

Biblioteca: SyFile_DIRPRR

Entrada: IXh – Caminho do arquivo e nome do Banco RAM (0~15)
HL – Caminho do arquivo e endereço do nome
A – Tipo de propriedade:
0 → Atributo.
1 → Data/hora de modificação.
2 → Data/hora de criação.

Saída: C – Atributos (se solicitado):
bit0=1 → Somente leitura.
bit1=1 → Oculto.
bit2=1 → Sistema.
bit3=1 → ID do Volume.
bit4=1 → Diretório.
bit5=1 → Arquivo.

BC, DE – Códigos de hora e data (se solicitado).
CY – Estado de erro (0 – Ok, 1 – Erro; A – Código de erro).
Registradores: AF, HL, IX, IY.

ID: 036 (DIRREN) – Directory_Rename
Descrição: Renomeia um arquivo ou diretório. O novo nome do arquivo não deve incluir um caminho. A função retornará erro, se um arquivo ou diretório com o novo nome já existir.
Biblioteca: SyFile_DIRREN.
Entrada: IXh – Banco RAM (0~15) do antigo e do novo nome de arquivo.
HL – Endereço do caminho / nome do arquivo antigo.
DE – Endereço do novo nome de arquivo.
Saída: CY – Estado de erro (0 – Ok, 1 – Erro; A – Código de erro).
Registradores: AF, BC, DE, HL, IX, IY.

ID: 037 (DIRNEW) – Directory_New
Descrição: Cria um novo diretório. A função retornará erro, se um arquivo ou diretório com o novo nome já existir.
Biblioteca: SyFile_DIRNEW
Entrada: IXh – Caminho do diretório e nome do Banco RAM (0~15)
HL – Caminho do diretório e endereço do nome
Saída: CY – Estado de erro (0 – Ok, 1 – Erro; A – Código de erro)
Registradores: AF, BC, DE, HL, IX, IY

ID: 038 (DIRINP) – Directory_Input
Descrição: Lê o conteúdo de um diretório. Podem ser especificadas máscaras de arquivo no nome (* e ? são permitidos) e um filtro de atributo. É recomendável sempre setar o bit 3 (ID do volume) do byte de filtro de atributo.
Biblioteca: SyFile_DIRINP
Entrada: IXh – Banco de RAM do caminho do diretório (0~15)
HL – Endereço do caminho do diretório (pode incluir uma máscara de pesquisa).
IXl – Filtro de atributo:
bit0 = 1 ⟶ Não mostrar arquivos somente leitura.
bit1 = 1 ⟶ Não mostra arquivos ocultos.
bit2 = 1 ⟶ Não mostra arquivos de sistema.

bit3 = 1 ⟶ Não mostra entradas de ID de volume.
bit4 = 1 ⟶ Não mostra diretórios.
bit5 = 1 ⟶ Não mostrar arquivos de arquivo.
A – Banco de memória RAM do buffer de destino (0~15).
DE – Endereço do buffer de destino.
BC – Comprimento do buffer de destino.
IY – Número de entradas, que deve ser ignorado.

Saída: HL – Número de entradas lidas.
BC – Espaço não utilizado restante no buffer de destino.
CY – Estado de erro (0 – Ok, 1 – Erro; A – Código de erro).

Registradores: AF, DE, IX, IY.

Estrutura de dados:			
	00	4B	Comprimento do arquivo (32 bits).
	04	1W	Código de data, consulte 023 (FILF2T).
	06	1W	Código de tempo, consulte 023 (FILF2T).
	08	1B	Atributos, consulte 035 (DIRPRR).
	09	?B	Nome do arquivo ou subdiretório.
	??	1B	Terminador 0.

ID: 039 (DIRDEL) – Directory_DeleteFile

Descrição: Exclui um ou mais arquivos. Podem ser excluídos vários arquivos usando uma máscara de arquivo (* e ? são permitidos). Arquivos somente leitura não podem ser excluídos. Esta função também não exclui diretórios. Usar 040 (DIRRMD), para excluir diretórios.

Biblioteca: SyFile_DIRDEL

Entrada: IXh – Caminho do arquivo e nome/máscara do banco de memória RAM (0~15)
HL – Caminho do arquivo e nome/endereço da máscara.

Saída: CY – Estado de erro (0 – Ok, 1 – Erro; A – Código de erro).

Registradores: AF, BC, DE, HL, IX, IY.

ID: 040 (DIRRMD) – Directory_DeleteDirectory

Descrição: Exclui um subdiretório. O subdiretório deve estar vazio e sem o atributo de somente leitura, caso contrário, a operação será abortada. O diretório pode ser especificado com ou sem "/" no final.

Biblioteca: SyFile_DIRRMD

Entrada: IXh – Caminho do diretório e nome do Banco RAM (0~15)
HL – Caminho do diretório e endereço do nome

Saída: CY – Estado de erro (0 – Ok, 1 – Erro; A – Código de erro)
Registradores: AF, BC, DE, HL, IX, IY

ID: 041 (DIRMOV) – Directory_Move

Descrição: Move um arquivo ou subdiretório para outro diretório na mesma unidade.
Biblioteca: SyFile_DIRMOV.
Entrada: IXh – Arquivo/diretório antigo e novo banco de RAM do caminho (0~15).
HL – Caminho de origem do arquivo / diretório e endereço do nome.
DE – Endereço do caminho destino do arquivo/diretório.
Saída: CY – Estado de erro (0 – Ok, 1 – Erro; A – Código de erro).
Registradores: AF, BC, DE, HL, IX, IY.

ID: 042 (DIRINF) – Directory_DriveInformation

Descrição: Retorna informações sobre uma unidade.
Biblioteca: SyFile_DIRINF
Entrada: A – Letra do drive (A~Z).
C – Tipo de informação:
0 ⟶ Informações gerais da unidade.
1 ⟶ Quantidade de memória livre e total.
Saída: ⟶ Informação tipo 0:
A – Tipo:
00 ⟶ Dispositivo não existe.
01 ⟶ Dispositivo está pronto.
02 ⟶ Dispositivo não inicializado.
03 ⟶ Dispositivo está corrompido.
B – Mídia:
01 ⟶ Disquete face simples (Amsdos, PCW).
02 ⟶ Disquete face dupla (FAT 12).
08 ⟶ RAM disk.
16 ⟶ Disco rígido IDE ou cartão CF (Fat 16, Fat 32).
C – Sistema de arquivos:
01 ⟶ Dados Amsdos.
02 ⟶ Sistema Amsdos.
03 ⟶ PCW 180K.
16 ⟶ FAT 12.
17 ⟶ FAT 16.
18 ⟶ FAT 32.

D - Setores por cluster.
IY, IX - Número total de clusters.
→ Tipo de informação 1:
HL, DE - Número de setores de 512 bytes livres.
IY, IX - Número total de clusters.
C - Setores por cluster.
→ Tipo de informação 0 e 1:
CY - Estado de erro (0 - Ok, 1 - Erro; A - Código de erro).

Registradores: F.

ID: 013 (DEVDIR) - Directory_Input_Extended

Descrição: Lê o conteúdo de um diretório e converte-o em dados de controle de lista prontos para uso. Uma área deve ser reservada na RAM com tamanho mínimo recomendável de 4000 bytes para os dados. Uma segunda área, no mesmo banco RAM, deve ser reservada para a estrutura de dados de controle da lista. Seu tamanho é calculado assim: Tamanho = Número_máximo_de_entradas * (4 + Colunas_adicionais * 2). Para obter mais informações sobre a leitura de diretórios, consulte 038 (DIRINP).

Biblioteca: SyFile_DEVDIR.

Entrada: A - bit0–3: Banco de memória RAM do buffer de destino (0~15).
bit4–7: Banco de RAM do caminho do diretório (0~15).
HL - Endereço do caminho do diretório (pode incluir uma máscara de pesquisa).
DE - Endereço do buffer de destino, cujos quatro primeiros bytes devem conter o seguinte:
00 1W Endereço da tabela de controle da lista.
02 1W Número máximo de entradas.
A função irá sobrescrever essas informações e preencher o buffer com os dados do diretório.
BC - Tamanho máximo do buffer de destino.
IXl - Filtro de atributo.
bit0 = 1 → Não mostrar arquivos somente leitura.
bit1 = 1 → Não mostra arquivos ocultos.
bit2 = 1 → Não mostra arquivos de sistema.
bit3 = 1 → Não mostra entradas de ID de volume.

bit4 = 1 → Não mostra diretórios.
bit5 = 1 → Não mostrar arquivos de arquivo.
IY – Número de entradas, que deve ser ignorado.
IXh – Colunas adicionais
bit0 = 1 → Tamanho do arquivo.
bit1 = 1 → Data e hora (última modificação).
bit2 = 1 → Atributos.
Saída: HL – Número de entradas lidas
CY – Estado de erro (0 – Ok, 1 – Erro; A – Código de erro)
Registradores: AF, BC, DE, IX, IY.

5.6.6 – Funções do Gerenciador de Dispositivos

As funções do gerenciador de dispositivos devem ser chamadas com RST 20H (BNKSCL).

TIMGET (810CH) – Device_TimeGet
Descrição: Retorna a hora atual.
Como chamar: rst 20H : dw 810CH
Entrada: –
Saída: A – Segundo (0 ~ 59).
B – Minuto (0 ~ 59).
C – Hora (0 ~ 23).
D – Dia (1 ~ 31).
E – Mês (1 ~ 12)
HL – Ano (1900 ~ 2100).
IXl – Fuso horário (–12 ~ +13).
Registradores: F, IY.

TIMSET (810FH) – Device_TimeSet
Descrição: define a hora atual.
Como chamar: rst 20H : dw 810FH
Entrada: A – Segundo (0 ~ 59).
B – Minuto (0 ~ 59).
C – Hora (0 ~ 23).
D – Dia (1 ~ 31).
E – Mês (1 ~ 12)
HL – Ano (1900 ~ 2100).
IXl – Fuso horário (–12 ~ +13).

Saída: –
Registradores: AF, BC, DE, HL, IY.

SCRSET (8136H) – Device_ScreenModeCPCSet
Descrição: Define o modo de tela dos micros CPC. Esta função é específica do CPC e apenas e deve ser chamada por aplicativos que usam a tela inteira.
Como chamar: ld hl, 8136H : rst 28H
Entrada: E – Modo de tela do CPC (0,1,2).
Saída: –
Registradores: –

SCRGET (8139H) – Device_ScreenMode
Descrição: Retorna o modo de tela, número de cores e resolução.
Como chamar: ld hl, 8139H : rst 28H
Entrada: –
Saída: E – Modo de tela:
CPC/EP: 1, 2 MSX: 5, 6, 7
PCW: 0 G9K: 8, 9, 10, 11
D – Número de cores (2~16).
IX – Resolução horizontal.
IY – Resolução vertical.
Registradores: –

MOSGET (813CH) – Device_MousePosition
Descrição: Retorna a posição atual do ponteiro do mouse.
Como chamar: rst 20H : dw 813CH
Entrada –
Saída: DE – Posição X.
HL – Posição Y.
Registradores: –

MOSKEY (813FH) – Device_MouseKeyStatus
Descrição: Retorna o estado atual das teclas do mouse.
Como chamar: rst 20H : dw 813FH
Entrada: –
Saída: A – Estado da tecla:
Bit0 = 1 → Botão esquerdo do mouse pressionado

Bit1 = 1 → Botão direito do mouse pressionado
Bit2 = 1 → Botão do meio do mouse pressionado
Registradores: F.

KEYTST (8145H) – Device_KeyTest
Descrição: Retorna o estado atual de uma tecla.
Como chamar: ld hl, 8145H : rst 28H
Entrada: E – Código de verificação do teclado.
Resultado: E – Estado da tecla:
0 → A tecla não está pressionada no momento;
1 → A tecla está sendo pressionada.
Registradores: AF, BC, D, HL, IX, IY.

KEYSTA (8148H) – Device_KeyStatus
Descrição: Retorna o estado das teclas shift / control / alt / capslock.
Como chamar: ld hl, 8148H : rst 28H
Entrada: –
Saída: E – bit0: SHIFT (1 → Pressionada).
bit1: CTRL (1 → Pressionada).
bit2: ALT (1 → Pressionada).
D – Estado da Caps Lock (1 – Travada).
Registradores: AF, BC, HL, IX, IY.

KEYPUT (814BH) – Device_KeyPut
Descrição: Coloca um caractere de volta no buffer do teclado.
Como chamar: rst 20H : dw 814BH
Entrada: A – Código ASCII do caractere.
Saída: CY – Estado do buffer de teclado (1 → cheio).
Registradores: AF, BC, HL.

IOMINP (8157H) – Device_IO_MultiIn [somente CPC]
Descrição: Lê vários bytes de uma porta de hardware de maneira rápida e os grava em um endereço de destino na memória. Esta função está disponível apenas no SymbOS CPC.
Como chamar: rst 20H : dw 8157H
Entrada: DE – Endereço de destino.
IY – bit0–11: Comprimento em bytes.
bit12–15: Banco RAM de destino (0~15).
IX – Endereço da porta.
Registradores: AF, BC, DE, HL

IOMOUT (815AH) - Device_IO_MultiOut [somente CPC]
Descrição: Grava vários bytes em uma porta de I/O de maneira rápida a partir de um endereço de origem na memória. Esta função está disponível apenas no SymbOS CPC.
Como chamar: rst 20H : dw 8157H
Entrada: DE - Endereço de origem.
IY - bit0-11: Comprimento em bytes.
bit12-15: Banco RAM de destino (0~15).
IX - Endereço da porta.
Registradores: AF, BC, DE, HL.

5.7 - LINHA DE COMANDO DO SYMSHELL

Bibliotecas: SyShell_PARALL
SyShell_PARSHL

5.7.1 - Comandos e Respostas do Symshell

ID: 064 (MSC_SHL_CHRINP) - SymShell_CharInput_Command
Descrição: Solicita um caractere de uma fonte de entrada. A fonte de entrada pode ser a padrão ou o teclado. Se o teclado for usado, SymShell espera pelo usuário e não enviará resposta se nenhuma tecla for pressionada.
Biblioteca: SyShell_CHRINP.
Mensagem: 00 1B 064.
01 1B Canal (0 → Padrão, 1 → Teclado).
Resposta: Veja MSR_SHL_CHRINP.

ID: 192 (MSR_SHL_CHRINP) - SymShell_CharInput_Response
Descrição: Se um caractere puder ser recebido do teclado, de um arquivo ou de outra fonte, ele será enviado ao aplicativo por meio desta mensagem. Se o usuário pressionou Control+C ou se o fim do arquivo (EOF) foi alcançado, o sinalizador EOF será ligado.
Mensagem: 00 1B 192.
01 1B Flag EOF (Se diferente de 0, o fim do arquivo foi alcançado)
02 1B Caractere.

03 1B Estado de erro:
254 → Processo desconhecido (SymShell não reconhece o processo, que enviou o comando, e, por isso, não fornece nenhum serviço).
253 → Dispositivo de destino cheio.
252 → Buffer de anel interno cheio.
251 → Muitos processos (SymShell não pode lidar com a quantidade de processos em execução ao mesmo tempo no ambiente de terminal de texto)
Qualquer outro → Consulte "Códigos de erro" no capítulo "Gerenciador de arquivos".

ID: 065 (MSC_SHL_STRINP) – SymShell_StringInput_Command

Descrição: Solicita uma string de uma fonte de entrada, que pode ser o canal padrão ou o teclado. O comprimento máximo de uma string é de 255 caracteres, então o buffer deve tem um tamanho de 256 bytes (255 + terminador).

Biblioteca: SyShell_STRINP.

Mensagem: 00 1B 065.
01 1B Canal (0 → Padrão, 1 → Teclado).
02 1B Banco de memória RAM do buffer (0~15).
03 1W Endereço de buffer de destino.

Resposta: Veja MSR_SHL_STRINP.

ID: 193 (MSR_SHL_STRINP) – SymShell_StringInput_Response

Descrição: Se uma linha de texto puder ser recebida do teclado, de um arquivo ou de outra fonte (terminada por 13/10), será enviada para o aplicativo por meio desta mensagem de resposta. Se o usuário pressionou Control + C ou se o fim do arquivo for atingido, o sinalizador EOF será setado.

Mensagem: 00 1B 193
01 1B Flag EOF (Se diferente de 0, o fim do arquivo foi alcançado)
03 1B Estado de erro (veja acima "SymShell_CharInput_ _Response")

ID: 066 (MSC_SHL_CHROUT) – SymShell_CharOutput_Command

Descrição: Envia um caractere para o canal de saída.

Biblioteca: SyShell_CHROUT.
Mensagem: 00 1B 066.
01 1B Canal (0 – Padrão, 1 – Tela).
02 1B Caractere.
Resposta: Veja MSR_SHL_CHROUT

ID: 194 (MSR_SHL_CHROUT) – SymShell_CharOutput_Response
Descrição: Informa a aplicação se o caractere foi enviado corretamente. Um aplicativo não deve enviar mais de um caractere ao mesmo tempo, antes que tal resposta tenha sido recebida.
Mensagem: 00 1B 194.
03 1B Estado de erro (veja acima SymShell_CharInput_Response")

ID: 067 (MSC_SHL_STROUT) – SymShell_StringOutput_Command
Descrição: Envia uma string para o destino de saída.
Biblioteca: SyShell_STROUT.
Mensagem: 00 1B 067.
01 1B Canal (0 – Padrão, 1 – Tela).
02 1B Banco de RAM da coluna (0~15).
03 1W Endereço de string.
05 1B Comprimento da string (sem terminador 0).
Resposta: Veja MSR_SHL_STROUT.

ID: 195 (MSR_SHL_STROUT) – SymShell_StringOutput_Response
Descrição: Informa a aplicação se a string foi enviado corretamente. Um aplicativo não deve enviar mais de uma string antes que tal resposta tenha sido recebida.
Mensagem: 00 1B 195.
03 1B Estado de erro (veja acima "SymShell_CharInput_Response")

ID: 068 (MSC_SHL_EXIT) – SymShell_Exit_Command
Descrição: O aplicativo informa SymShell sobre um evento de saída. Se um aplicativo fecha sozinho, SymShell deve ser informado sobre isso, para que possa remover o aplicativo de sua área de gestão interna. Neste caso, o tipo de saída deve ser 0 ("sair").

Biblioteca: SyShell_EXIT
Mensagem: 00 1B 068
01 1B Tipo de saída:
0 ⟶ O aplicativo fecha sozinho.
1 ⟶ O aplicativo libera o foco e entra no modo desfocado.
Resposta: O SymShell não envia uma mensagem de resposta.

ID: 069 (MSC_SHL_PTHADD) – SymShell_PathAdd_Command
Descrição: ...
Biblioteca: SyShell_PTHADD.
Mensagem: 00 1B 069.
01 1W Endereço do caminho de base (0 – Para padrão).
03 1W Endereço do componente de caminho adicional.
05 1W Endereço do novo caminho completo.
07 1B Caminhos do banco RAM (0~15).
Resposta: Veja MSR_SHL_PTHADD

ID: 197 (MSR_SHL_PTHADD) – SymShell_PathAdd_Response
Descrição: ...
Mensagem: 00 1B 197.
01 1W Posição seguinte ao último caractere no novo caminho.
03 1W Posição seguinte ao último "/" no novo caminho.
05 1B bit0 = 1 ⟶ Novo caminho termina com "/".
bit1 = 1 ⟶ Novo caminho contém curingas.

5.7.2 – Códigos de Controle do Terminal Symshell

Parâmetros de descrição de código

00 Parar a saída de texto e ignorar a parte restante da linha.
01 –
02 Desligar o cursor. Isso fará com que o cursor fique invisível.
03 Ligar o cursor.
04 Salvar a posição atual do cursor.
05 Restaurar a última posição salva do cursor.

06 Ativar saída de texto (ver também 21).
07 -
08 Mover o cursor um caractere para a esquerda.
09 Mover o cursor um caractere para a direita.
10 Mover o cursor um caractere para baixo.
11 Mover o cursor um caractere para cima.
12 Limpar a tela e coloque o cursor na posição 1/1 (HOME).
13 Mover o cursor para o início da linha atual.
14 Mover o cursor por vários caracteres. P1 especifica a direção e o número de posições a mover.
P1 = 1~80 → O cursor moverá de 1 a 80 caracteres para a direita.
P1 = 81~160 → O cursor moverá de 1 a 80 caracteres para a esquerda (parâmetro – 80).
P1 = 161~185 → O cursor moverá de 1 a 25 caracteres para baixo (parâmetro – 160).
P1 = 186~210 → O cursor moverá de 1 a 25 caracteres para cima (parâmetro – 185).
Obs.: O cursor não ultrapassará a borda da tela.
15 -
16 Limpar o caractere na posição do cursor (usando o espaço [32])
17 Limpar linha do cursor para a esquerda.
18 Limpar linha do cursor para a direita.
19 Limpar tela do cursor para cima.
20 Limpar tela do cursor para baixo.
21 Desativar a saída de texto. Não haverá mais caracteres impressos até que o código 06 apareça.
22 Definir uma guia na coluna atual.
23 Limpar uma guia na coluna atual.
24 Limpar todas as guias.
25 Ir para a próxima guia.
26 Preencher a área da tela com um caractere especificado
P1 – Caractere.
P2 – Posição inicial X.
P3 – Posição inicial Y.
P4 – Posição final X.
P5 – Posição final Y.
Obs.: Este código de controle ainda não está implementado.

27 –

28 Definir tamanho da janela do terminal. O tamanho mínimo é 10x4 e o tamanho máximo é 80x25 (MSX: 80x24). Após a janela ser redimensionada, a tela será limpa e o cursor colocado no canto superior esquerdo (1/1 – HOME).
P1 – Largura.
P2 – Altura.

29 Rolar a janela uma linha para cima ou para baixo uma linha. Isso não influenciará a posição atual do cursor.
P1 = Direção (1 → Para cima, 2 → Para baixo).

30 Mova o cursor para o canto superior esquerdo (1/1).

31 Mova o cursor para um local de tela especificado:
P1 – Posição X (1~80).
P2 – Posição Y (1~25).

5.7.3 – Códigos ASCII estendidos

136 – Cursor up
137 – Cursor down
138 – Cursor left
139 – Cursor right
140 – F0
141 – F1
142 – F2
143 – F3
144 – F4
145 – F5
146 – F6
147 – F7
148 – F8
149 – F9
150 – F.
151 – Alt + @
152 – Alt + A
153 – Alt + B
154 – Alt + C
155 – Alt + D
156 – Alt + E
157 – Alt + F
158 – Alt + G
159 – Alt + H
160 – Alt + I
161 – Alt + J
162 – Alt + K
163 – Alt + L
164 – Alt + M
165 – Alt + N
166 – Alt + O
167 – Alt + P
168 – Alt + Q
169 – Alt + R
170 – Alt + S
171 – Alt + T
172 – Alt + U
173 – Alt + V
174 – Alt + W
175 – Alt + X
176 – Alt + Y
177 – Alt + Z
178 – Alt + 0
179 – Alt + 1
180 – Alt + 2
181 – Alt + 3
182 – Alt + 4
183 – Alt + 5
184 – Alt + 6
185 – Alt + 7
186 – Alt + 8
187 – Alt + 9

5.7.4 – Códigos de Varredura do Teclado

O código de verificação é usado na função "Device_KeyTest". Observe que eles são iguais em todas as plataformas suportadas.

00 – Cursor Up
01 – Cursor Right
02 – Cursor Down
03 – F9
04 – F6
05 – F3
06 – Enter
07 – F.
08 – Cursor Left
09 – Alt
10 – F7
11 – F8
12 – F5
13 – F1
14 – F2
15 – F0
16 – Clr
17 – [
18 – Return
19 –]
20 – F4
21 – Shift
22 – \
23 – Control
24 – ^
25 – -
26 – @
27 – P
28 – ;
29 – :
30 – /
31 – .
32 – 0
33 – 9
34 – O
35 – I
36 – L
37 – K
38 – M
39 – ,
40 – 8
41 – 7
42 – U
43 – Y
44 – H
45 – J
46 – N
47 – Space
48 – 6
49 – 5
50 – R
51 – T
52 – G
53 – F
54 – B
55 – V
56 – 4
57 – 3
58 – E
59 – W
60 – S
61 – D
62 – C
63 – X
64 – 1
65 – 2
66 – Esc
67 – Q
68 – Tab
69 – A
70 – Capslock
71 – Z
72 – Joy Up
73 – Joy Down
74 – Joy Left
75 – Joy Right
76 – Fire 2
77 – Fire 1
78 – [not used]
79 – Del

5.8 – CONFIGURAÇÃO DO SISTEMA

Todas as configurações do usuário no SymbOS são armazenadas na configuração do sistema, que é salva no arquivo "SYMBOS.INI". Ele é dividido em 5 partes:

1. Cabeçalho, que contém o identificador e o comprimento das três partes seguintes.
2. Área central, que contém dados carregados no primeiro Banco RAM.
3. Área de dados, que contém dados adicionais geralmente carregados carregados em um banco RAM diferente.

4. Área de transferência (atualmente não usada).
5. Fonte.

5.8.1 – Cabeçalho

0000 2B Identificador que também contém a versão do arquivo de configuração [byte0] = "S", [byte1] = 1 (versão atual).
0002 1W Comprimento de do cabeçalho (= 8 bytes) mais a parte da área central de configuração do sistema SymbOS (será sempre carregado no Banco RAM 0).
0004 1W Comprimento da parte da área de dados (o Banco RAM depende da plataforma)
0006 1W Comprimento da parte da área de transferência (que é 0, pois atualmente não é usada)

5.8.2 – Área Central

5.8.2.1 – Dispositivos de armazenamento de massa.

0000 128B Configuração do dispositivo; isto consiste em 8 registros de dados em 16 bytes para cada dispositivo:
- 00 1B Letra da unidade (maiúscula) ou 0, se o slot do dispositivo estiver vazio.
- 01 1B bit0–3: Tipo (0=Disquete, 1=IDE/SCSI) → slot driver.
  bit4–6: Reservado (definido como 0).
  bit7: Sinalizador de mídia removível (1 = Sim).
- 02 1B Sub drive:
  → Se o dispositivo for um disquete:
  bit0–1: Unidade.
  bit2: Cabeça.
  bit3: Sinalizador de passo duplo (1 = Sim).
  bit4–7: Reservado (definido como 0).
  → Se o dispositivo for um dispositivo IDE/SCSI/SD:
  bit0–3: Partição (0 = Não particionado).
  bit4–7: IDE → Canal (0 = mestre, 1 = escravo).
  SCSI → Subdispositivo (0~15).
- 03 1B Reservado (definido como 0).
- 04 12B Nome do dispositivo (terminado por 0).

5.8.2.2 - Exibição e diversos (1)

0128 17W Paleta de cores (a borda é definida pela palavra 17).
Para cada entrada: bit0–3: Componente azul.
bit4–7: Componente verde.
bit8-11: Componente vermelho.

0162 1B Modo de tela:
0 [PCW] - 768x255x2 7 [MSX] - 512x212x16
1 [CPC, EP] - 320x200x4 8 [G9K] - 384x240x16
2 [CPC, EP] - 640x200x2 9 [G9K] - 512x212x16
5 [MSX] - 256x212x16 10 [G9K] - 768x240x16
6 [MSX] - 512x212x4 11 [G9K] - 1024x212x16)

0163 32B Caminho do sistema.

0195 1B Fuso horário (–12 a +12).

0196 1B Tipo de fundo de tela (0~15 ⟶ Cor simples, -1 ⟶ Gráfico).

0197 32B Caminho completo com o nome do arquivo do gráfico de fundo de tela, terminado por 0 (apenas, se "tipo de fundo" for igual a –1).

5.8.2.3 - Teclado (1) e mouse

0229 1B Atraso de teclado (em passos 1/50 ou 1/60 segundos entre o primeiro e o segundo caractere).

0230 1B Velocidade de repetição do teclado (atraso entre cada caractere seguinte).

0231 1B Atraso do joystick e do mouse (até que o mouse atinja a velocidade máxima).

0232 1B Velocidade (resolução) do joystick do mouse (em pontos).

0233 1B Fator de velocidade do mouse:
(Movimento_final = Movimento_original * Veloc. mouse / 16).

0234 1B Retardo do clique duplo do mouse (tempo máximo em 1/50 ou 1/60 segundos, quando um clique duplo é reconhecido).

0235 1B Não zero, para troca das teclas esquerda/direita do mouse.

0236 1B Velocidade da roda do mouse

5.8.2.4 - Diversos (2) e links da área de trabalho

0237 1B Drive SYMBOS.INI ("A", ...)

0238 1B Sinalizadores diversos:
bit0: Configuração de salvamento automático.

0239	1B	Sinalizador (1), se o módulo de extensão SymbOS deve ser carregado.
0240	1B	Sinalizador para hardware estendido (+1 = Mouse, +2 = Relógio em tempo real, +4 = interface IDE / SCSI, +16 = M4Board)
0241	1B	Área de trabalho virtual (0 ⟶ Sem área de trabalho virtual): bit0–3: Resolução X (1 = 512, 2 = 1000). bit4–7: Resolução Y (Ainda não definido).
0242	1B	Número de ícones da área de trabalho.
0243	1B	Número de entradas de menu / programas iniciar.
0244	1B	Número de entradas de atalho da barra de tarefas (atualmente não suportado).
0245	1B	Tipo de máquina: 0 – CPC 464 7 – MSX1 1 – CPC 664 8 – MSX2 2 – CPC 6128 9 – MSX2+ 3 – CPC 464+ 10 – MSX turboR 4 – CPC 6128+ 12 – PCW8xxx 6 – Enterprise 13 – PCW9xxx
0246	16W	Posições dos ícones na área de trabalho. Para cada um dos 8 ícones são reservados quatro bytes; os dois primeiros contêm a posição X e os dois últimos a posição Y.
0278	32B	Caminho e nome do arquivo executável de linha de comando do autoexec.
0310	1B	Igual a "1", se o arquivo de linha de comando autoexec deve ser executado.

5.8.3 – Área de Dados

5.8.3.1 – Links da área de trabalho (2)

0000	400B	Nomes de entrada de programas do menu Iniciar (20 entradas de 20 bytes cada, terminados por 0).
0400	640B	Caminhos e nomes de arquivo do Menu Iniciar (20 entradas em 32 bytes cada, terminados por 0).
1040	256B	Caminhos e nomes de arquivo da área de trabalho (8 entradas de 32 bytes cada, terminado por 0).

1296 192B Nomes dos ícones da área de trabalho (8 entradas, sendo que cada uma consiste em 2 linhas de 12 bytes, e cada linha é terminada por 0)
1488 1176B Gráficos de ícones da área de trabalho (8 entradas, cada uma consistindo de um cabeçalho gráfico de 3 bytes cabeçalho gráfico e um bitmap de 144 bytes (6*24))
2664 768B Associação de extensão de arquivo (16 entradas em 48 bytes)
- 00 3B Extensão 1 (maiúscula; se byte0 = 1, então toda a entrada não está definida)
- 03 3B Extensão 2 (se byte0 = 1, então esta entrada não está definida)
- 06 3B Extensão 3 (s.a.)
- 09 3B Extensão 4 (s.a.)
- 12 3B Extensão 5 (s.a.)
- 15 33B Caminho do aplicativo e nome do arquivo que será iniciado, se um arquivo com uma das extensões listadas acima foi aberto.

5.8.3.2 - Protetor de tela

3432 1B Igual a "1", se o protetor de tela estiver presente.
3433 1B Duração de inatividade do usuário, após o qual o protetor de tela será iniciado.
3434 33B Caminho e nome de arquivo do aplicativo protetor de tela (terminado por 0).
3467 64B Dados de configuração específicos do protetor de tela (podem ser armazenados e lidos aqui)

5.8.3.3 - Teclado (2)

3531 80B Definição de teclado (normal)
3611 80B Definição de teclado (deslocamento)
3691 80B Definição de teclado (controle)
3771 80B Definição de teclado (alt)

5.8.3.4 - Segurança

3851 16B Nome de usuário seguro.
3867 16B Senha.
3883 1B Sinalizadores de segurança (ainda não usados, sempre 0).

5.9 - APLICATIVOS DO PROTETOR DE TELA

ID: 001 (MSC_SAV_INIT) - ScreenSaver_Init_Command

Descrição: O processo do chamador, que iniciou o protetor de tela (geralmente o gerenciador de área de trabalho ou o painel de controle) enviou um comando de inicialização. O protetor de tela agora deve armazenar o ID do processo do remetente para poder enviar uma resposta mais tarde (consulte MSR_SAV_CONFIG). Em seguida, ele deve copiar os dados de configuração em sua própria área de memória. Esses dados podem ter um tamanho de até 64 bytes e são armazenados no arquivo SYMBOS.INI junto com as outras configurações do sistema.

Biblioteca: ScrSav_MAIN.

Mensagem: 00 1B 001.
01 1B Banco de dados de configuração (0~7).
02 1W Endereço de dados de configuração de (64 bytes).

Resposta: Nenhuma resposta esperada do protetor de tela.

ID: 002 (MSC_SAV_START) - ScreenSaver_Start_Command

Descrição: O processo do chamador pede ao protetor de tela para iniciar sua animação. A animação será exibida, enquanto nenhuma tecla for pressionada e o mouse não for movido.

Biblioteca: ScrSav_MAIN.

Mensagem: 00 1B 002.

Resposta: Nenhuma resposta esperada do protetor de tela.

ID: 003 (MSC_SAV_CONFIG) - ScreenSaver_Config_Command

Descrição: O processo do chamador pede ao protetor de tela para abrir uma janela de diálogo de configuração. Nessa janela, o usuário pode modificar as configurações do protetor de tela. Se não houver nada para configurar, o protetor de tela pode ignorar este comando ou basta abrir uma janela de informações.

Biblioteca: ScrSav_MAIN

Mensagem: 00 1B 003.

Resposta: Ver MSR_SAV_CONFIG.

ID: 004 (MSR_SAV_CONFIG) - ScreenSaver_Config_Response

Descrição: O usuário terminou de modificar as configurações e clicou no botão "Ok" da caixa de diálogo de configuração. O protetor de tela agora deve enviar de volta os dados atualizados para o processo do chamador, para que eles possam ser gravados novamente no arquivo SYMBOS.INI.

Biblioteca: ScrSav_CFGSAV

Mensagem: 00 1B 001
01 1B Banco de dados de configuração (0~7).
02 1W Endereço de dados de configuração de (64 bytes).

5.10 - MAPA DE MEMÓRIA

5.10.1 - Mapa geral da memória

O diagrama a seguir mostra de que forma os diferentes bancos e blocos de memória são usados no SymbOS.

	Banco 0	Banco 1	Banco n
FFFFH – C000H	Dados e gerenciador de sistema	Livre	Livre
BFFFH – 8000H	Buffers Subrotinas Ger. Disp. Ger. Tela	Livre	Livre
7FFFH – 4000H	Gerenciador da Área de Trabalho	Livre	Livre
3FFFH – 0000H	Ger. área trab., sistema e arquivo - LL Kernel/jumpers	Gerenciador de arquivo - HL Kernel jumps	Livre Kernel jumps

5.10.2 – Mapa da memória do aplicativo

A memória dentro de um banco de RAM de aplicativo (1 – n) é usada da seguinte maneira:

1. 0000–03FF Kernel jumps, multitarefa do Kernel e rotinas de gerenciamento de bancos.
2. 0400–FFFF Código e dados internos do aplicativo.
3. 0400–3FFF Dados do aplicativo usados pelo gerenc. de tela.
   4000–7FFF Um objeto deve estar dentro de um bloco de 16K.
   8000–BFFF
   C000–FFFF
4. Dados de "transferência" do aplicativo C000-FFFF, usados pelo gerenciador de área de trabalho, buffer de mensagens e pilha.

5.10.3 – Configurações de memória

O diagrama a seguir mostra como a memória é configurada durante a atividade de um dos módulos do SymbOS.

	DesktopManager (C1)	ScreenManager (C4-7)	FileManager-HL (C4)
FFFFH C000H	Banco n Bloco 3 Transfer RAM	Banco 0 Bloco 3	Banco 0 Bloco 3
BFFFH 8000H	Banco 0 Bloco 2	Banco 0 Bloco 2 ScreenManager	Banco 0 Bloco 2
7FFFH 4000H	Banco 0 Bloco 1 DesktopManager	Banco n Bloco m RAM de dados	Banco 1 Bloco 0 FileManager-HL
3FFFH 0000H	Banco 0 Bloco 0	Banco 0 Bloco 0	Banco 0 Bloco 0

	FileManager-LL (**)	Application (C2)
FFFFH C000H	Banco 0 Bloco 3	Banco n Bloco 3 Trnf, Code, Data
BFFFH 8000H	Slot x,y Disk-ROM	Banco n Bloco 2 Code, Data
7FFFH 4000H	Banco n Bloco m RAM de dados	Banco n Bloco 1 Code, Data
3FFFH 0000H	Banco 0 Bloco 0 FileManager-LL	Banco n Bloco 0 Code, Data

5.11 - GERENCIADOR DE TELA

O gerenciador de tela contém todas as rotinas para o acesso direto ao vídeo por hardware. Há apenas uma função, que também pode ser usada por aplicativos. Deve ser chamada com RST 20H (BNKSCL).

TXTLEN (815DH) - Screen_TextLength

Descrição: Retorna a largura e a altura de uma linha de texto em pontos, caso seja impresso na tela.O comprimento do texto (número de caracteres) pode ser definido em IY. Se o texto terminar em 0 ou 13, deve ser usado -1 para o comprimento. Observe, que esta função sempre usa a fonte do sistema para calcular a largura e a altura.

Como chamar: rst 20H : dw 815DH

Entrada: HL - Endereço de texto.
A - Banco de memória do texto (1~15).
IY - Número máximo de caracteres (comprimento).

Saída: DE - Largura do texto em pontos.
A - Altura do texto em pontos.

Registradores: F, BC, HL, IX.

5.12 - DAEMON DE REDE

O daemon de rede SymbOS oferece todos os serviços para acesso total à rede, exatamente como um processo de serviço compartilhado.

5.12.1 - Configuração

Config_Get	CFGGET	001	130	A - Tipo; E,HL - Buffer de dados. → (buffer foi preenchido).
Config_Set	CFGSET	002	131	A - Tipo; E,HL - Dados de config. → (a configuração foi definida).

5.12.2 - Serviços de Camada de Transporte

TCP_Open	TCPOPN	016	144	A - Modo; HL - Porta local (IX, IY - IP remoto; DE - Porta rem.) CY=0 → Ok; A - Handle
TCP_Close	TCPCLO	017	145	A - Handle CY=0 → Ok; A - Handle
TCP_Status	TCPSTA	018	146	A - Handle CY=0 → Ok; A - Handle, L - Estado (BC - Bytes recebidos; IX, IY - IP remoto; DE - Porta remota)
TCP_Receive	TCPRCV	019	147	A - Handle; BC - Comprimento; E,HL - Memória CY=0 → Ok; A - Handle; BC - Número de bytes restantes; Z=1 → todos os bytes foram receb.
TCP_Send	TCPSND	020	148	A - Handle; BC - Comprimento; E,HL - Memória; CY=0 → Ok; A - Handle; BC - Número de bytes enviados; HL - Número de bytes restantes; Z=1 → todos bytes foram enviados.
TCP_Skip	TCPSKP	021	149	A - Handle, BC - Comprimento; CY=0 → Ok; A - Handle.
TCP_Flush	TCPFLS	022	150	A - Handle; CY=0 → Ok; A - Handle.

TCP_Disconnect	TCPDIS	023	151	A - Handle; CY=0 → Ok; A - Handle.
TCP_Event	TCPEVT	-	159	A - Handle; L - Estado; (BC - Bytes recebidos; IX, IY - IP remoto; DE - Porta remota).
UDP_Open	UDPOPN	032	160	HL - Porta local, E - Banco mem. CY=0 → Ok; A - Handle.
UDP_Close	UDPCLO	033	161	A - Handle; CY=0 → Ok; A - Handle.
UDP_Status	UDPSTA	034	162	A - Handle CY=0 → Ok; A - Handle, L - Estado (BC - Bytes recebidos; IX,IY - IP remoto; DE - Porta rem.)
UDP_Receive	UDPRCV	035	163	A - Handle, HL - Memória; CY=0 → Ok; A - Handle.
UDP_Send	UDPSND	036	164	A - Handle; BC - Comprimento; HL - Memória; IX,IY - IP remoto, DE - Porta remota; CY=0 → Ok; A - Handle.
UDP_Skip	UDPSKP	037	165	A - Handle; CY=0 → Ok; A - Handle.
UDP_Event	UDPEVT	-	175	A - Handle; L - Estado; (BC - Bytes recebidos; IX, IY - IP remoto; DE - Porta remota).

5.12.3 - Serviços de Camada de Aplicação

DNS_Resolve	DNSRSV	112	240	E,HL - Endereço CY=0 → Ok, IX,IY - IP.
DNS_Verify	DNSVFY	113	241	E,HL - Endereço A - Tipo de endereço (0 - Nenhum endereço válido, 1 - Endereço IP, 2 - Endereço de domínio).

5.13 - CONSTANTES SYMBOS

5.13.1 - IDs de processos

PRC_ID_KERNEL	equ 1	Processo do Kernel.

PRC_ID_DESKTOP	equ 2	Processo do gerenciador de área de trabalho.
PRC_ID_SYSTEM	equ 3	Processo do gerenciador do sistema.

5.13.2 - Mensagens

MSC_GEN_QUIT	equ 0	O aplicativo está sendo solicitado a encerrar-se.
MSC_GEN_FOCUS	equ 255	O aplicativo está sendo solicitado a focar sua janela.

5.13.3 - Comandos do Kernel

MSC_KRL_MTADDP	equ 1	Adicionar processo (P1/2 - Pilha, P3 - Prioridade (7-alto, 1-baixo), P4 - Banco RAM (0~8)).
MSC_KRL_MTDELP	equ 2	Processo de exclusão (P1 - ID).
MSC_KRL_MTADDT	equ 3	Adicionar temporizador (P1/2 - Pilha, P4 - Banco RAM (0~8)).
MSC_KRL_MTDELT	equ 4	Excluir temporizador (P1 - ID).
MSC_KRL_MTSLPP	equ 5	Definir processo para modo de hibernação.
MSC_KRL_MTWAKP	equ 6	Processo de despertar.
MSC_KRL_TMADDT	equ 7	Adicionar serviço de contador (P1/2 - Endereço, P3 - Banco RAM, P4 - Processo, P5 - Frequência).
MSC_KRL_TMDELT	equ 8	Excluir serviço do contador (P1/2 - Endereço, P3 - Banco RAM).
MSC_KRL_TMDELP	equ 9	Excluir todos os serviços de contador de um processo (P1 - ID do processo).

5.13.4 - Respostas do Kernel

MSR_KRL_MTADDP	equ 129	O processo foi adicionado (P1 = 0/1→ Ok / falhou, P2 - ID).
MSR_KRL_MTDELP	equ 130	O processo foi excluído.
MSR_KRL_MTADDT	equ 131	Processo de cronômetro foi excluído (P1 = 0/1→ Ok / falhou, P2 - ID).
MSR_KRL_MTDELT	equ 132	O cronômetro foi removido.
MSR_KRL_MTSLPP	equ 133	O processo está suspenso agora.

MSR_KRL_MTWAKP	equ 134	O processo foi ativado.
MSR_KRL_TMADDT	equ 135	serviço de contador foi adicionado (P1 = 0 / 1→ Ok / falhou).
MSR_KRL_TMDELT	equ 136	Serviço de contador foi excluído.
MSR_KRL_TMDELP	equ 137	Todos os serviços de contador de um processo foram excluídos.

5.13.5 – Comandos do sistema

MSC_SYS_PRGRUN	equ 16	Carregar aplicativo ou documento (P1/2 – Nome do endereço do arquivo, P3 – Nome do arquivo do banco RAM).
MSC_SYS_PRGEND	equ 17	Sair do aplicativo (P1 – ID).
MSC_SYS_SYSWNX	equ 18	Abrir o diálogo para alterar a janela atual (próximo) (–).
MSC_SYS_SYSWPR	equ 19	Abrir o diálogo para alterar a janela atual (anterior) (–).
MSC_SYS_PRGSTA	equ 20	Abrir diálogo para carregar o aplicativo ou documento (–).
MSC_SYS_SYSSEC	equ 21	Diálogo de segurança do sistema aberto (–).
MSC_SYS_SYSQIT	equ 22	Abrir caixa de saída do sistema (–).
MSC_SYS_SYSOFF	equ 23	Desligar (–).
MSC_SYS_PRGSET	equ 24	Iniciar painel de controle (P1 – Submódulo → 0 – Janela principal, 1 – Configurações de exibição, 2 – data / hora).
MSC_SYS_PRGTSK	equ 25	Iniciar o gerenciador de tarefas (–).
MSC_SYS_SYSFIL	equ 26	Chamar função de gerenciador de arquivos (P1 – Número, P2/13 – AF, BC, DE, HL, IX, IY).
MSC_SYS_SYSHLP	equ 27	Iniciar ajuda (–).
MSC_SYS_SYSCFG	equ 28	Chamar função de configuração (P1 – Número, 0 – Carregar, 1 – Salvar, 2 – Recarregar fundo).
MSC_SYS_SYSWRN	equ 29	Abrir mensagem / janela de confirmação (P1/2 – Endereço, P3 – Banco RAM, P4 – Número de botões)

MSC_SYS_PRGSRV	equ 30	Função de serviço compartilhado (P4 – Tipo [0 – Pesquisar, 1 – iniciar, 2 – liberar], P1/2 – Endereço do ID de 12 caracteres, P3 – Endereço de 12 caracteres do Banco RAM ou ID do programa ID, se tipo = 2).
MSC_SYS_SELOPN	equ 31	Abrir o diálogo de seleção de arquivos (P6 – Banco de memória do nome do arquivo, P8/9 – Endereço do nome do arquivo, P7 – Atributos de proibição, P10 – Entradas máximas, P12 – Tamanho máximo do buffer).

5.13.6 – Respostas do Sistema

MSR_SYS_PRGRUN	equ 144	O aplicativo foi iniciado (P1 – Resultado ⟶ 0 – Ok, 1 – Arquivo não existe, 2 – Arquivo não é executável, 3 – Erro ao carregar [P8 – Código de erro do gerenciador de arquivos], 4 – Memória cheia, P8 – ID do aplicativo, P9 – ID do processo).
MSR_SYS_SYSFIL	equ 154	Função de gerenciador de arquivos retornada (P1 – Número, P2/13 – AF, BC, DE, HL, IX, IY)
MSR_SYS_SYSWRN	equ 157	Resposta da janela de mensagem / confirmação (P1 ⟶ 0 – Já em uso, 1 – Aberto [P2 – Número], 2 – Ok, 3 – Sim, 4 – Não, 5 – Cancelar/fechar)
MSR_SYS_PRGSRV	equ 158	Resposta da função de serviço compartilhado (P1 – Estado [5 – Não encontrado, outros códigos: consulte MSR_SYS_PRGRUN], P8 – ID do aplicativo, P9 – ID do processo)
MSR_SYS_SELOPN	equ 159	Mensagem do diálogo de seleção de arquivos (P1 ⟶ 0 – Ok, 1 – Cancelar, 2 – Já em uso, 3 – Sem memória livre, 4 – Sem janela livre, −1 = Aberto ok, janela modal foi aberta [P2–Número]).

5.13.7 - Comandos da área de trabalho

MSC_DSK_WINOPN	equ 32	Janela aberta (P1 - Banco RAM, P2/3 - Registro de dados de endereço).
MSC_DSK_WINMEN	equ 33	Redesenhar a barra de menus (P1 - ID da janela) [somente se em foco].
MSC_DSK_WININH	equ 34	Redesenhar o conteúdo da janela (P1 - ID da janela, P2 = -1 / -Num / Objeto, P3 - Objeto) [somente se em foco].
MSC_DSK_WINTOL	equ 35	Redesenhar a barra de ferramentas da janela (P1 - ID da janela) [somente se em foco].
MSC_DSK_WINTIT	equ 36	Redesenhar o título da janela (P1 - ID da janela) [somente se em foco].
MSC_DSK_WINSTA	equ 37	Redesenhar garantia de estado da janela (P1 - ID da janela) [somente se em foco].
MSC_DSK_WINMVX	equ 38	Definir conteúdo x deslocamento (P1 - ID da janela, P2/3 - Xpos) [somente se em foco].
MSC_DSK_WINMVY	equ 39	Definir deslocamento de conteúdo Y (P1 - ID da janela, P2/3 - Xpos) [somente se em foco].
MSC_DSK_WINTOP	equ 40	Leva a janela para a frente (P1 - ID da janela) [sempre].
MSC_DSK_WINMAX	equ 41	Maximizar janela P1 - ID da janela) [sempre].
MSC_DSK_WINMIN	equ 42	Minimizar janela (P1 - ID da janela) [sempre].
MSC_DSK_WINMID	equ 43	Restaurar o tamanho da janela (P1 - ID da janela) [sempre]
MSC_DSK_WINMOV	equ 44	Move a janela para uma nova posição (P1 - ID da janela, P2/3 - Xpos, P4/5 - YPos) [sempre].
MSC_DSK_WINSIZ	equ 45	Redimensionar a janela (P1 - ID da janela, P2/3 - Xpos, P4/5 - YPos) [sempre].

MSC_DSK_WINCLS	equ 46	Fecha e remove janela (P1 – ID da janela) [sempre].
MSC_DSK_WINDIN	equ 47	Redesenhar o conteúdo da janela, mesmo que não tenha foco (P1 – ID da janela, P2 = –1 / –Num / Objeto, P3 – Objeto) [sempre].
MSC_DSK_DSKSRV	equ 48	Solicitação de serviço de área de trabalho (P1 – Tipo, P2/P5 – Parâmetros).
MSC_DSK_WINSLD	equ 49	Redesenhar as barras de rolagem da janela (P1 – ID da janela) [somente se em foco].
MSC_DSK_WINPIN	equ 50	Redesenhar parte do conteúdo da janela (P1 – ID da janela, P2 = –1 / –Num / Objeto, P3 – Objeto, P4/5 – Xini, P6/7 – Yini, P8/9 – Xlen, P10/11 – Ylen) [sempre].
MSC_DSK_WINSIN	equ 51	Redesenhar o conteúdo de um supercontrole (P1 – ID da janela, P2 – ID do supercontrole, P3–SubObjeto) [sempre].

5.13.8 – Respostas da área de trabalho

MSR_DSK_WOPNER	equ 160	A janela aberta falhou; o máximo de 32 janelas foi atingido.
MSR_DSK_WOPNOK	equ 161	Janela aberta com sucesso (P4 – Número).
MSR_DSK_WCLICK	equ 162	A janela foi clicada (P1 – Número da janela, P2 – Ação, P3 – Subespecificação, P4/5, P6/7, P8/9 – Parâmetros).
MSR_DSK_DSKSRV	equ 163	Resposta do serviço de área de trabalho (P1 – Tipo, P2/P5 – Parâmetros).
MSR_DSK_WFOCUS	equ 164	A janela obteve / perdeu o foco (P1 – Número da janela, P2 – Tipo [0 – desfoque, 1 – Foco]).
MSR_DSK_CFOCUS	equ 165	Foco de controle alterado (P1 – Número da janela, P2 – Número do controle, P3 – Razão [0 – Clique do mouse / roda, 1 – Tecla tab])

MSR_DSK_WRESIZ	equ 166	A janela foi redimensionada (P1 – Número da janela).
MSR_DSK_WSCROL	equ 167	O conteúdo da janela foi rolado (P1 – Número da janela).
MSR_DSK_EXTDSK	equ 168	Comando para área de trabalho estendida (usado internamente; P1 – Comando, P2/x – Parâmetros).
FNC_DXT_DSKBGR	equ 001	O plano de fundo foi atualizado.
FNC_DXT_FILRUN	equ 002	O arquivo foi aberto via prgrun (P2/3 – Endereço, P4 – Banco)
FNC_DXT_FILBRW	equ 003	O arquivo foi selecionado através do navegador de arquivos (P2/3 – Endereço, P4 – Banco).
FNC_DXT_MENCLK	equ 004	O menu inicial foi clicado (P2/3 – Valor).
FNC_DXT_DSKCLK	equ 005	A janela da área de trabalho foi clicada (P2 – Ação, P3 – Subespecificação, P4/5, P6/7, P8/9 – Parâmetros).

5.13.9 - Comandos Shell

MSC_SHL_CHRINP	equ 64	Caractere é solicitado (P1 – Canal [0 – Padrão, 1 – Teclado]).
MSC_SHL_STRINP	equ 65	A linha é solicitada (P1 – Canal [0 – Padrão, 1 – Teclado], P2 – Banco RAM, P3/4 – Endereço).
MSC_SHL_CHROUT	equ 66	Caracteres devem ser escritos (P1 – Canal [0 – Padrão, 1 – Tela] P2 – Caractere).
MSC_SHL_STROUT	equ 67	A linha deve ser escrita (P1 – Canal [0 – Padrão, 1 – Tela], P2 – Banco RAM, P3/4 – Endereço, P5 – Comprimento).
MSC_SHL_EXIT	equ 68	O aplicativo liberou o foco ou saiu sozinho (P1 → 0 – Saiu, 1 – desfocou).

5.13.10 - Respostas do Shell

MSR_SHL_CHRINP	equ 192	Caractere foi recebido (P1 – EOF-flag [0 – Sem EOF], P2 – caractere, P3 – Estado de erro).

MSR_SHL_STRINP	equ 193	A linha foi recebida (P1 – EOF-flag [0 – Sem EOF], P3 – Estado de erro).
MSR_SHL_CHROUT	equ 194	Caractere foi escrito (P3 – Estado de erro)
MSR_SHL_STROUT	equ 195	Linha foi escrita (P3 – Estado de erro).

5.13.11 – Mensagens do protetor de tela

MSC_SAV_INIT	equ 1	Inicializa o protetor de tela (P1 – Banco de dados de configuração, P2/3 – Endereço de dados de configuração [64bytes]).
MSC_SAV_START	equ 2	Iniciar proteção de tela.
MSC_SAV_CONFIG	equ 3	Abre a janela de configuração do protetor de tela (no final, o protetor de tela deve enviar o resultado de volta ao remetente).
MSR_SAV_CONFIG	equ 4	Retorna dados de configuração de proteção de tela ajustados pelo usuário (P1 – Banco de dados de configuração, P2/3 – Endereço de dados de configuração [64bytes])

5.13.12 – Ações da Área de Trabalho

DSK_ACT_CLOSE	equ 5	O botão Fechar foi clicado ou ALT + F4 foi pressionado.
DSK_ACT_MENU	equ 6	A entrada do menu foi clicada (P8/9 – Valor da entrada do menu).
DSK_ACT_CONTENT	equ 14	Um controle do conteúdo foi clicado (P3 – Subespecificação [ver dsk_sub...], P4 – Chave ou P4/5 – Xpos dentro da janela, P6/7 – Ypos, P8/9 – Valor de controle)
DSK_ACT_TOOLBAR	equ 15	Um controle da barra de ferramentas foi clicado (ver DSK_ACT_CONTENT).
DSK_ACT_KEY	equ 16	A tecla foi pressionada sem tocar / modificar um controle (P4 – Código ASCII).

DSK_SUB_MLCLICK	equ 0	O botão esquerdo do mouse foi clicado.
DSK_SUB_MRCLICK	equ 1	O botão direito do mouse foi clicado.
DSK_SUB_MDCLICK	equ 2	Clique duas vezes com o botão esquerdo do mouse.
DSK_SUB_MMCLICK	equ 3	O botão do meio do mouse foi clicado.
DSK_SUB_KEY	equ 7	O teclado foi clicado e modificou / clicou em um controle (P4 – Código ASCII).
DSK_SUB_MWHEEL	equ 8	A roda do mouse foi movida (P4 – Offset).

5.13.13 – Serviços da Área de Trabalho

DSK_SRV_MODGET	equ 1	Obter modo de tela (Saída: P2 – Modo, P3 – Área de trabalho virtual)
DSK_SRV_MODSET	equ 2	Definir modo de tela (Entrada P2 – Modo, P3 – Área de trabalho virtual).
DSK_SRV_COLGET	equ 3	Obter cor (Entrada: P2 – Número, Saída: P2 – Número, P3/4 – Valor RGB).
DSK_SRV_COLSET	equ 4	Definir cor (Entrada: P2 – Número, P3/4 – Valor RGB)
DSK_SRV_DSKSTP	equ 5	Congelar área de trabalho (Entrada: P2 – Tipo [0 – Caneta0, 1 – Raster, 2 – Plano de fundo, 255 – Sem modificação de tela, desligue o mouse])
DSK_SRV_DSKCNT	equ 6	Continuar área de trabalho.
DSK_SRV_DSKPNT	equ 7	Limpar a área de trabalho (Entrada: P2 – Tipo [0 – Pen0, 1 – Raster, 2 – Plano de fundo]).
DSK_SRV_DSKBGR	equ 8	Inicializar e redesenhar o plano de fundo da área de trabalho
DSK_SRV_DSKPLT	equ 9	Redesenhar a área de trabalho completa.

5.13.14 – Jumps

```
jmp_memsum    equ 8100H    ;MEMSUM
jmp_sysinf    equ 8103H    ;SYSINF
```

```
jmp_clcnum     equ 8106H   ;CLCNUM
jmp_mtgcnt     equ 8109H   ;MTGCNT
jmp_timget     equ 810CH   ;TIMGET
jmp_timset     equ 810FH   ;TIMSET
jmp_memget     equ 8118H   ;MEMGET
jmp_memfre     equ 811BH   ;MEMFRE
jmp_memsiz     equ 811EH   ;MEMSIZ
jmp_meminf     equ 8121H   ;MEMINF
jmp_bnkrwd     equ 8124H   ;BNKRWD
jmp_bnkwwd     equ 8127H   ;BNKWWD
jmp_bnkrbt     equ 812AH   ;BNKRBT
jmp_bnkwbt     equ 812DH   ;BNKWBT
jmp_bnkcop     equ 8130H   ;BNKCOP
jmp_bnkget     equ 8133H   ;BNKGET
*empty*        equ 8136H   ; *empty*
jmp_scrget     equ 8139H   ;SCRGET
jmp_mosget     equ 813CH   ;MOSGET
jmp_moskey     equ 813FH   ;MOSKEY
jmp_bnk16c     equ 8142H   ;BNK16C
jmp_keytst     equ 8145H   ;KEYTST
jmp_keysta     equ 8148H   ;KEYSTA
jmp_keyput     equ 814BH   ;KEYPUT
jmp_bufput     equ 814EH   ;BUFPUT
jmp_bufget     equ 8151H   ;BUFGET
jmp_bufsta     equ 8154H   ;BUFSTA
jmp_iominp     equ 8157H   ;IOMINP (cpc only)
jmp_iomout     equ 815AH   ;IOMOUT (cpc only)
jmp_bnkcll     equ FF03H   ;BNKCLL
jmp_bnkret     equ FF00H   ;BNKRET
```

5.13.15 – Funções de Gerenciador de Arquivos (chamar via MSC_SYS_SYSFIL)

```
FNC_FIL_STOINI    equ 000
FNC_FIL_STONEW    equ 001
FNC_FIL_STORLD    equ 002
FNC_FIL_STODEL    equ 003
FNC_FIL_STOINP    equ 004
```

```
FNC_FIL_STOOUT      equ 005
FNC_FIL_STOACT      equ 006
FNC_FIL_STOINF      equ 007
FNC_FIL_STOTRN      equ 008

FNC_FIL_DEVDIR      equ 013
FNC_FIL_DEVINI      equ 014
FNC_FIL_DEVSET      equ 015

FNC_FIL_FILINI      equ 016
FNC_FIL_FILNEW      equ 017
FNC_FIL_FILOPN      equ 018
FNC_FIL_FILCLO      equ 019
FNC_FIL_FILINP      equ 020
FNC_FIL_FILOUT      equ 021
FNC_FIL_FILPOI      equ 022
FNC_FIL_FILF2T      equ 023
FNC_FIL_FILT2F      equ 024
FNC_FIL_FILLIN      equ 025

FNC_FIL_DIRDEV      equ 032
FNC_FIL_DIRPTH      equ 033
FNC_FIL_DIRPRS      equ 034
FNC_FIL_DIRPRR      equ 035
FNC_FIL_DIRREN      equ 036
FNC_FIL_DIRNEW      equ 037
FNC_FIL_DIRINP      equ 038
FNC_FIL_DIRDEL      equ 039
FNC_FIL_DIRRMD      equ 040
FNC_FIL_DIRMOV      equ 041
FNC_FIL_DIRINF      equ 042
```

6 - UZIX

6.1 - COMANDOS

6.1.1 - Convenções Usadas

NOME DO COMANDO (tipo do comando)
  Formato: Formatos válidos para o comando
  Função: Forma de operação do comando
  Detalhes: Descreve alguns detalhes sobre o formato

Os comandos do Uzix são todos carregados do disco. Nesse guia estão descritos todos os comandos e utilitários que são instalados por padrão no UZIX 2.0.

6.1.1.1 - Notações de Formato

<nomearq>
Nome de arquivo na forma: dir1/dir2/arquivo

<nomearqs>
Vários nomes de arquivo na forma: dir1/dir2/arquivo

<nomedir>
Nome de diretório na forma: /dir1/dir2/

[ ]   Delimita parâmetro opcional.
| Significa que apenas um dos itens pode ser utilizado.

Um <dispositivo> pode ser:

fd0~fd7	Drives de disquete.
null	Dispositivo nulo.
lpr	Impressora.
tty/tty0~tty2	Monitor.
console	Teclado.
mem/kmem	Memória.
sga0~sga(n)	Partições em disco rígido.
sge(n)	Partição em disco rigido onde está o UZIX.

6.1.2 – Descrição dos Comandos

ADDUSER (Utilitário de Administração)
Formato: adduser
Função: Adiciona um usuário ao sistema.

ALIAS (Utilitário Shell)
Formato: alias [<nome> [<comando> [<comando> ...]]]
Função: Apresenta ou define um comando alias.

BANNER (Utilitário Uzix)
Formato: banner <mensagem>
Função: Imprime uma mensagem em caracteres grandes.

BASENAME (Utilitário Shell)
Formato: basename <nome> [sufixo]
Função: Remove orientação de componentes de um diretório.

BOGOMIPS (Utilitário de Sistema)
Formato: bogomips
Função: Imprime a velocidade de processamento em BogoMips.

CAL (Utilitário Uzix)
Formato: cal [mês] ano
Função: Apresenta um calendário.

CAT (Utilitário de Arquivos)
Formato: cat <nomearqs>
Função: Concatena arquivos e imprime na saída padrão.

CD (Utilitário de Arquivos)
Formato: cd [<nomedir>]
Função: Troca diretórios.

CDIFF (Utilitário de Texto)
Formato: cdiff [–c n] <arq1> <arq2>
Função: Imprime a diferença entre dois arquivos com contexto.
Detalhes: [–c] Produz uma saída contendo n linhas de contexto.

CGREP (Utilitário de Texto)

Formato: cgrep [-a n] [-b n] [-f] [-l n] [-n] [-w n] <padrão> [<arqs>...]

Função: Procura uma string e imprime as linhas onde forem encontradas.

Detalhes:
[-a] Número de linhas a apresentar após a linha encontrada
[-b] Número de linhas a apresentar antes da linha encontrada
[-f] Suprime nome de arquivo na saída.
[-l] Trunca linhas no tamanho n antes da comparação.
[-n] Suprime números de linha na saída.
[-w] Define o tamanho da janela (mesmo que -a e -b)

CHGRP (Utilitário de Arquivo)

Formato: chgrp <gid> <nomearq>

Função: Troca o usuário proprietário do grupo para cada arquivo.

CHMOD (Utilitário de Arquivo)

Formato: chmod <modo_ascii> | <modo_octal> <nomearqs>

Função: Troca as permissões de acesso aos arquivos.

Detalhes: O formato simbólico (ASCII) para o modo é o seguinte:
[ugoa] [+ | -] [rwx], onde

u → usuário	a → todos	x → gravação
g → grupo	r → leitura	+ → adiciona permissão
o → outros	w → escrita	- → remove permissão

O formato numérico (octal) é o seguinte:

1º dígito octal: 1 - salva imagem texto dos atributos
2 - ID de grupo
4 - ID de usuário

2º dígito octal: 1 - execução
2 - escrita
4 - leitura

CHOWN (Utilitário de arquivo)

Formato: chown <uid> <nomearq>

Função: Troca o usuário comum e o usuário proprietário do grupo para o arquivo especificado.

CHROOT (Utilitário de Arquivo)
Formato: chroot <nomedir>
Função: Troca o diretório raiz.

CKSUM (Utilitário de Arquivo)
Formato: cksum [<nomearq> [nomearq ...]]
Função: Apresenta o checksum e o tamanho do arquivo.

CLEAR (Utilitário Shell)
Formato: clear
Função: Limpa a tela.

CMP (Utilitário de Arquivo)
Formato: cmp <nomearq1> <nomearq2>
Função: Compara arquivos.

CRC (Utilitário de Arquivo)
Formato: crc [<nomearq> [nomearq ...]]
Função: Apresenta o checksum dos dados do arquivo.

CP (Utilitário de Arquivo)
Formato: cp [−pifsmrRvx] <nomearq1> <nomearq2>
cp [−pifsrRvx] <nomearq1> [<nomearq2>...] <dir>
Função: Copia arquivos.
Detalhes: [−p] Preserva todos os atributos do arquivo original.
[−i] Verifica se há arquivo com o mesmo nome no destino.
[−f] Remove arquivos no destino.
[−s] Copia apenas alguns atributos.
[−m] Copia vários subdiretórios para apenas um.
[−r] Copia diretórios recursivamente.
[−R] Copia diretórios e trata arquivos especiais como ordinários.
[−v] Apresenta o nome dos arquivos antes de copiar.
[−x] Pula diretórios que estão em sistemas de arquivo diferentes de onde a cópia começou.

CPDIR (Utilitário de Arquivo)
Formato: cpdir [−ifvx] <nomedir1> <nomedir2>
Função: Copia diretórios.

Detalhes: [–i] Verifica se há arquivo com o mesmo nome no destino
[–f] Remove arquivos no destino
[–v] Apresenta o nome dos arquivos antes de copiar
[–x] Pula subdiretórios que estão em sistemas de arquivo diferentes de onde a cópia começou.

DATE (Utilitário Uzix)

Formato: date

Função: Apresenta a data e a hora correntes do sistema.

DD (Utilitário de Arquivo)

Formato: dd [if=<nomearq>] [of=<nomearq>] [ibs=<bytes>] [obs=<bytes>] [bs=<bytes>] [cbs=<bytes>] [files=<número>] [skip=<blocos>] [seek=<blocos>] [count=<blocos>] [conv={ascii | ebcdic ibm | lcase | ucase | swab | noerror | sync}]

Função: Copia arquivo convertendo o mesmo.

Detalhes: [if=<nomearq>] Lê de arquivo
[of=<nomearq>] Escreve para arquivo
[ibs=<bytes>] Lê <bytes> bytes por vez
[obs=<bytes>] Escreve <bytes> bytes por vez
[bs=<bytes>] Lê e escreve <bytes> bytes por vez
[cbs=<bytes>] Converte <bytes> bytes por vez
[files=<núm.>] Copia <núm.> arquivos
[skip=<blocos>] Pula <blocos> blocos de tamanho "bs" no início da entrada
[seek=<blocos>] Pula <blocos> blocos de tamanho "bs" no início da saída
[count=<blocos>] Copia somente <blocos> de tamanho "bs" na entrada
conv=conversão[,conversão...] – converte o arquivo de acordo com os seguintes argumentos:

ascii Converte de EBCDIC para ASCII.
ebcdic Converte de ASCII para EBCDIC.
ibm Converte de ASCII para EBCDIC alternativo.
lcase Converte todos os caracteres para minúsculos.
ucase Converte todos os caracteres para maiúsculos.
swab Permuta um par de bytes entrados.
noerror Continua após detectar algum erro.
sync Completa um bloco "bs" com bytes 00H.

DF (Utilitário de Arquivo)

Formato: df [-ikn]

Função: Apresenta o espaço livre em disco em unidades de 512 bytes.

Detalhes: [-i] Lista informações usadas pelos inodes.
[-k] Apresenta em unidades de 1 Kbyte.
[-n] Não acessa /etc/mtab para obter informações.

DHRY (Utilitário de Sistema)

Formato: dhry

Função: Apresenta a velocidade de processamento em dhrystones.

DIFF (Utilitário de Texto)

Formato: diff [-c | -e | -C n] [-br] <nomearq1> <nomearq2>

Função: Imprime a diferença entre dois arquivos

Detalhes: [-C n] Produz uma saída contendo n linhas de contexto.
[-b] Ignora espaços em branco na comparação.
[-c] Produz uma saída contendo 3 linhas de contexto.
[-e] Produz um "ed-script" para converter.
[-r] Aplica diff recursivamente.

DIRNAME (Utilitário Shell)

Formato: dirname <nomearq>

Função: Imprime o sufixo de um nome de arquivo.

DOSDEL (Utilitário Uzix)

Formato: dosdel <drivedos><nomearqdos>

Função: Apaga um arquivo em discos MSXDOS.

DOSDIR (Utilitário Uzix)

Formato: dosdir [-lr] <drivedos>

Função: Lista arquivos de um disco MSXDOS.

Detalhes: [-l] Listagem longa.
[-r] Imprime subdiretórios de forma recursiva e descendente.

DOSREAD (Utilitário Uzix)

Formato: dosread [-a] <drivedos><nomearqdos> [<nomearquzix>]

Função: Lê um arquivo de um disco MSXDOS.

Detalhes: [-a] Arquivo ASCII.

DOSWRITE (Utilitário Uzix)
Formato: doswrite [-a] <drivedos><nomearqdos> [<nomearquzix>]
Função: Escreve um arquivo em um disco MSXDOS.
Detalhes: [-a] Arquivo ASCII.

DU (Utilitário Uzix)
Formato: du [-as] [-l n] <nomedir> ...
Função: Apresenta o espaço ocupado por diretórios e subdiretórios
Detalhes: [-a] Apresenta o espaço usado por todos os arquivos.
[-s] Apenas sumário.
[-l] Lista n níveis de subdiretórios.

ECHO (Utilitário Shell)
Formato: echo [-ne] [<string> [<string>...]]
Função: Apresenta uma linha de texto
Detalhes: [-n] Não alimenta linha ao final do texto
[-e] Habilita interpretanção dos seguintes caracteres:
\a alerta (campainha).
\b backspace.
\c suprime alimentação de linha.
\f avanço de formulário.
\n nova linha.
\r retorno de carro (return).
\t tabulação horizontal.
\v tabulação vertical.
\ \ ignora espaço no texto entre \ \ (backslash).
\nnn apresenta caractere de código ASCII nnn (octal).
\xnn apresenta caractere de código ASCII nn (hex).

ED (Utilitário de Texto)
Formato: ed [-Ghs] [-p string] [arquivo]
Função: Executa um editor de texto padrão.
-G Força retrocompatibilidade.
-h Apresenta a ajuda do programa.
-s Suprime diagnósticos.
-p Especifica um prompt de comando.

EXIT (Utilitário de Administração)
Formato: exit [<status>]
Função: Sai da sessão atual.

FALSE (Utilitário Shell)

Formato: false

Função: Não faz nada; simplesmente retorna com estado de erro "1".

FGREP (Utilitário de Texto)

Formato: fgrep [–cfhlnsv] [<arquivo_string>] [<string>] <nomearq>]...

Função: Procura uma string e imprime as linhas onde for econtrada.

Detalhes:
- [–c] Imprime apenas a quantidade de linhas.
- [–f] Procura string no arquivo <nomearq>.
- [–h] Omite cabeçalhos de arquivo da saída.
- [–l] Lista nomes de arquivo apenas uma vez.
- [–n] Imprime números de linha para cada linha.
- [–s] Apenas status.
- [–v] Imprime apenas linhas sem a <string>.

FILE (Utilitário Uzix)

Formato: file <nomearq> [<nomearq>...]

Função: Faz uma suposição sobre qual tipo o arquivo é.

FLD (Utilitário de Texto)

Formato: fld –u –z* –[b t s? i? fm1.n1,m2.n2] {<arq_entrada> [<arq_saida>] }

Função: Lê e concatena campos de um arquivo

Detalhes:
- [–?] Mostra ajuda. Mesmo que [–h].
- –u Descompacta tabs
- [–p] Compacta tabs
- –z* Pula os primeiros * espaços
- [–b] Pula os espaços iniciais do campo
- [–t] Remove espaços excessivos do campo
- [–s?] Separador de campos na saída será "?"
- [–i?] Separador de campos na entrada será "?"
- [–fm1.n1,m2.n2] Definição de campo
  m1.n1 = início do campo e m2.n2 = fim do campo, onde m = nº de campos e n = nº de caracteres.
- [–f#] Pega o campo da entrada do usuário

FORTUNE (Utilitário Uzix)

Formato: fortune

Função: Imprime, aleatoriamente, um provérbio.

GREP (Utilitário de Texto)

Formato: grep –cnfv {–p<padrão>] <nomearqs>

Função: Procura uma string e imprime as linhas onde for encontrada.

Detalhes: [–c] Imprime apenas a quantidade de linhas.

[–f] Imprime nomes de arquivos.

[–n] Imprime números de linha para cada linha

[–v] Imprime apenas linhas sem a <string>

[–p] Define a string (padrão). Os seguintes caracteres de controle podem ser usados:

x caractere ordinário.

\ quota qualquer caractere.

^ início de linha.

$ fim de linha.

. qualquer caractere.

:l minúsculas.

:u maiúsculas.

:a alfabéticos.

:d dígitos (numéricos).

:n alfanuméricos.

:r caracteres russos.

:s espaço.

:t tabulação.

:c caracteres de controle (exceto LF e TAB).

:e inicia sub–expressão.

* repete zero ou mais.

+ repere um ou mais.

– opcionalmente procura a expressão.

[..] qualquer destes (na faixa DE–PARA).

[^..] qualquer exceto estes.

\nnn valor numérico (estilo C).

HEAD (Utilitário de Texto)

Formato: head [–n] [<nomearqs> ...]

Função: Imprime as primeiras linhas do arquivo.

Detalhes: [–n] número de linhas a imprimir (o padrão é 10).

HELP (Utilitário Uzix)

Formato: help

Função: Imprime alguns comandos com o respectivo formato.

INIT (Utilitário de Administração)

Formato: /bin/init

Função: Controle de inicialização de processos..

KILL (Utilitário Uzix)

Formato: kill [–sinal] pid [pid...]

Função: Termina processos do sistema.

Detalhes: [–sinal] é um sinal a ser enviado para um processo que está sendo executado (ex. HUP, INT, QUIT, KILL ou 9).

LOGIN (Utilitário de Administração)

Formato: login <nomeusuário>

Função: Inicia uma sessão.

LN (Utilitário de Texto)

Formato: ln [–ifsSmrRvx] <nomearq1> <nomearq2>
ln [–ifsSrRvx] <nomearq> [<nomearq>...] <nomedir>

Função: Adiciona links entre arquivos.

Detalhes:
[–i] Avisa antes de remover arquivos destino existentes.
[–f] Remove arquivos destino existentes.
[–s] Adiciona link simbólico.
[–S] Adiciona link simbólico enquanto tenta link normal.
[–m] Intercala árvores.
[–r] Adiciona link recursivo para diretórios.
[–R] Mesmo que [–r].
[–v] Imprime o nome do arquivo antes de adicionar link.
[–x] Pula subdiretórios que estão em sistemas de arquivo diferentes de onde a adição de links começou.

LOGOUT (Utilitário Uzix)

Formato: logout

Função: Encerra uma sessão.

LS (Utilitário de Arquivo)

Formato: ls [–1ACFLRacdfgiklqrstu] [<nomearq> [<nomearq>...]]

Função: Lista o conteúdo de diretórios.

Detalhes:
[–1] Usa apenas uma coluna na saída.
[–A] Lista todos os arquivos, exceto “.” e “..”.

[-C] Ordena arquivos na listagem (em colunas).
[-F] Não identifica o tipo de arquivo.
[-L] Lista os arquivos pelos links simbólicos.
[-R] Lista o conteúdo dos diretórios recursivamente.
[-a] Lista todos os arquivos, inclusive “.” e “..”.
[-c] Ordena arquivos de acordo com a data de alteração.
[-d] Lista diretórios como outros arquivos.
[-f] Não ordena arquivos e diretórios.
[-g] Imprime o nome do usuário proprietário do grupo.
[-i] Imprime o número do inode dos arquivos.
[-k] Imprime o tamanho dos arquivos em Kbytes.
[-l] Imprime os atributos dos arquivos.
[-q] Imprime interrogações no lugar de caracteres especiais.
[-r] Ordena arquivos e diretórios em ordem inversa.
[-s] Imprime o tamanho dos arquivos em bytes.
[-t] Ordena arquivos de acordo com a data de criação.
[-u] Ordena arquivos de acordo com a data do último acesso.

MAN (Utilitário de Sistema)
Formato: man -wqv [seção] <nomecomando>
Função: Apresenta o manual on-line.
Detalhes: -w Apresenta apenas o manual com seção/nome exatos.
-q Modo silencioso, para comandos formatadores defeituosos.
-v Modo de apresentação formatada (verbose).

MKDIR (Utilitário de Arquivo)
Formato: mkdir [-p] [-m <modo>] <nomedir>
Função: Criar diretórios.
Detalhes: [-p] Cria diretórios-pai (parents) de acordo com a máscara.
[-m] Define o modo (0666 menos os bits de umask).

MKNOD (Utilitário de Arquivo)
Formato: mknod [-m <modo>] <nomearq> {b | c | u} <maior> <menor>
Função: Cria arquivos especiais
Detalhes: [-m] Define o modo.
b Arquivo bufferizado (bloco).
c / u Arquivo não bufferizado (caractere).

MORE (Utilitário Uzix)

Formato: more <nomearqs>

Função: Utilitário de paginação.

Detalhes: Quando o prompt estiver presente, usar as seguintes teclas:

espaço Apresenta a próxima página.

return Apresenta a próxima linha.

n Vai para o próximo arquivo, se existir.

p Vai para o arquivo anterior, se existir.

q Abandona o comando more.

MOUNT (Utilitário Uzix)

Formato: mount [–r] <dispositivo> <caminho>

Função: Monta o <dispositivo> no <caminho> especificado.

Detalhes: [–r] Monta no modo somente–leitura.

MV (Utilitário de Arquivo)

Formato: mv [–isfmvx] <nomearq1> <nomearq2>

mv [–ifsvx] <nomearq> [<nomearq> ...] <nomedir>

Função: Renomeia ou move arquivos.

Detalhes: [–i] Avisa antes de sobrescrever arquivos com mesmo nome.

[–f] Remove arquivos–destino existentes.

[–s] Cria link simbólico e não move o arquivo.

[–m] Intercala diretórios sem procurar diretório alvo.

[–v] Imprime o nome dos arquivos antes de mover.

[–x] Pula subdiretórios que estão em sistemas de arquivo. diferentes de onde o movimentação de arqs começou.

PASSWD (Utilitário de Administração)

Formato: passwd [<login>]

Função: Troca a senha do usuário.

PROMPT (Utilitário Shell)

Formato: prompt <string>

Função: Altera o prompt do Uzix.

PS (Utilitário Uzix)

Formato ps [–] [lusmahrn]

Função: Imprime um relatório do estado do processo.

Detalhes: [–l] Formato longo.
[–u] Formato usuário (nome do usuário e hora inicial).
[–s] Formato sinal.
[–m] Informação sobre memória.
[–a] Apresenta processos de outros usuários também.
[–h] Sem cabeçalho.
[–r] Somente processos em execução.
[–n] Saída numérica para usuário.

PWD (Utilitário Shell)
Formato: pwd
Função: Imprime o caminho do diretório de trabalho atual.

QUIT (Utilitário de Administração)
Formato: quit
Função: Encerra a sessão atual.

REBOOT (Utilitário de Administração)
Formato: reboot
Função: Reseta o computador.

RM (Utilitário de Arquivo)
Formato: rm <nomearq>
Função: Remove arquivos.

RMDIR (Utilitário de Arquivo)
Formato: rmdir [–p] <nomedir>
Função: Remove diretórios.
Detalhes: [–p] Remove diretório–pai se estiver vazio depois da remoção do diretório especificado.

SASH (Utilitário tipo Aplicativo)
Formato: sash
Função: É um tipo de shell com comandos internos.

SET (Utilitário de Administração)
Formato: [<nome> [<valor>]]
Função: Apresenta ou define variáveis de ambiente.

SLEEP (Utilitário de Administração)
Formato: sleep [<segundos>]
Função: Faz o sistema "dormir" por <segundos> segundos.

SU (Utilitário de Administração)
Formato: su [<nomeusuário>]
Função: Conecta temporariamente como superusuário ou outro usuário.

SOURCE (Utilitário Uzix)
Formato: source <nomearq>
Função: Apresenta o "fonte" do arquivo.

SUM (Utilitário de Arquivo)
Formato: sum [<nomearq> [<nomearq>...]]
Função: Analiza a checksum e o contador de blocos do arquivo.

SYNC (Utilitário de Programação)
Formato: sync
Função: Descarrega os buffers do sistema de arquivos.

TAIL (Utilitário de Texto)
Formato: tail [–c n | –n n] [–f] [<nomearq> [<nomearq>]]
Função: Imprime as últimas linhas de um arquivo.
Detalhes: [–c] Imprime n caracteres.
[–f] Em FIFO ou arquivo especial, ler depois de EOF.
[–n] Imprime n linhas.

TAR (Utilitário de Arquivo)
Formato: tar [cxt] [voFfpD] <nomearqtape> [<nomearq> [<nomearq>...]
Função: Concatena/extrai arquivos para armazenagem.
Detalhes: [c] Cria novo arquivo tar.
[x] Extrai arquivos do arquivo tar.
[t] Lista o conteúdo do arquivo tar.
[v] Modo verbose.
[o] Define usuário e proprietário originais na extração.
[F] Ignora erros.

[f] Próximo argumento é o nome do arquivo tar.
[p] Restaura modos do arquivo, ignora máscara.
[D] Não adiciona diretórios recursivamente.

TEE (Utilitário Shell)
Formato: tee <nomearq>
Função: Lê da entrada padrão e escreve em um arquivo.

TIME (Utilitário Uzix)
Formato: time <comando> [<argumento do comando>]
Função: Executa o comando e imprime a hora real, a hora do usuário e a hora do sistema (horas–minutos–segundos).

TOP (Utilitário Uzix)
Formato: top [–d <atraso>] [–q] [–s] [–i]
Função: Lista os processos mais ativos.
Detalhes: [–d] Especifica o tempo para atualização da tela.
[–q] Especifica atualização sem atraso algum.
[–s] Modo seguro (desativa comandos interativos).
[–i] Ignora processos ociosos.

TOUCH (Utilitário de Arquivo)
Formato: touch [–c] [–d <hora/data>] [–m] <nomearq>
Função: Troca a hora e a data dos arquivos.
Detalhes: [–c] Não cria arquivos que não existem.
[–d] Troca conforme <hora/data> ao invés de usar a hora/data atual. Formato: HH:MM:SS DD:MM:AA.
[–m] Altera apenas a hora/data de modificação do arquivo

TR (Utilitário de Texto)
Formato: tr from to [+<início>] [–<fim>] [<arqentrada> [<arqsaída>]]
Função: Troca os caracteres de um arquivo (translitera).
Detalhes: Seqüências de escape:

:z	Faixa vazia	:a	Mesmo que a–zA–Z
:l	Mesmo que a–z	:u	Mesmo que A–Z
:m	Mesmo que á–∩	:b	Mesmo que Ç–ƒ
:r	Mesmo que á–∩Ç–ƒ	:d	Mesmo que 0–9
:n	Mesmo que a–zA–Z0–9	:s	Mesmo que \001–\040
:.	Toda a faixa ASCII menos \0		

TRACE (Utilitário Uzix)
Formato: trace {on}
Função: Modo trace?

TRUE (Utilitário Shell)
Formato: true
Função: Não faz nada, somente retorna com status de erro 0.

UMOUNT (Utilitário Uzix)
Formato: umount <dispositivo>
Função: Desmonta sistema de arquivos do dispositivo especificado.

UMASK (Utilitário Uzix)
Formato: umask [<máscara>]
Função: Remove máscaras.

UNALIAS (Utilitário Shell)
Formato: unalias <nome>
Função: Remove um comando tipo alias.

UNAME (Utilitário Shell)
Formato: uname [–snrvma]
Função: Imprime informações sobre o sistema.
Detalhes: [–m] Imprime tipo de máquina.
[–n] Imprime nome da máquina cliente na rede.
[–r] Imprime distribuição do sistema operacional.
[–s] Imprime nome do sistema operacional.
[–v] Imprime versão do sistema operacional.
[–a] Imprime todos os itens acima.

UNIQ (Utilitário de Texto)
Formato: uniq [–cduzN.M+L] [–<campos>] [+<letras>] [<nomearq>]
Função: Remove linhas duplicadas em arquivos ordenados.
Detalhes: [–u] Somente imprime linhas não repetidas.
[–d] Somente imprime linhas duplicadas.
[–c] Imprime o número de vezes que a linha é repetida.
[–z] Mesmo que –c, mas imprime em números octais.
[–N.M] Pula N palavras e M letras.
[+L] Compara somente L letras.

WC (Utilitário de Texto)
Formato: wc [-bhpw] [<nomearq>]
Função: Imprime o número de bytes, palavras e linhas de um arquivo.
Detalhes: [-b] Abre arquivo no modo binário
[-h] Apresenta a ajuda do programa
[-p] Contagem de páginas
[-w] Encontra a largura máxima de linha

WHOAMI (Utilitário Shell)
Formato: whoami
Função: Imprime o nome do usuário associado com o ID do usuário atual.

YES (Utilitário Shell)
Formato: yes [<string>]
Função: Imprime "y" ou <string> repetidamente na saída padrão.

6.2 - ESTRUTURA HIERÁRQUICA

No Uzix há uma estrutura pré-definida de subdiretórios. Essa estrutura pode ser modificada pelo usuário, mas não é aconselhável fazê-lo porque ela é padrão no mundo Unix. Essa estrutura é a seguinte:

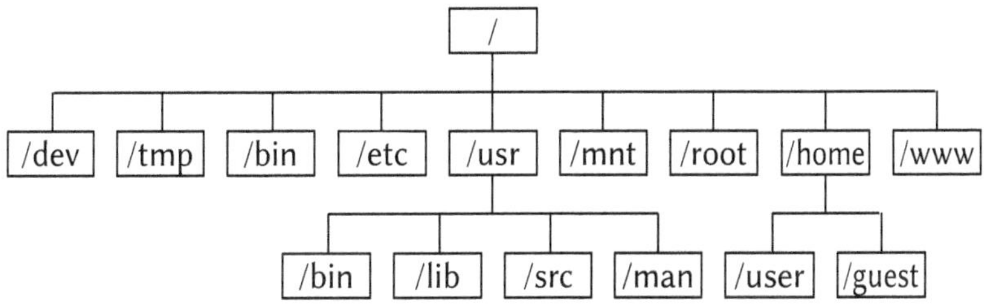

Cada um desses subdiretórios tem um uso específico, mas não obrigatório. A descrição de cada um está abaixo.

/ diretório raiz
/dev contém os nomes arquivos especiais associados a dispositivos de hardware ou software.
/tmp Usado por todo o sistema para a criação de arquivos temporários.

/bin	Contém as aplicações mais genéricas do sistema.
/etc	Arquivos usados para administrar o sistema.
/usr	Arquivos gerais do sistema. Esse subdiretório contém mais 4 subdiretórios: /bin Aplicações genéricas /lib Bibliotecas /src Códigos-fonte /man Manuais do sistema (arquivos-texto).
/mnt	Usado como ponto de conexão de um sistema de arquivo de outro dispositivo. Também usado para montagem (mount).
/root	Diretório de trabalho do administrador do sistema.
/home	Usado pelos usuários comuns como área de trabalho.
/user	Usuário "user".
/guest	Usuário "guest".
/www	Arquivos de internet.

6.3 – MAPEAMENTO DE MEMÓRIA

O mapeamento de memória é a maior diferença entre o Uzix 1.0 e 2.0. Ele está ilustrado abaixo, onde xxxxH é 8000H para o Uzix 1.0 e C000H para o 2.0.

FFFFH	
F100H	Variáveis de sistema do MSX
xxxxH	Kernel do Uzix
	Variáveis de ambiente Argumentos do aplicativo Pilha do aplicativo ↓ ↓ ↑ ↑ Heap Dados estatísticos do aplicativo Código executável do aplicativo
0110H	Variáveis de ambiente Parâmetros de comando jp 0110H
0100H	Vetores de chamada de sistema Dados do processo para o Kernel

O Uzix 1.0 fica inteiramente residente na área alta de memória, a partir do endereço 8000H. Todo processo sempre ocupa 32 Kbytes de memória. Já o Uzix 2.0 tem uma parte residente na página 3 (a partir de C000H) e faz as chamadas adicionais a partir daí. Cada processo pode ter 16K, 32K ou 48K.

6.4 - CHAMADAS DE SISTEMA

O Uzix é um sistema operacional para o MSX que implementa as funcionalidades do AT&T Unix Version 7. É um sistema multiusuário e implementa multitarefa preemptiva, oferecendo ainda infra-estrutura de rede (TCP/IP). Entretanto, os seguintes cuidados devem ser tomados:

→ NUNCA devem ser usadas as instruções DI e EI;
→ NUNCA deve ser feito acesso direto ao hardware;
→ NUNCA devem ser acessados dados abaixo de 0100H ou acima da aplicação.

Para fazer uma chamada de sistema é necessário empilhar os parâmetros na ordem inversa da declaração, depois o número da chamada e então fazendo um CALL 08H. É responsabilidade da aplicação desempilhar os parâmetros apás o CALL. O valor de retorno, de 16 bits, é colocado no registrador DE. A única exceção é a chamada lseek, cujo valor de retorno é de 32 bits e é colocado em HL:DE (HL é a palavra mais significativa). A tabela abaixo lista as chamadas diretas, seus parâmetros e número de chamada.

6.4.1 - Chamadas Diretas de Sistema

ACCESS (#00) - Determina o nível de acesso de um arquivo.

Sintaxe: err = access (path, mode)
int err
char *path
int mode

Entrada: path: String apontando para o arquivo a ser analisado.
mode: 0 – Testa se o arquivo existe e pode ser pesquisado.
1 – executar
2 – escrever
4 – ler

Saída: err: 0 → Teste bem-sucedido (se mode = 0).
-1 → Erro (código de erro em errno).
Assembler: (access = 33.)
sys access; name; mode

ALARM (#01) – Agenda um sinal após um tempo especificado.
Sintaxe: time = alarm (secs)
int time
int secs
Entrada: secs: Tempo em segundos (máximo 32 767).
Saída: time: Tempo anterior restante no alarme.
Assembler: (alarm = 27.)
(seconds in r0)
sys alarm
(previous amount in r0)
Nota: Faz com que o sinal SIGALRM seja enviado para o processo chamador depois de um número de segundos dado pelo argumento. A menos que seja capturado ou ignorado, o sinal termina o processo. O valor de retorno é a quantidade de tempo restante anteriormente.

BRK (#02) – Altera a alocação do núcleo.
Sintaxe: err = brk (addr)
int err
char *addr
Entrada: addr: Endereço.
Saída: err: 0 → Comando executado com sucesso.
-1 → O programa precisa de mais memória que o limite do sistema ou estouro do número máximo de registros de segmentação.
Assembler: (brk = 17.)
sys break; addr
Nota: Define, para o sistema, o local mais baixo não usado pelo programa (chamado de intervalo) para addr. Normalmente apenas programas com crescimento cujas áreas de dados aumentam precisam usar break.

CHDIR (#03) – Altera diretório padrão.

Sintaxe: err = chdir (path)
int err
char *path

Entrada: path: String do diretório a ser definido.

Saída: err: 0 → Comando executado com sucesso.
−1 → "path" não é um diretório ou não é pesquisável.

Assembler: (chdir = 12.)
sys chdir; dirname

CHMOD (#04) – Altera atributos de um arquivo

Sintaxe: err = chmod (path, mode)
int err
char *path
int mode

Entrada: path: String apontando para o arquivo a ser alterado.
mode: resultante de um OR combinando os seguintes valores:

04 000 Definir ID do usuário na execução.
02 000 Definir ID de grupo na execução.
01 000 Salvar imagem de texto após a execução.
00 400 Pode ser lido pelo proprietário.
00 200 Pode ser escrito pelo proprietário.
00 100 Executar (pesquisar no diretório) pelo proprietário.
00 070 Ler, escrever, executar (pesquisar) por grupo.
00 007 Ler, escrever, executar (pesquisar) por outros.

Saída: err: 0 → Comando executado com sucesso.
−1 → Arquivo não localizado ou usuário sem permissão de acesso.

Assembler: (chmod = 15.)
sys chmod; name; mode

CHOWN (#05) – Troca usuário e grupo de um arquivo.

Sintaxe: err = chown (path, owner, group)
int err
char *path
int owner
int group

Entrada: path: String apontando para o arquivo.
owner: Novo usuário do arquivo.
group: Novo grupo do arquivo.
Saída: err: 0 → Usuário trocado.
-1 → Troca ilegal de usuário.
Assembler: (chown = 16.)
sys chown; name; owner; group

CLOSE (#06) – Fecha um arquivo.
Sintaxe: err = close(path)
int err
char *path
Entrada: path: String apontando para o arquivo a ser fechado.
Saída: err: 0 → Arquivo fechado com sucesso.
-1 → Descritor de arquivo desconhecido.
Assembler: (close = 6.)
(file descriptor in r0)

GETSET (#07) – Implementa chamadas que leem ou alteram valores de variáveis de sistema.
Sintaxe: var = getset(operação, ...)
int var
operação → depende da função chamada.
Entrada: getset(0) → getpid(void)
getset(1) → getppid(void)
getset(2) → getuid(void)
getset(3,uid) → setuid (uid)
int uid
getset(4) → geteuid(void)
getset(5) → getgid(void)
getset(6,gid) → setgid(int gid)
getset(7) → getegid(void)
getset(8) → getprio(void)
getset(9,pid,prio) → setprio(pid, prio)
int pid
char prio
getset(10) → umask(mask)
int mask
getset(11,onoff) → systrace(onoff)
int onoff

Saída: Depende da função chamada.
Assembler: Depende da função chamada.

DUP (#08) – Duplica um descritor de arquivo aberto.

Sintaxe: newd = dup(oldd)
int newd
int oldd

Entrada: oldd: Descritor de arquivo antigo.

Saída: newd: Novo descritor de arquivo.
-1 se o descritor for inválido ou se já houver muitos arquivos abertos.

Assembler: (dup = 41.)
(file descriptor in r0)
(new file descriptor in r1)
sys dup
(file descriptor in r0)

DUP2 (#09) – Duplica um descritor de arquivo aberto.

Sintaxe: err = dup2(oldd, newd)
int newd
int oldd

Nota: A entrada dup2 é implementada adicionando 0100 a oldd.

EXECVE (#10) – Executa um arquivo.

Sintaxe: err = execve(name, argv, envp)
int err
char *name
char **argv
char **envp

Entrada: name: Nome do arquivo a ser executado.
argv: Matriz de apontadores para os argumentos.
envp: Apontador para uma matriz de strings que constituem o ambiente do processo.

EXIT (#11) – Encerra um processo.

Sintaxe: param = exit(status)
int param
int status

Entrada: status: O byte mais baixo (LSB) é passado para "param".
Saída: param: Recebe o byte mais baixo de "status".
Assembler: (exit = 1.)
(status in r0)
sys exit

FORK (#12) – Gera um novo processo.

Sintaxe: newp = fork(void)
int newp
Entrada: Nenhuma.
Saída: newp: ID do processo criado. Se retornar -1, houve falha na criação do processo.
Assembler: (fork = 2.)
sys fork
(new process return)
(old process return, new process ID in r0)

FSTAT (#13) – Obtém informações sobre o arquivo.

Sintaxe: stat = fstat(fd, *buf)
int stat
int fd
void *buf
Biblioteca: #include <sys/types.h>
#include <sys/stat.h>
Entrada: fd: Descritor de arquivo.
*buf: Apontador para um buffer vazio.
Saída: stat: Informações obtidas. São as mesmas dos comandos open, creat, dup ou pipe.

GETFSYS (#14) – Obtém informações do sistema.

Sintaxe: stat = getfsys(dev, *buf)
int stat
int dev
void *buf
Biblioteca: –
Entrada: dev: Dispositivo.
*buf: Apontador para um buffer vazio.
Saída: stat: Estado obtido.

IOCTL (#15) – Controle de dispositivos.

Sintaxe: err = ioctl(fd, req, ...)
int err
int fd
int req

Biblioteca: #include <sgtty.h>

Entrada: fd: Descritor de arquivo.
req: Request.

Saída: err: 0 → Comando bem sucedido.
–1 → O descritor de arquivo não refere ao tipo de arquivo para o qual foi direcionado.

Assembler: (ioctl = 54.)
sys ioctl; fildes; request; argp

KILL (#16) – Envia o sinal "sig" para o processo especificado em "r0".

Sintaxe: err = kill(pid, sig)
int err
int pid
int sig

Entrada: pid: Identificador do processo (ID).
sig: Sinal a ser enviado.

Saída: err: 0 → O processo foi encerrado.
–1 → O processo não existe ou não tem o mesmo ID do usuário atual ou não é superusuário.

Assembler: (kill = 37.)
(process number in r0)
sys kill; sig

Nota: Se o número do processo for 0, o sinal é enviado para todos os outros processos no grupo de processos do remetente.

LINK (#17) – Link para um arquivo.

Sintaxe: err = link(oldname, newname)
int err
char *oldname
char *newname

Entrada: oldname: Nome de arquivo antigo.
newname: Novo nome de arquivo.

Saída: err: 0 → Link criado com sucesso.
-1 → Falha da criação do link.
Assembler: (link = 9.)
sys link; oldname; newname

MKNOD (#18) – Cria um diretório ou um arquivo especial.
Sintaxe: err = mknod(name, mode, dev)
int err
char *name
int mode
int dev
Entrada: name: String apontando para o novo arquivo/diretório.
mode: Modo do novo arquivo/diretório.
dev: Dispositivo.
Saída: err: 0 → Arquivo/diretório criado com sucesso.
-1 → Arquivo/diretório já existe ou usuário não é superusuário.
Assembler: (mknod = 14.)
sys mknod; name; mode; addr
Nota: Apenas o superusuário pode usar este comando.

MOUNT (#19) – Monta o sistema de arquivos.
Sintaxe: err = mount(spec, dir, rwflag)
int err
char *spec
char *dir
int rwflag
Biblioteca: #include <sys/mount.h>
Entrada: spec: –
dir: –
rwflag: –
Saída: err: 0 → Comando executado com sucesso.
-1 → Erro na execução do comando.

OPEN (#20) – Abre um arquivo para leitura ou escrita.
Sintaxe: err = open(name, flags, mode)
int err
char *name
int flags
int mode

Entrada: name: Nome do arquivo a ser aberto.
flags: –
mode: 0 → leitura
1 → leitura/gravação
Saída: err: 0 → Arquivo aberto com sucesso.
–1 → Falha na abertura do arquivo.
Assembler: (open = 5.)
sys open; name; mode
(file descriptor in r0)

PAUSE (#21) – Pausa o sistema.
Sintaxe: err = pause(void)
int err
Entrada: Nenhuma.
Saída: Nenhuma.
Assembler: (pause = 29.)
sys pause
Nota: Este comando nunca retorna normalmente. É usado para pausar o sistema até receber um sinal de "kill" ou "alarm".

PIPE (#22) – Cria um canal interprocesso.
Sintaxe: err = pipe(fd)
int err
int *fd
Entrada: fd: Descritor de arquivo.
Saída: err: 0 → Canal criado com sucesso.
–1 → Falha na criação do canal.
Assembler: (pipe = 42.)
sys pipe
(read file descriptor in r0)
(write file descriptor in r1)

READ (#23) – Lê de um arquivo.
Sintaxe: err = read(fd, buf, bytes)
int err
int fd
void *buf
int bytes

Entrada: fd: Descritor de arquivo.
buf: Buffer vazio.
bytes: Número de bytes a ler.
Saída: err: 0 → Fim de arquivo foi atingido.
-1 → Erro de leitura.
Assembler: (read = 3.)
(file descriptor in r0)
sys read; buffer; nbytes
(byte count in r0)

SBRK (#24) – Altera a alocação do núcleo.
Sintaxe: err = sbrk(int incr)
Nota: Ver BRK (#02).

LSEEK (#25) – Move o ponteiro de leitura / gravação.
Sintaxe: err = lseek(fd, offset, flag)
int err
int fd
long offset
int flag
Entrada: fd: Descritor de arquivo.
offset: Deslocamento.
Flag: 0 → O ponteiro é setado para "offset" bytes.
1 → O ponteiro é definido para sua posição atual mais deslocamento (offset).
2 → O ponteiro é definido para o tamanho do arquivo mais deslocamento (offset)
Saída: err: 0 → Comando executado com sucesso.
-1 → Erro na execução do comando.
Assembler: (lseek = 19.)
(file descriptor in r0)
sys lseek; offset1; offset2; whence
[Offset1 e offset2 são as palavras alta e baixa de offset; r0 e r1 contém o ponteiro ao retornar].

SIGNAL (#26) – Pega ou ignora sinais.
Sintaxe: err = signal(sig_num, (*func)(int))
int err
char sig_num
void (*func)(int)

Entrada: sig_num: Número do sinal.
(*func)(int): –
Saída: O valor (int)–1 é retornado se o sinal fornecido estiver fora da faixa.
Nota: Lista de sinais com nomes como no arquivo "include".

1 SIGHUP Desligamento.
2 SIGINT Interrupção .
3* SIGQUIT Sair.
4* SIGILL Instrução ilegal (não reinicializado quando detectado).
5* SIGTRAP Trace trap (não zerado quando detectado).
6* SIGIOT Instrução IOT.
7* SIGEMT Instrução EMT.
8* SIGFPE Exceção de ponto flutuante.
9 SIGKILL Kill (não pode ser capturado ou ignorado).
10* SIGBUS Erro de barramento.
11* SIGSEGV Violação de segmentação.
12* SIGSYS Argumento ruim para chamada de sistema.
13 SIGPIPE Escrever em um tubo ou link sem ninguém para lê-lo.
14 SIGALRM Despertador .
15 SIGTERM Sinal de terminação de software.
16 Não atribuídos.

Os sinais com estrela na lista acima causam uma imagem do núcleo se não capturado ou ignorado.

Assembler: (signal = 48.)
sys signal; sig; label
(old label in r0)

STAT (#27) – Obtém o estado do arquivo

Sintaxe: err = stat(path, buf)
int err
char *path
void *buf
Biblioteca: #include <sys/types.h>
#include <sys/stat.h>
Entrada: path: Nome/caminho do arquivo.
buf: Buffer vazio.
Saída: err: –

STIME (#28) – Configura data e hora do sistema.
Sintaxe: err = stime(tvec)
int err
int *tvec
Entrada: tvec: Tempo em segundos a partir de 01/01/1970.
Saída: err: 0 → Data e hora definidas com sucesso.
-1 → Erro na definição da data e hora.
Assembler: (stime = 25.)
(time in r0–r1)
sys stime

SYNC (#29) – Atualiza o superblock.
Sintaxe: err = sync(void)
int err
Entrada: Nenhuma.
Saída: Nenhuma.
Assembler: (sync = 36.)
sys sync

TIME (#30) – Obtém a data e a hora.
Sintaxe: void time(tloc)
int *tloc
Biblioteca: #include <sys/types.h>
#include <sys/timeb.h>
Entrada: Nenhuma.
Saída: tloc: Tempo em segundos a partir de 01/01/1970.

TIMES (#31) – Retorna informações de tempo.
Sintaxe: t = times(struct tms *tvec)
int t
Entrada: Nenhuma.
Saída: Ver nota.
Assembler: (times = 43.)
sys times; buffer
Nota: Retorna informações de tempo para o processo atual e para os processos filho encerrados do processo atual. Todos os tempos estão em 1/Hz segundos, onde Hz = 60 ou Hz = 50. Após a chamada, o buffer aparecerá da seguinte forma:

```
struct tbuffer {
    long proc_user_time;
    long proc_system_time;
    long child_user_time;
    long child_system_time;
    };
```

UMOUNT (#32) – Desmonta sistemas de arquivos.

Sintaxe: err = umount(spec)
int err
char *spec
Entrada: –
Saída: –
Assembler: –

UNLINK (#33) – Remove entrada de diretório.

Sintaxe: err = unlink(path)
int err
char *path
Entrada: path: String com o diretório a ser removido.
Saída: err: 0 → Entrada de diretório removido com sucesso.
–1 → Erro na remoção do diretório.
Assembler: (unlink = 10.)
sys unlink; name

UTIME (#34) – Define hora de um arquivo.

Sintaxe: err = utime(path, utimbuf *buf)
int err
char *path
struct utimbuf *buf
Biblioteca: #include <sys/types.h>
Entrada: path: Nome/caminho do arquivo.
Buf: –
Saída: –
Assembler: (utime = 30.)
sys utime; file; timep

WAITPID (#35) – Espera que o processo mude de estado.

Sintaxe: err = waitpid(pid, statloc, options)

```
            int     err
            int     pid
            int     *statloc
            int     options
Biblioteca: #include <sys/types.h>
            #include <sys/wait.h>
Entrada:    pid:      ID do processo.
            statloc:  Estado de espera.
            options:  < -1: Espera por qualquer processo filho cujo ID
                      do grupo de processo seja igual ao valor
                            absoluto de pid.
                      -1:   Espera por qualquer processo filho.
                      0:    Esperar por qualquer processo filho cujo ID
                            do grupo de processos seja igual ao do
                            processo de chamada.
                      >0:   Espera pelo processo filho cujo ID do
                            é igual ao valor do pid.
```

WRITE (#36) – Escreve em um arquivo

```
Sintaxe:    err = write(fd, buf, nbytes)
            int      fd
            void     *buf
            int      nbytes
Entrada:    fd:      Descritor de arquivo.
            buf:     Buffer com nbytes contíguos que serão escritos
                     no arquivo.
            nbytes:  Número de bytes a serem escritos.
Saída:      err:     0 → Escrita bem-sucedida.
                     -1 → Erro durante a escrita.
Assembler:  (write = 4.)
            (file descriptor in r0)
            sys write; buffer; nbytes
            (byte count in r0)
```

REBOOT (#37) – Reinicia o sistema

```
Sintaxe:    err = reboot(p1, p2)
            int      err
            char     p1
            char     p2
```

Biblioteca: #include <sys/reboot.h>
#include <unistd.h>
Entrada: p1: –
p2: –
Saída: err: 0 → Não aplicável.
−1 → Erro na reinicialização.

SYMLINK (#38) – Cria um novo nome para um arquivo.

Sintaxe: err = symlink(oldname, newname)
int err
char *oldname
char *newname
Biblioteca: #include <fcntl.h>
#include <unistd.h>
Entrada: oldname: Nome antigo.
newname: Novo nome.
Saída: err: 0 → Comando executado com sucesso.
−1 → Erro na criação do nome.

CHROOT (#39) – Altera o diretório raiz.

Sintaxe: err = chroot(path)
int err
char *path
Biblioteca: #include <unistd.h>
Entrada: path: Novo caminho para o diretório raiz.
Saída: err: 0 → Comando executado com sucesso.
−1 → Erro na alteração.

MOD_REG (#40)

Sintaxe: err = mod_reg (sig, (func)())
int err
int sig
int (*func)()

MOD_DEREG (#41)

Sintaxe: err = mod_dereg (sig)
int err
int sig

MOD_CALL (#42)

```
Sintaxe:    err = mod_call (sig, fnc, args, argsz)
            int    err
            int    sig
            int    fnc
            char   *args
            int    argsz
```

MOD_SENDREPLY (#43)

```
Sintaxe:    err = mod_sendreply (pid, fnc, r, rsz)
            int    err
            int    pid
            int    fnc
            char   *r
            int    rsz
```

MOD_REPLY (#42)

```
Sintaxe:    err = mod_reply (sig, fcn, r)
            int    err
            int    sig
            int    fcn
            char   *r
```

6.4.2 – Chamada Indireta de Sistema

CREAT – Cria um novo arquivo

```
Chamada:    creat(path, mode)
            char   *path
            int    mode
Sintaxe:    err =  open(path, 0x301, mode)
Entrada:    path:  Nome do arquivo.
            0x301: O_CREAT | O_TRUNC | O_WRONLY
            mode:  Modo.
Saída:      err:   0  → Arquivo criado com sucesso.
                   -1 → Erro na criação do arquivo.
Assembler:  (creat = 8.)
            sys creat; name; mode
            (file descriptor in r0)
```

6.4.3 - Chamadas via GETSET

GETPID – Obtém o ID do processo.

Chamada: getpid(void)
Sintaxe: id = getset(0)
Biblioteca: #include <unistd.h>
Entrada: Nenhuma.
Saída: id: Identificador do processo.
Assembler: (getpid = 20.)
sys getpid
(pid in r0)

GETPPID – Obtém o ID do processo chamador.

Chamada: getppid(void)
Sintaxe: id = getset(1)
Biblioteca: #include <unistd.h>
Entrada: Nenhuma.
Saída: id: Identificador do processo.

GETUID – Retorna a identidade do usuário real do processo atual.

Chamada: getuid(void)
Sintaxe: id = getset(2)
Biblioteca: #include <unistd.h>
Entrada: Nenhuma.
Saída: id: Identificador do processo.
Assembler: (getuid = 24.)
sys getuid
(real user ID in r0, effective user ID in r1)

SETUID – Define a identidade do usuário e do grupo.

Chamada: setuid(uid)
Sintaxe: err = getset(3, uid)
int err
int uid
Biblioteca: #include <unistd.h>
Entrada: uid: Identificador do processo do usuário.
Saída: err: 0 → ID definido com sucesso.
−1 → Erro na definição do ID.

Assembler: (setuid = 23.)
(user ID in r0)
sys setuid

(setgid = 46.)
(group ID in r0)
sys setgid

GETEUID – Retorna o ID do usuário efetivo do processo chamador.

Chamada: geteuid(void)
Sintaxe: id = getset(4)
Biblioteca: #include <unistd.h>
Entrada: Nenhuma.
Saída: id: Identificador do processo.

GETGID – Retorna o ID do usuário real do processo atual.

Chamada: getgid(void)
Sintaxe: id = getset(5)
Biblioteca: #include <unistd.h>
Entrada: Nenhuma.
Saída: id: Identificador do usuário.
Assembler: (getgid = 47.)
sys getgid
(real group ID in r0, effective group ID in r1)

SETGID – Define o ID do grupo.

Chamada: setgid(gid)
Sintaxe: err = getset(6, gid)
int err
int gid
Biblioteca: #include <unistd.h>
Entrada: gid: Identificador do grupo.
Saída: err: 0 → ID definido com sucesso.
−1 → Erro na definição do ID.
Assembler: (setgid = 46.)
(group ID in r0)
sys setgid

GETEGID – Retorna o ID do grupo efetivo do processo chamador.
Chamada: getegid(void)
Sintaxe: id = getset(7)
Biblioteca: #include <unistd.h>
Entrada: Nenhuma.
Saída: id: Identificador do grupo.

GETPRIO – Retorna a prioridade do processo atual.
Chamada: getprio(void)
Sintaxe: prd = getset(8)
Biblioteca: #include <sched.h>
Entrada: Nenhuma
Saída: prd: Prioridade.

SETPRIO – Define o prioridade de um processo.
Chamada: setprio(pid, prio)
Sintaxe: err = getset(9, pid, prio)
int err
int pid
char prio
Biblioteca: #include <unistd.h>
Entrada: pid: Identificador do processo.
prio: Prioridade do processo.
Saída: err: 0 ⟶ Prioridade definida com sucesso.
−1 ⟶ Erro na definição da prioridade.

UMASK – Define máscara de criação de um arquivo.
Chamada: umask(mask)
Sintaxe: oldm = getset(10, mask)
int oldm
int mask
Entrada: mask: Modo. Apenas os 9 bits mais baixos são válidos.
Saída: oldm: Valor antigo da máscara.
Assembler: (umask = 60.)
sys umask; complmode

SYSTRACE – Gerar e aplicar protocolos para as chamadas de sistema.
Chamada: systrace(onoff)

Sintaxe:	err = getset(11, onoff)
	void err
	int onoff
Entrada:	onoff: Novo protocolo.
Saída:	–

6.4.4 – Módulo TCP/IP

O módulo TCP/IP implementa um subconjunto de IPv4 e permite que o Uzix se comunique com outros sistemas que suportem o protocolo. A assinatura do módulo TCP/IP é 04950H, e ele provê as funções listadas abaixo.

Chamada	Protótipo C	FNC#
ipconnect	int ipconnect(char mode, ip struct t *ipstruct)	1
ipgetc	int ipgetc(uchar socknum)	2
ipputc	int ipputc(uchar socknum, uchar byte)	3
ipwrite	int ipwrite(uchar socknum, uchar *bytes, int len)	4
ipread	int ipread(uchar socknum, uchar *bytes, int len)	5
ipclose	int ipclose(uchar socknum)	6
iplisten	int iplisten(int aport, uchar protocol)	7
ipaccept	int ipaccept(ip struct t *ipstruct, int aport, uchar block)	8
ping	int ping(uchar *IP, unsigned long *unused, uint len)	9
setsocktimeout	int setsocktimeout(uchar socknum, uint timeout)	10
ipunlisten	int ipunlisten(int aport)	11
ipgetpingreply	icmpdata t *ipgetpingreply(void)	12
gettcpinfo	tcpinfo t *gettcpinfo(void)	13
getsockinfo	sockinfo t *getsockinfo(uchar socknum)	14

Os tipos de dados usados são:

```
// números de protocolo (protocolo para iplisten)
ICMP_PROTOCOL = 1
TCP_PROTOCOL  = 6
UDP_PROTOCOL  = 17

// modos de abertura
TCP_ACTIVE_OPEN  = 255
TCP_PASSIVE_OPEN = 0
```

```
// protocolos (mode do ipconnect)
IPV4_TCP  = 1
IPV4_UDP  = 2
IPV4_ICMP = 3

// modos UDP
UDPMODE_ASC   = 1
UDPMODE_CKSUM = 2

// codigos de erro
ECONTIMEOUT = 080H
ECONREFUSED = 081H
ENOPERM     = 082H
ENOPORT     = 083H
ENOROUTE    = 084H
ENOSOCK     = 085H
ENOTIMP     = 086H
EPROT       = 087H
EPORTINUSE  = 088H

// estados permitidos para sockstatus em sockinfo_t
TCP_CLOSED       = 000H
TCP_LISTEN       = 001H
TCP_SYN_SENT     = 042H
TCP_SYN_RECEIVED = 043H
TCP_ESTABLISHED  = 0C4H
TCP_FIN_WAIT1    = 045H
TCP_FIN_WAIT2    = 046H
TCP_CLOSE_WAIT   = 087H
TCP_CLOSING      = 008H
TCP_LAST_ACK     = 009H
TCP_TIMEWAIT     = 00AH
UDP_LISTEN       = 091H
UDP_ESTABLISHED  = 094H

ip_struct_t = { uchar remote_ip[4],
            uint remote_port,
            uint local_port }

icmpdata_t = {  uchar type,
                uchar icmpcode,
                unsigned long unused,
```

```
                uchar data[28], /* pad para 64 bytes */
                uint len;
                uchar sourceIP[4],
                uchar ttl }

tcpinfo_t = {   uchar IP[4],
                uchar dns1ip[4],
                uchar dns2ip[4],
                char datalink[5],
                char domainname[DOMSIZE=128],
                int used_sockets,
                int avail_sockets,
                int used_buffers,
                int avail_buffers,
                int IP_chksum_errors }

sockinfo_t = {  int localport,
                int remoteport,
                uchar remote_ip[4],
                char socketstatus, /* bit 7: permissao
                                             de escrita
                                      bit 6: estado de
                                             listen
                                      bits 3-0: estado
                                   */
                char sockettype,   /* TCP=1, UDP=2 */
                char sockerr,      /* codigo de erro */
                int pid }
```

6.4.5 – Códigos de erro

As chamadas de sistema do Uzix retornam um valor maior que 0 em caso de sucesso e menor que 0 em caso de erro. O código de erro é colocado na variável global (definida no stub dos programas Uzix) **errno**. Abaixo estão relacionados os possíveis códigos de erro.

EPERM	1	Operation not permitted
ENOENT	2	No such file or directory
ESRCH	3	No such process
EINTR	4	Interrupted system call
EIO	5	I/O error

ENXIO	6	No such device or address
E2BIG	7	Arg list too long
ENOEXEC	8	Exec format error
EBADF	9	Bad file number
ECHILD	10	No child processes
EAGAIN	11	Try again
ENOMEM	12	Out of memory
EACCES	13	Permission denied
EFAULT	14	Bad address
ENOTBLK	15	Block device required
EBUSY 16	16	Device or resource busy
EEXIST	17	File exists
EXDEV	18	Cross-device link
ENODEV	19	No such device
ENOTDIR	20	Not a directory
EISDIR	21	Is a directory
EINVAL	22	Invalid argument
ENFILE	23	File table overflow
EMFILE	24	Too many open files
ENOTTY	25	Not a typewriter
ETXTBSY	26	Text file busy
EFBIG	27	File too large
ENOSPC	28	No space left on device
ESPIPE	29	Illegal seek
EROFS	30	Read-only file system
EMLINK	31	Too many links
EPIPE	32	Broken pipe
EDOM	33	Math argument out of domain of func
ERANGE	34	Math result not representable
EDEADLK	35	Resource deadlock would occur
ENAMETOOLONG	36	File name too long
ENOLCK	37	No record locks available
EINVFNC	38	Function not implemented
ENOTEMPTY	39	Directory not empty
ELOOP	40	Too many symbolic links encountered
ESHELL	41	It's a shell script
ENOSYS	EINVFNC	

6.5 - CÓDIGOS DO TERMINAL VT-52

Ctrl G	07H	Beep.
Ctrl H	08H	Backspace.
Ctrl I	09H	TAB.
Ctrl J	0AH	Avança uma linha.
Ctrl K	0BH	Move cursor para a origem.
Ctrl L	0CH	Limpa a tela e move cursor para a origem.
Ctrl M	0DH	Retorno de carro
Ctrl \	1CH	Avança cursor uma posição.
Ctrl]	1DH	Retrocede cursor uma posição.
Ctrl ^	1EH	Move cursor para cima.
Ctrl _	1FH	Move cursor para baixo.
	7FH	Deleta caractere e move cursor à esquerda.
Esc A	1BH,41H	Move cursor para cima.
Esc B	1BH,42H	Move cursor para baixo.
Esc C	1BH,43H	Move cursor para a direita.
Esc D	1BH,44H	Move cursor para a esquerda.
Esc E	1BH,45H	Limpa a tela e coloca cursor na origem.
Esc H	1BH,48H	Coloca cursor na origem.
Esc J	1BH,4AH	Apaga até o fim da tela, não move cursor.
Esc j	1BH,6AH	Limpa a tela e coloca cursor na origem.
Esc K	1BH,4BH	Apaga até o fim da linha, não move cursor.
Esc L	1BH,4CH	Insere linha acima do cursor, move o resto da tela para baixo, deixa cursor no início da nova linha.
Esc l	1BH,6CH	Apaga até o fim da linha, não move cursor.
Esc M	1BH,4DH	Apaga linha do cursor, move o resto da tela para linha e coloca cursor no início da próxima linha.
Esc x 4	1BH,78H,34H	Seleciona cursor em bloco.
Esc x 5	1BH,78H,35H	Desliga cursor.
Esc Y n m	1BH,59H,m,n	Move cursor para coluna m−32 e linha y−32.
Esc y 4	1BH,79H,34H	Seleciona cursor sublinhado.
Esc y 5	1BH,79H,35H	Liga cursor.

REFERÊNCIAS BIBLIOGRÁFICAS

APROFUNDANDO-SE NO MSX
Piazzi – Maldonado – Oliveira (Editora Aleph, 1986)

CARTÃO DE 80 COLUNAS & RS232C – MANUAL DE OPERAÇÕES
Gradiente (1989)

FM MUSIC MACRO YRM-104 – Owner's Manual
Yamaha (1984)

FUDEBA ASSEMBLER – Manual de Referência e Arquitetura MSX
Felipe Bergo (2002)

GR8NET Technical Databook and Programmer´s Guide
Age Labs (2019)

HBI-232MKII – Basic Manual
Age Labs & Ebsoft (2014)

LIVRO VERMELHO DO MSX, O (The Red Book)
McGraw Hill / Avalon Software (1988 / 1985)

MANUAL DE INSTRUÇÕES DA INTERFACE DE DRIVE DDX

MANUAL DO MICROPROCESSADOR Z-80
William Barden Jr. (Editora Campus, 1985)

MIDI MACRO MONITOR YRM-303 – Owner's Manual
Yamaha (1986)

MSX DATAPACK volumes 1, 2 e 3
ASCII Corporation (1991)

MSX-DOS version 2 – The advanced disk operating system for
MSX 2 computers – ASCII Corp (1988)

MSX MAGAZINE, Edição Dezembro de 1990
ASCII Corporation (1990)

MSX MAGAZINE, Edição ???
ASCII Corporation (1990)

MSX MOZAÏK, Edição nº 33
Editora desconhecida, Ano desconhecido

MSX TECHNICAL GUIDE BOOK
Ayumu Kimura (ASCAT Ashigaka, NIPPON, 1992)

MSX TECHNICAL DATA BOOK
Sony Corp (1984)

MSX turbo R TECHNICAL HANDBOOK
ASCII Corpotation (1991)

MSX2 TECHNICAL HANDBOOK
ASCII Corpotation (1985)

NEXTOR 2.0 User Manual
Konamiman (2014)

Nextor 2.1 Driver Development Guide
Konamiman (2020)

OPL4 YMF278B – APPLICATION MANUAL
Yamaha Corporation (1994)

PROGRAMAÇÃO AVANÇADA EM MSX
Figueredo – Maldonado – Rosseto (Editora Aleph, 1986)

PX-7 P-BASIC Reference Manual
Pioneer (1985)

TMS9918A/TMS9928A/TMS9929A Video Display Processors Data Manual – Texas Instruments (1982)

V9938 MSX-VIDEO – APPLICATION MANUAL
Nippon Gakki Co. Ltd. (Yamaha, 1985)

V9938 MSX-VIDEO – TECHNICAL DATA BOOK
Nippon Gakki Co. Ltd. (Yamaha, 1985)

V9958 MSX-VIDEO – TECHNICAL DATA BOOK
Yamaha Corporation (1989)

V9990 E-VDP-III – APPLICATION MANUAL
Yamaha Corporation (1992)

Y9850 MSX-AUDIO – APPLICATION MANUAL
Nippon Gakki Co. Ltd. (Yamaha, 1985)

YM2413 FM OPERATOR TYPE LL (OPLL) – APPLICATION MANUAL
Yamaha Corporation (1987)

https://www.gigamix.jp/ds2/

https://www.msx.org/wiki/I/
O_Ports_List#The_register_of_internal_I.2FO_ports_control

http://msxbanzai.tni.nl/v9990/manual.html

https://github.com/Konamiman/MSX-UNAPI-specification/
tree/master/docs

http://www.symbos.de/

https://www.msx.org/wiki/MSX-HID

OUTROS LIVROS DO MESMO AUTOR

YBYMARÃ – A Cidade do Outro Lado

MSX Top Secret

MSX Top Secret 2

MSX Top Secret 3

MSX Top Secret 3 – Apêndice I

MSX Top Secret 3 – Apêndice II

www.ingramcontent.com/pod-product-compliance
Ingram Content Group UK Ltd.
Pitfield, Milton Keynes, MK11 3LW, UK
UKHW021958190726
13853UKWH00004B/1595

9 786500 432374